trim
トリム

2021 February Vol 72

COVER
Model：桃汰朗
Cut：菊池 亮（ARTESTA daikanyama）
Photo：石橋 絵

CONTENTS

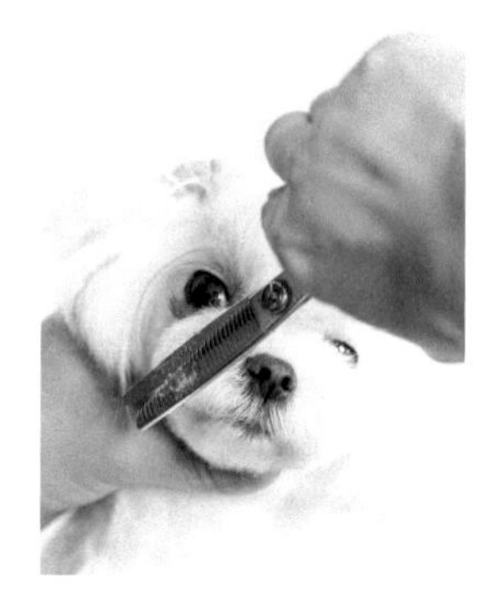

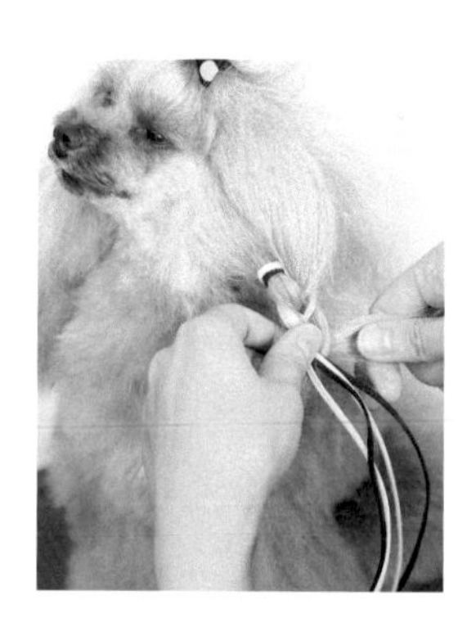

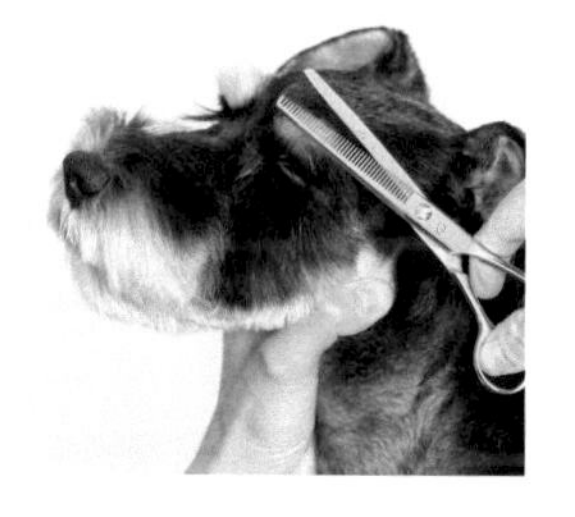

リニューアルします!

いつもtrimをご愛読いただきまして、ありがとうございます。
trimは4月号(Vol.73)から、読者の皆様に役立つ情報をより"見やすく"お届けするために、
豪華特典を付けて生まれ変わります!

雑誌のリニューアルポイント!

発刊月が変更になり、年4冊に!
- **1、4、7、10月の年4冊発行**

ページ数も改訂!
- **A4判 80頁 左綴じ**

1冊当たりの価格はそのまま!
- **1冊定価:2,200円(税込)**

定期購読料も改訂!
- **定期購読料:8,800円(税込、送料無料)**

今号(Vol.72)までは…
- 2、4、6、8、10、12月の年6冊発行
- A4判 96頁 右綴じ
- 1冊定価:2,200円(税込)
- 定期購読料:11,503円(税込、送料無料)

さらに! 『trim Channel』と連動した特典も!

trim4月号(Vol.73)の特集予定

トイ・プードルの顔カットを15分で仕上げる! 髙木美樹流スピードデザインカット

監修:髙木美樹(TALL TREE.)

トイ・プードルの顔を15分でカットするためのポイントを紹介。テディベア、フェイクアフロ、アフロ、アシメの4つのスタイルの作り方を徹底解説します。

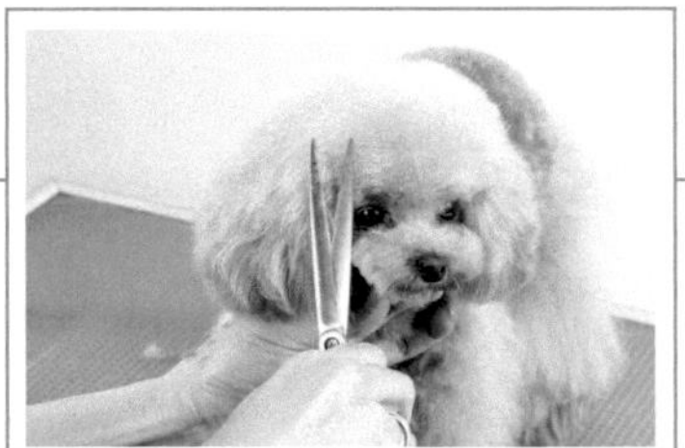

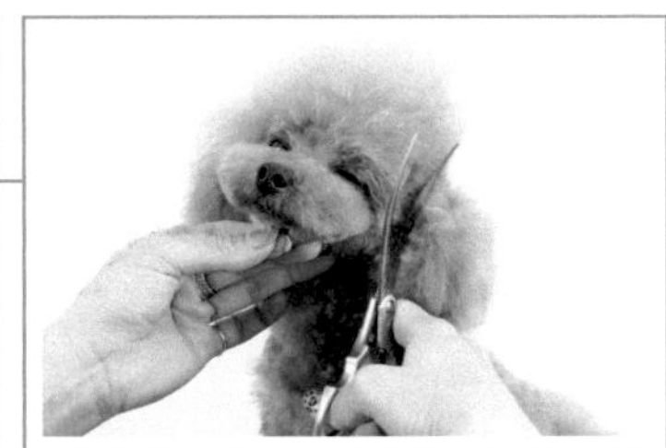

パピーの慣らし方、扱い方、トリミングのポイント

監修:櫻井春輝(LUMINOUS)

パピーにトリミングを慣れてもらう方法や、ブラッシング、シャンプー、ブロー、カットの各工程におけるパピーならではのトリミングのポイント、飼い主へのアドバイス方法などを詳しく紹介します。

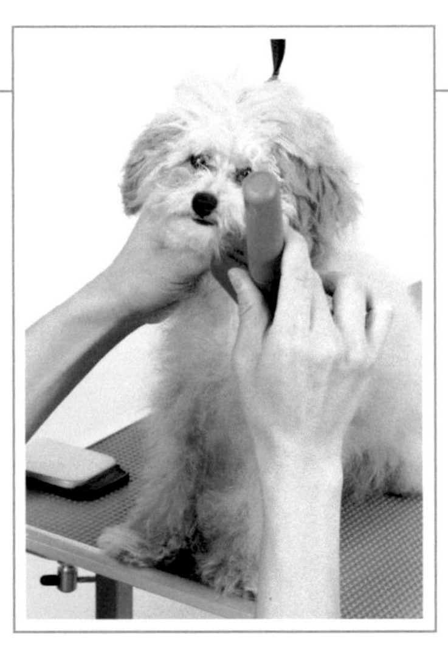

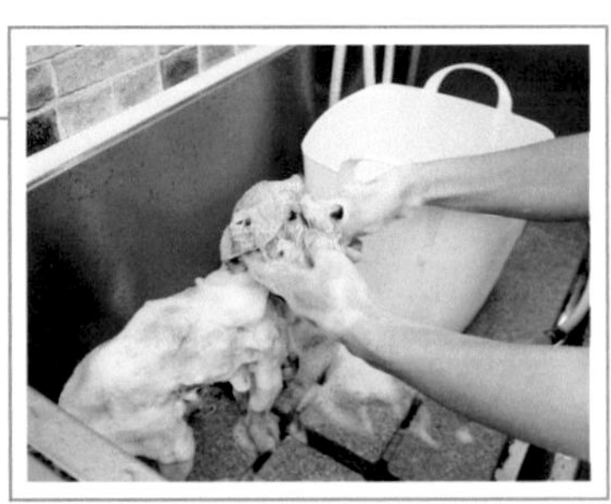

韓国流トリミング スタイルデザインとカットの基礎

監修:Lee Suk Hee

日本のトリマーにも人気の韓国流のカットスタイル。そのかわいさの秘訣を紐解くため、韓国の人気スタイルを分析し、似合わせテクニックやカット方法を解説します。

※タイトルや内容は予告なく変更になる場合がございます。

重大告知

trimは4月号（Vol.73）から

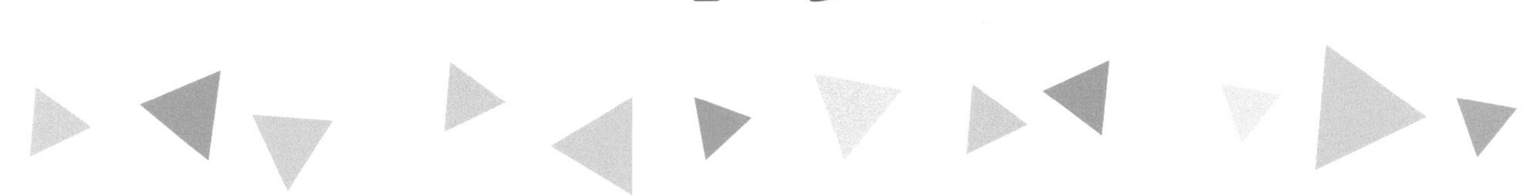

trim Channelと連動！ 3大特典

特典③ 単品購入、定期購読どちらでも！

人気講師の誌面連動動画が無料で視聴可能に！

trimの誌面と連動した動画が期間内※なら、無料で視聴できます。
誌面と動画で、トリミング技術と知識を確実にインプットしましょう！

※無料で動画視聴できるのは、次号発刊日前までです。4月号の誌面連動動画は、6月末日まで何度でも視聴できます。無料視聴期間が過ぎても、trim Channelご登録者は視聴できます。
※無料視聴期間中は、trim Channelにご登録せずに視聴いただけます。

特典② 定期購読者限定！

割引価格でtrim Channelに登録可能！

定期購読者は、20%OFF価格でtrim Channelに登録できます。

通常価格 ---------→	trim定期購読者 なら
1カ月登録料 3,300円（税込）	**1カ月登録料** 2,640円（税込）
年間登録料 33,000円（税込）	**年間登録料** 26,400円（税込）

※trim Channelのご利用は、「EDUONE Pass」への登録（無料）が必要となります。お支払いはクレジットカード決済のみとなりますので、予めご了承ください。

特典① 定期購読者限定！

オンラインセミナーに無料でご招待！

6、11月※に開催予定のtrimオンラインセミナーを、定期購読者は無料で視聴できます。見逃し配信もあるので、人気セミナーがどこにいても視聴できるようになります。

※開催月は変更になる場合があります。

trim Channelとは？

大好評のトリミング関連動画サイト『Groomers Channel』が、4月より『trim Channel』としてリニューアルします！
trim本誌との連動動画や、trim Channelでしか見られないオリジナル動画、trim本誌の人気バックナンバーの記事がオンラインで読めるようになります！
さらに、trim Channelオリジナルのセミナーも開催。トリマーのための総合情報サイトとして生まれ変わります。

❶トリマーが見たい動画コンテンツを豊富に配信

誌面連動動画のほかに、trim Channelでしか見られないトリミング動画、トリマーが知っておきたい獣医系の動画など、豊富にラインアップします。

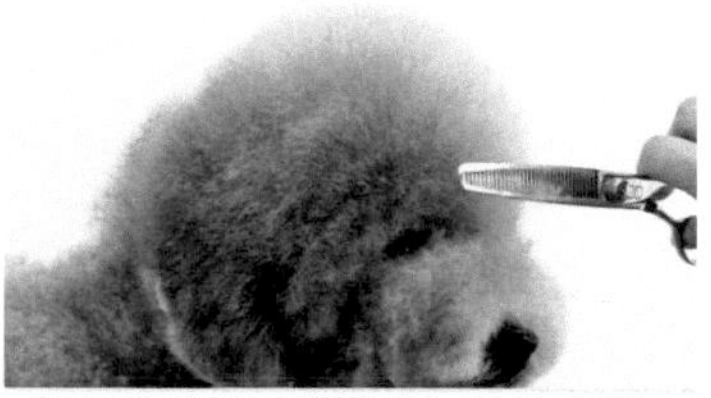

左右とつなげて丸くした頭頂部に向かってシザーを動かし、おでこになる部分をカットしていきます

❷売り切れて読めなかったあの人気バックナンバーが、スマホで読めるように！

売り切れになった過去の人気特集や連載など、trim編集部が厳選したバックナンバーの記事がオンラインで読めるようになります。

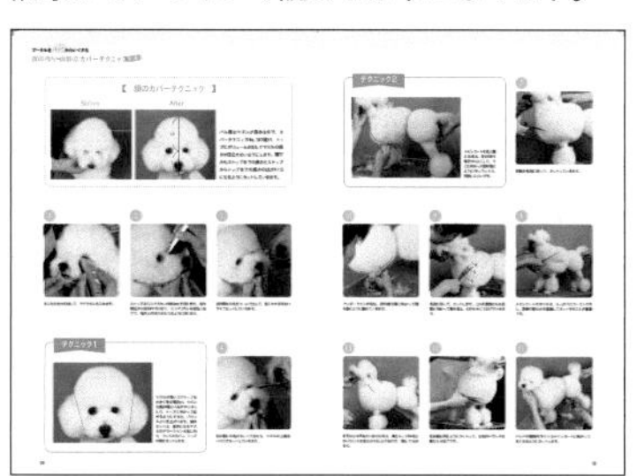

※すべてのバックナンバーではありません。

❸人気講師陣によるオンラインセミナーを開催！

trimセミナーとは別に、ここでしか見られない、人気講師によるオンラインセミナーを開催します。

アンケートに答えて応募!

今号の読者プレゼント

Present

2021 February Vol.72

trimをご購読いただきありがとうございます。
今号もトリマーさんが「試してみたい!」と思うようなプレゼントをご用意いたしました!
ぜひご応募お待ちしております。

プレゼント提供　株式会社ハイアスピレーション

天然成分のヘマチンが、張りと弾力のある被毛に導きます。

セットで5名様にプレゼント!

加水分解ケラチンやコラーゲンが、傷んだ被毛を補修します。

シャンプー

用途：犬猫用／容量：700mL／
希望小売価格：7,150円（税込）

トリートメント

用途：犬猫用／容量：700mL／
希望小売価格：7,150円（税込）

プレゼントの応募方法

93ページのアンケート用紙のプレゼント応募コーナーに◯印と必要事項を明記の上、FAXかメールで送信または84円切手を貼り郵送でご応募ください。当選者の発表は、発送をもって代えさせていただきます。

締切：2021年3月31日（当日消印有効）

＊ご記入いただいた個人情報は、今後の企画の参考とさせていただくとともに、当社出版物のご案内などに利用させていただきます。

商品の問い合わせ先

株式会社ハイアスピレーション　MAIL info@lino.pet
TEL 075-746-3781　URL http://www.c-cell-lino.jp/

LOHAS'LINO（ロハスリノ）シャンプー＆トリートメント

シセルリノシリーズから、誰でも思いのままのスタイルに仕上げられる、シャンプー＆トリートメントが新発売。

シャンプー、トリートメントいずれも保湿に特化しており、ベースがハーブエキスと天然成分のコラーゲンのため、低刺激で皮膚と被毛に潤いを与えながら、やさしく洗いあげることができます。

シャンプーに配合された天然成分のヘマチン（※1）と、トリートメントに配合された加水分解ケラチン（※2）が結合することで、張り、弾力、つやのある、犬種本来の理想的な被毛に近づけます。

※1 血液の主成分ヘモグロビンを形成する物質。被毛内のケラチンと強力に結合することで弾力が出る。／※2 羊毛由来のケラチンタンパク質に水を加えて分解し抽出した高分子。18種類のアミノ酸で構成され、キューティクルの内側にあるコルテックスに浸透することで、被毛内部の傷んだ部分を修復する。

「効果的」かつ「効率的」

隈元　動物業界でもマイクロバブルを導入する方が増えてきているそうですが、横山先生がマイクロバブルを使ってみようと思ったきっかけはなんですか？

横山院長　最初はマイクロバブルに興味がなかったのですが、看護師さんから評判を聞き、興味を持ちました。実際に導入してみたところ、効果を実感でき、お客様からも**「手ぐしの通りが良い！」、「ベタつきがなくなった！」**と良い反応を得られました。

隈元　最初は他のマイクロバブルシステムも使用されていたとのことですが、NanoPetのどこに魅力を感じましたか？

横山院長　これまでのものと比べると、とにかく**ラクに使えるのに高い効果**が得られる点です。これまでは浴槽の水に10分かけてマイクロバブルを発生させる手間があったり、毎日のメンテナンスが大変だったり、使う度に機械を移動させせたりしないといけませんでした。一方**NanoPetは、掛け流しで使える**上、機械を移動させる必要もないので、オペレーションがスムーズです。部屋のレイアウトを考慮してセッティングしていただけたことも良かったです。設備の関係で一度に大量のお湯が使えなかったり、暴れてしまいマイクロバブルが使えない子もいたのですが、NanoPetは大型犬やシャンプーが苦手な子でも問題なく使えます。

隈元　トリマー様からは他にどんな声がありましたか？

横山院長　**ドライ時間が圧倒的に早くなった**そうです。ワンちゃんや猫ちゃんにとってドライヤーはストレスなので嫌がる子が多いのですが、ドライ時間が早くなることでワンちゃんや猫ちゃんのストレスも使う人のストレスも減るため、導入して良かったです。また、強く擦らなくても**古い角質や汚れが除去**しやすく、その結果**毛に艶が出たり**、引っ掛かりも全然なく**フワッと仕上がる**ので、効果的かつ効率的にシャンプーができます。

隈元　NanoPetの効果を実感していただけて嬉しいです！最後に、まだNanoPetを知らない方へNanoPetのどんなポイントをオススメできますか？

横山院長　飼い主さんが**とても喜んで他のお客さんにもオススメ**してくれますし、病院やサロンの雰囲気が良くなるので是非使ってみて欲しいです。あとは、オペレーションがスムーズになるから診れるワンちゃんや猫ちゃんの数が増えましたし、リピート率も高いので売上があがりました。オプションとして平均3,000円いただいておりますが、**2ヶ月で元が取れちゃいました。**とりあえず、導入を迷っている方は、騙されたと思って体験会に参加してみてください！まぁ、あまり周りにNanoPetの導入店が増えると困りますけどね。(笑)

デザインカット

細くて柔らかい、シルキーな毛質が特徴のマルチーズ。プードルと異なる毛質のため、デザインカットに苦手意識を持っている方も少なくないのでは？
本特集では、ARTESTA daikanyama（以下、アルテスタ）で実践しているマルチーズのトリミングのポイントを詳しく紹介。シルキーな毛質を攻略して、かわいく作るための方法を解説します。

シルキーな毛質の対応方法

マルチーズの毛質で、プードルと同じようにカットすると、刃の跡がつきやすいです。
ここでは、マルチーズの毛をカットするときのポイントと注意点を解説します。

毛流に沿ってカットする

プードルの毛は立毛するので、毛流に沿った方向だけでなく、毛流に逆らった方向にカットしても面を整えていくことができます。一方、マルチーズの場合は、毛流に逆らった方向にカットすると、ハサミの刃の跡がつきやすいので、毛流に沿ってカットすることが大切です。

ハサミの移動はゆっくり、刃の開閉は速く

ハサミを素早く動かしながらカットすると毛が倒れやすい分、切り残しやすいです。プードルをカットするときのハサミを動かすスピードよりもゆっくり動かして、切りたい部分の毛がしっかりと切れたのを確認してから動かします。

また、コームで立ちあげた毛が倒れる前にカットするために、刃の開閉速度はプードルをカットする場合よりも速くしたほうがよいでしょう。

スキバサミ、ブレンディングバサミが有効

ストレートバサミに比べて、刃の跡がつきにくいブレンディングバサミやスキバサミでカットするのも有効です。

特に、スキバサミはハサミを立毛方向に動かして、櫛刃で毛を立たせながらカットすることができるので、マルチーズの倒れやすい毛質ではおすすめです。

毛質を活かして魅せる マルチーズの

監修　菊池 亮（ARTESTA daikanyama）
原宿・青山・麻布などでヘアスタイリストとして働いた経験、技術をペットのトリミングに応用。犬のかわいさを引き出す似合わせ術と、スタイルが崩れずに長持ちするトリミングメソッド「J-POP STYLE」を提唱し、多くのメディアにも取りあげられている。現在は本業の傍ら、次世代トリマーの指導もおこなう。

マズルの作り方

マルチーズの顔カットで、一番苦労するのはマズルではないでしょうか？　マズルの毛がうねっているコや下に垂れやすい毛質のコが多く、作り方に迷う場合もあると思います。ここでは、マズルを作るときのポイントについて解説します。

毛質別の形の作り分け

シルキーな毛質と言っても、個体によって毛質は異なります。
アルテスタでは、マズルの毛質を標準的な毛質、比較的ハリがある毛質、より柔らかい毛質の3種類に大別して、マズルの形を考えているそうです。マズルの毛をカットするときは、毛質や毛の生え方をしっかりと確認します。

より柔らかい毛質

＼ おすすめスタイル ／

楕円

マズルの毛が下に垂れやすい、より柔らかい毛質では、毛が下に垂れても作りやすい、楕円、まん丸が作りやすいです。最近は、顎下を短くカットするスタイルが流行していますが、顎下を短くしてまん丸を作ると小さい丸しか作れないため、似合わせにくいスタイルとも言えます。飼い主からの要望がない限りは、楕円がおすすめです。

標準的な毛質

＼ おすすめスタイル ／

楕円

逆三角形を作れるほど毛にハリがない、マルチーズの標準的な毛質のコは、楕円のマズルがおすすめです。

比較的ハリがある毛質

＼ おすすめスタイル ／

逆三角形

比較的ハリがある毛質では、毛が立ちやすい分、時間が経ったときに目に被りやすいです。このタイプはマズルの上の毛を短くしたほうが、スタイルキープにつながります。マズルの上を横に短くカットして、下を切りあげた逆三角形スタイルとの相性がよいです。

楕円マズル

逆三角形マズル

撮影：石橋 絵

楕円と逆三角形の違い

楕円と逆三角形で、作る手順は変わりませんが、横幅の頂点の位置とマズルの下から切りあげる角度が異なります。
横幅の頂点は、楕円では鼻の高さかそれよりも低いラインに設定しますが、
逆三角形は鼻の高さよりも高いラインに頂点の位置を設定します。
切りあげる角度は、楕円は顎下から横幅の頂点に向かって、ハサミで円を描くようにカットしますが、
逆三角形は顎下からマズルの上に向かって、ハサミをまっすぐに動かしてカットしていきます。

楕円マズル

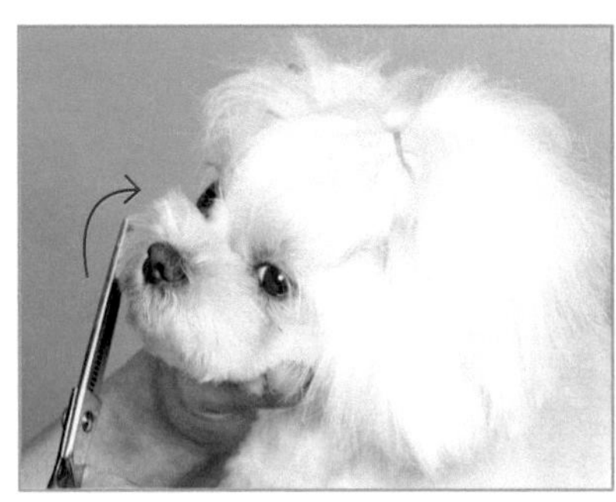

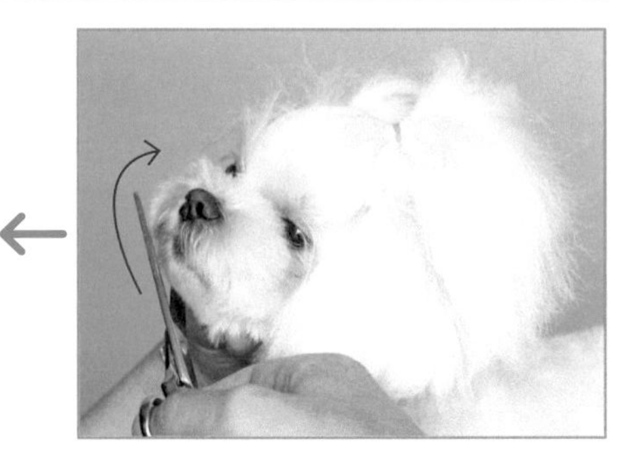

逆三角形マズル

毛流に逆らったコーミングをおこなう

マルチーズのマズルを仕上げたあとに余分な毛が出てくることはありませんか？
これは、毛流に逆らった方向にコーミングしていないことが考えられます。
マルチーズは毛が倒れやすいので、毛流に沿ってコーミングすると、余分な毛や切り残しがあっても、なじんで見つけにくくなります。
つまり、粗い部分を目立ちにくくしていることになります。
それを避けるために、毛流に逆らった方向にコーミングして、粗い部分を出すことが大切です。

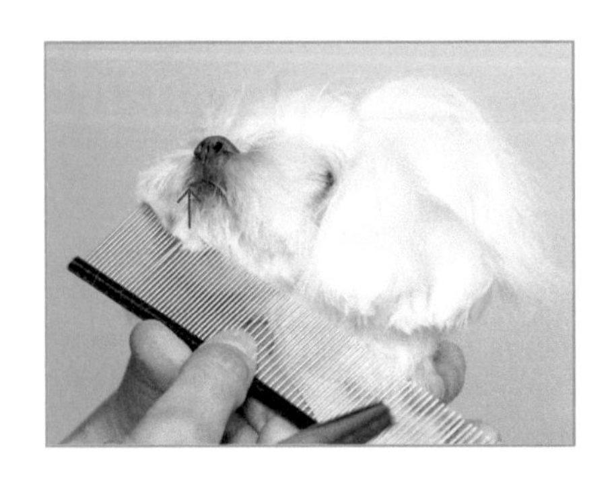

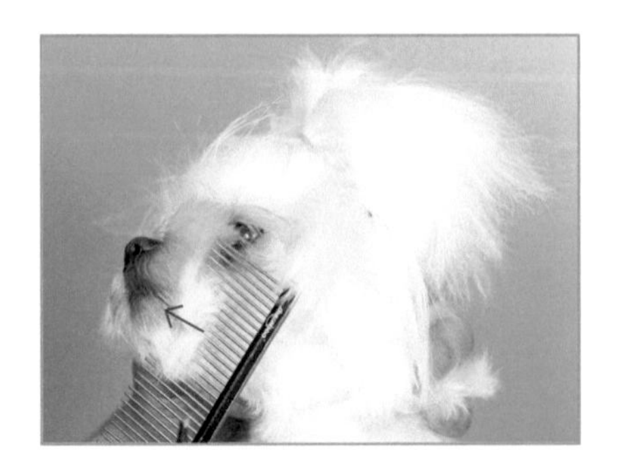

シルキーな毛質を活かして作る

毛の側面で構成されている部分は、光が反射する面積が広いので、艶のあるシルキーな質感が出ます。
一方、毛の断面で構成されている部分は、光が反射する面積が狭いため、艶は出ません。
顔を正面から見たときに、マズルの表面に艶があったほうがマルチーズらしいかわいさが出るので、なるべく切らないようにします。
鼻の横がうねったり、鼻よりも手前に伸びたりしている毛がある場合は、その部分のみをカットして、
なるべく広範囲をカットしないようにします。
一方、下から切りあげる部分は、毛の断面で構成されるので、艶は出ません。艶のある面と艶のない面がはっきり区別されると、
スタイルとしてまとまらないので、その境界部分は毛に長さのグラデーションをつけて、なじませる必要があります。
同様に、鼻の横の毛を短くカットする場合は、周囲の毛にグラデーションをつけて、なじませます。

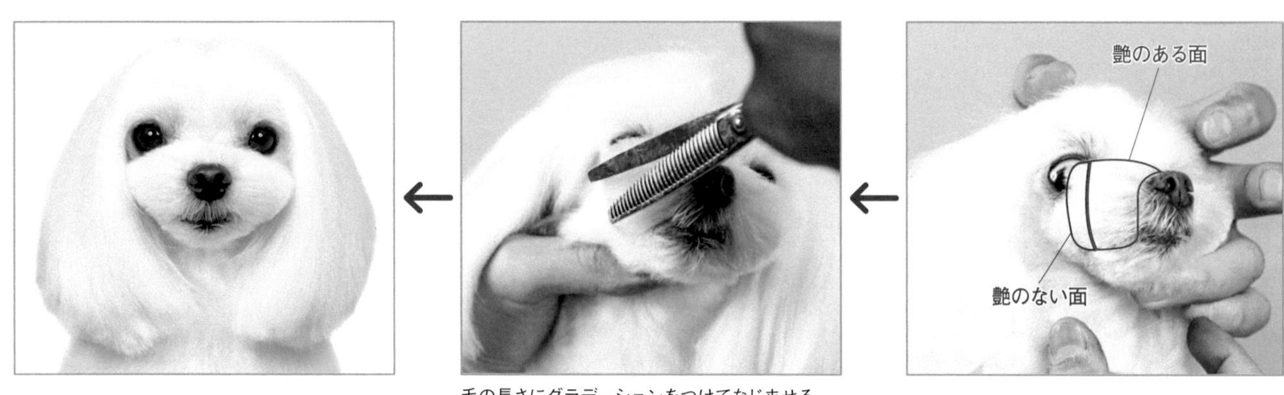

毛の長さにグラデーションをつけてなじませる

顔のカットを最後にしない

アルテスタでは、カットする順番の前半に顔のカットをします。
これには理由が2つあり、1つは、顔カットと仕上げのチッピングまでの時間をあけるためです。
マルチーズは毛が倒れやすいため、仕上がったように見えても、時間が経ってから内側の毛が出てくることがあります。
顔をカットしたあとにすぐお返しすると、出てくる毛を確認できません。そのため、先に顔をある程度仕上げておいて、
確認までの時間をあけて仕上げることで、切り残しを防ぐことができます。
もう1つは、落ち着いた状況で、顔のカットをするためです。
顔のカットを最後にして、カット中に飼い主がお迎えに来た場合に、犬が飼い主を見て興奮したり、
トリマーが早く終わらせようと焦ったりすることもあります。
それを避けるために、トリミングの前半にある程度(80%)まで顔のカットを仕上げておいて、最後に確認の時間を取るようにするとよいでしょう。

アルテスタのカットの順番

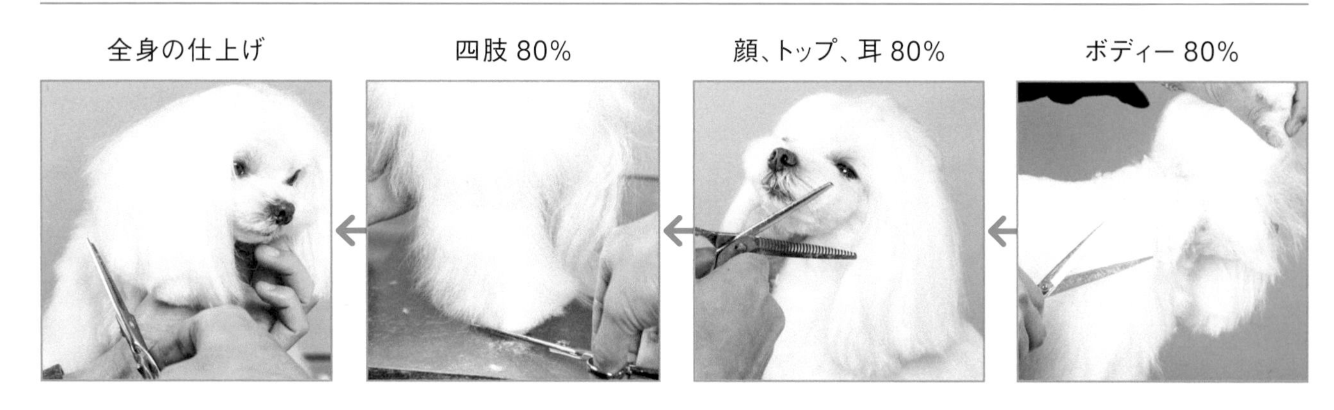

CASE 1

トップノット＆ボブ

頭はトップノットとボブを組み合わせたボーイッシュなスタイルです。
普段、洋服を着ることが多いのでボディーは短くし、その分四肢はふんわりしたAラインにしてメリハリをつけます。
マズルは標準的な毛質なので楕円にして、顔はフェイスラインの幅を狭くして、小顔に作ります。

MODEL DATA

タリー（性別:メス　ボディーの毛質:普通　マズルの毛質:標準的な毛質）

ボディー

POINT
指で毛を立たせながら刈る

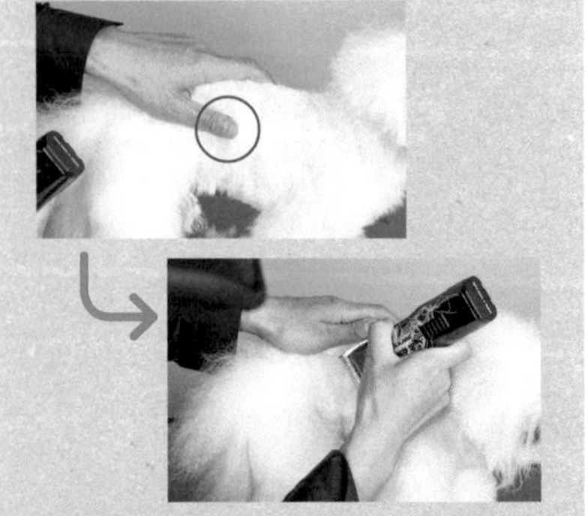

マルチーズの毛は倒れやすいため、刈り残しやすいです。刈り残しを防ぐために、バリカンで刈る直前に指で毛を立たせながら刈るとよいでしょう。

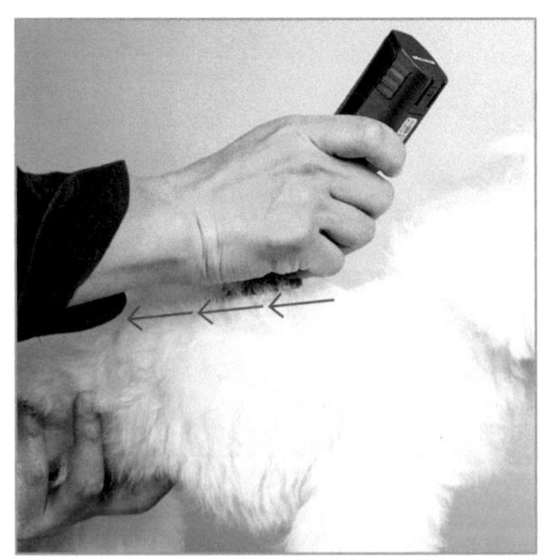

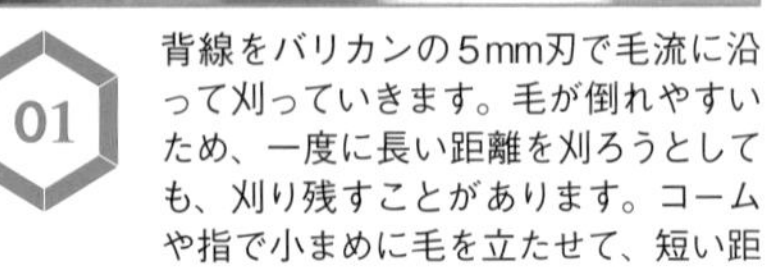

01 背線をバリカンの5mm刃で毛流に沿って刈っていきます。毛が倒れやすいため、一度に長い距離を刈ろうとしても、刈り残すことがあります。コームや指で小まめに毛を立たせて、短い距離を小刻みに刈っていきます。

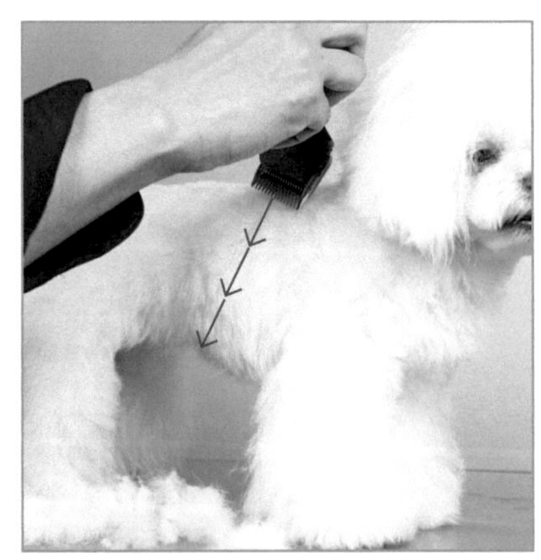

02 毛流に沿って、背線からボディーのサイドに向かって刈ります。

文:浅子正彦

お腹を刈るときは、毛流を確認して、タックアップを傷つけないように注意します。

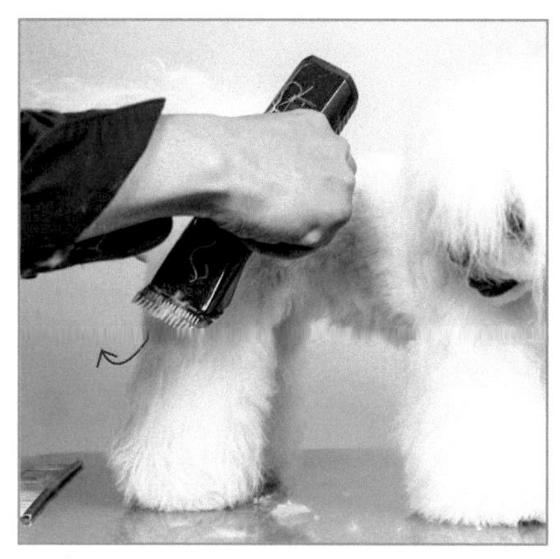

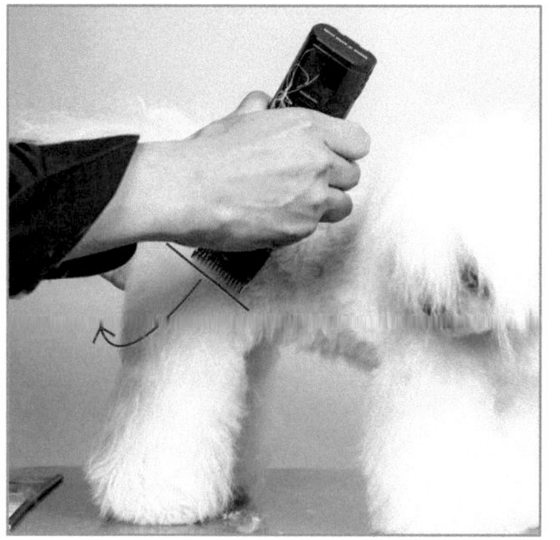

四肢はふんわりとしたAラインにします。タックアップとしっぽの根元を結んだラインから下は、長めに残してハサミでカットします。そのため、このラインでバリカンを浮かして、外に流すように刈ることで、毛の長さにグラデーションをつけます。

POINT
バリカンを浮かしながら流して刈る位置

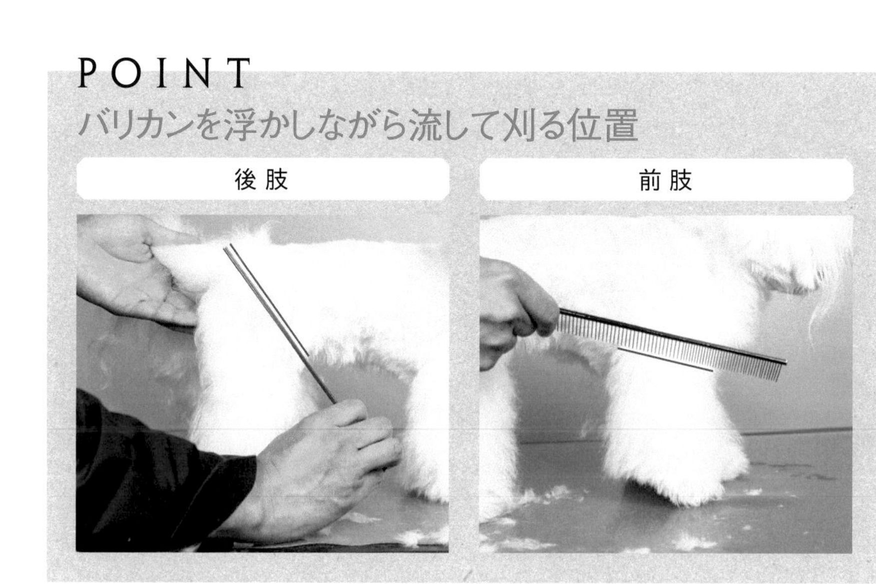

前肢は、付け根から下はハサミで仕上げるので、付け根でバリカンを浮かしながら、外に流すように刈ります。

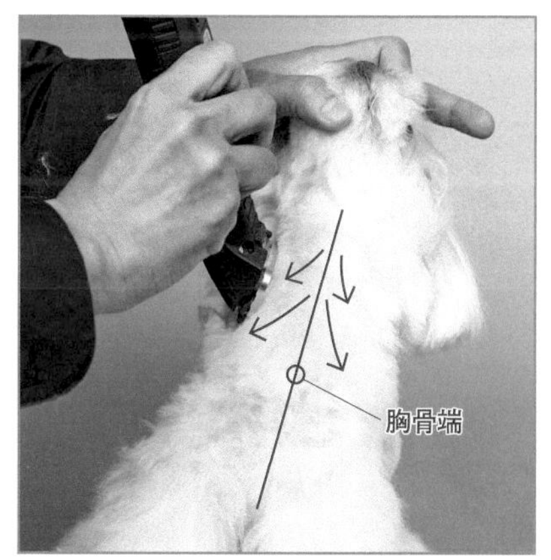

06

顎下からお腹に向かってフロントの中心に筋が通っているので、筋を傷つけないように、斜めに刈ります。胸骨端の下は毛がうず巻いていて、バリカンではきれいに仕上げにくいので、ハサミでカットします。

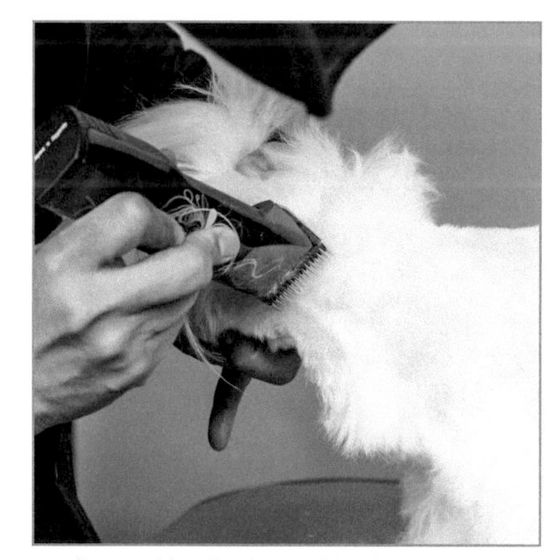

首の付け根は、刈り残しやすい部分です。耳を持ちあげて、バリカンでしっかり刈りましょう。首の付け根の毛が残っていると、毛が伸びてきたときに全体のラインがぼやけてしまいます。首と頭をはっきり分けるために、ラインを出します。

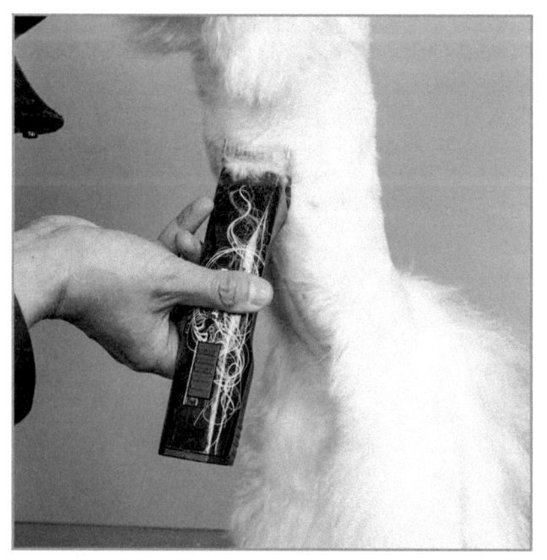

お腹は、犬を立たせて逆剃りします。皮膚や乳首を傷つけないように注意しましょう。

トップノットを結ぶ

POINT
トップの毛を束ねるときのコーミングの方向

OK	NG
	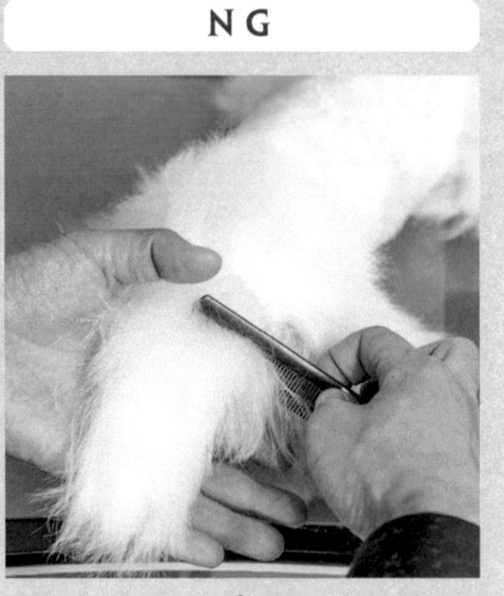
↓	↓
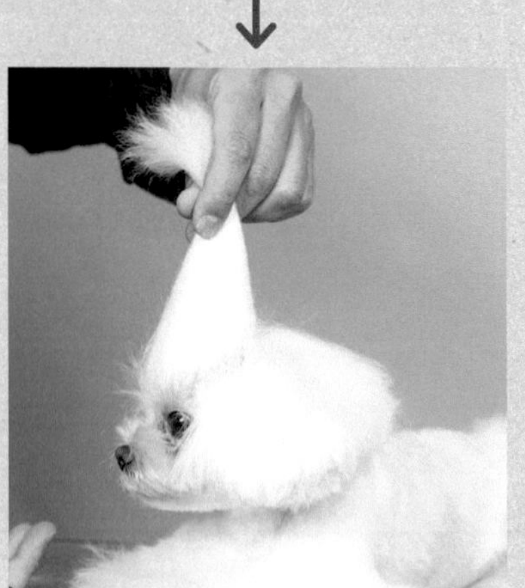	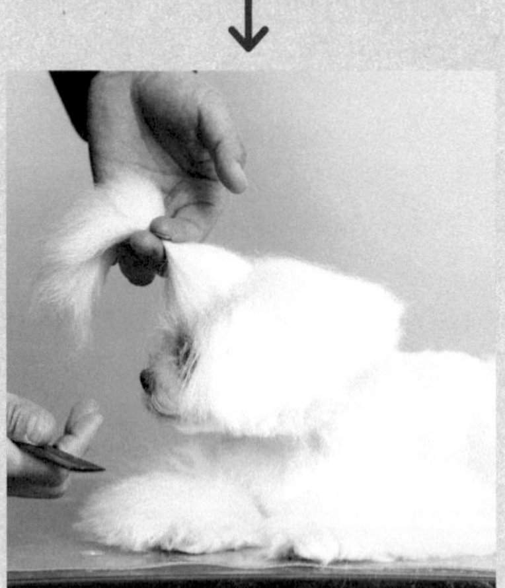

トップの毛を束ねるときは、後頭部の方向にやや圧を加えながらコーミングします。毛を手前に伸ばして、手前側に圧を加えてコーミングすると、束ねたときに緩みやすく、ゴムの結び目から出た毛が顔に垂れる原因にもなります。

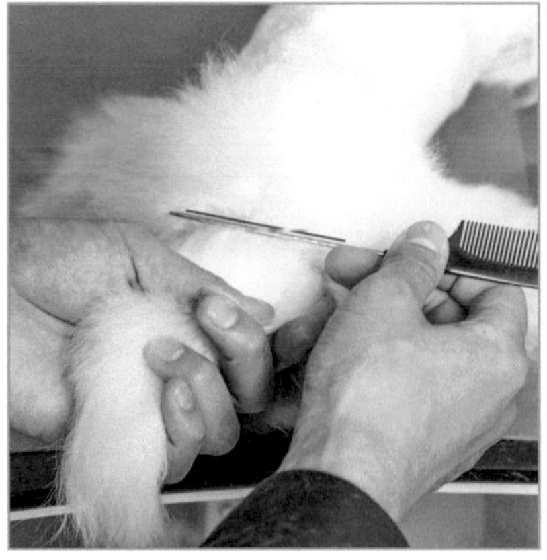

01 トップの毛をコーミングして、トップノットとして結ぶ毛を束ねます。前側は両目尻、後ろ側は両耳の付け根からまっすぐに結んだラインから毛を取ります。後ろ側をまっすぐのラインにすることで、トップノットを結んだときに、後ろ側が緩みにくくなります。

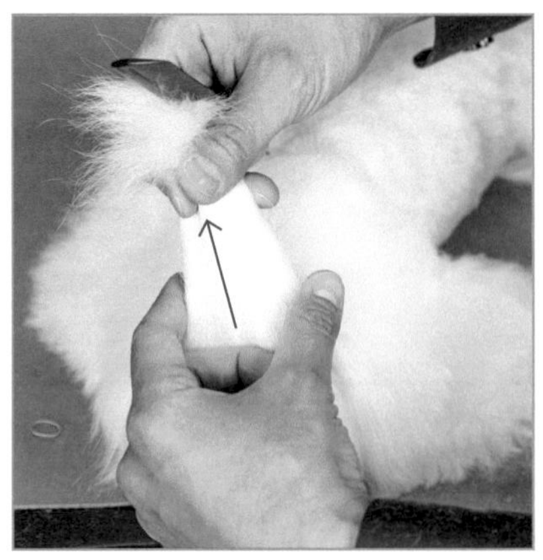

02 ゴムで結ぶために、毛をまとめます。毛をまとめるときは、根元から毛先に向かって、中指を沿わせて、やや圧を加えると、緩みにくくなります。

03 中指と親指にかけたゴムを、毛の根元から毛先に向かって、後頭部の方向にやや圧を加えながら沿わせます。

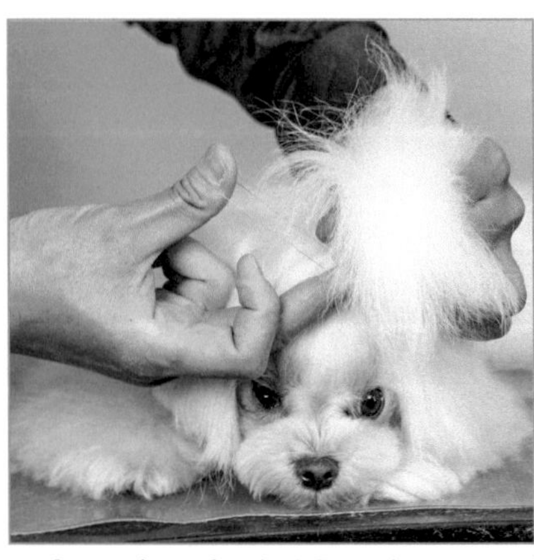

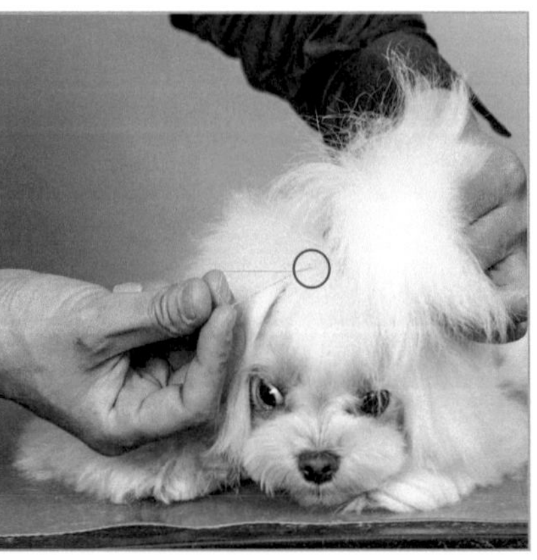

04 束ねた毛にゴムを通し、ゴムをひねって交差させ、親指と人差し指を広げてゴムの交差を絞ります。2重、3重にゴムを巻くときも同じ要領ですが、先に巻いたゴムよりも下で巻くことで、緩みにくくなります。

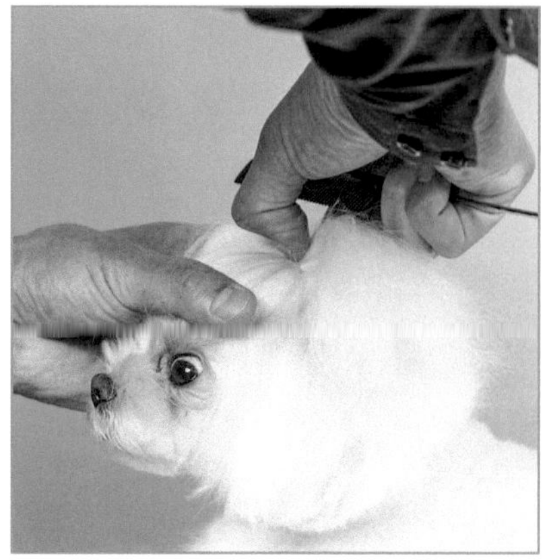

05 ゴムを巻いたら、ゴムの手前側をやや上にあげて、高くすることで、結び目から出た毛が顔に垂れにくくなります。

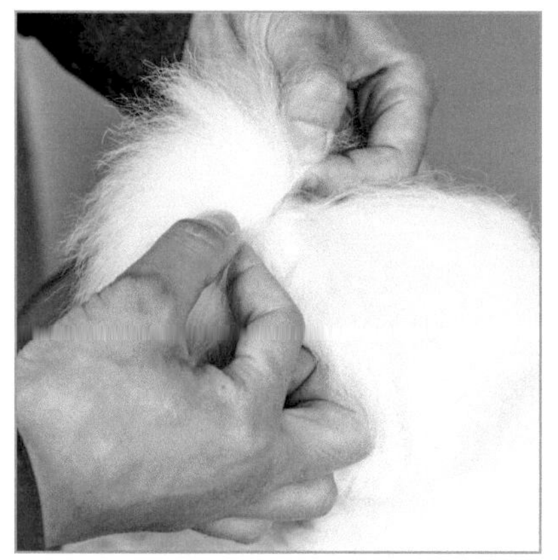

06 後ろから取った毛だけを掴んで軽く引っ張って、より固く結びます。手前側の毛に比べて、後ろ側の毛にかかる圧を強くすることで、より顔に垂れにくくなります。余分な毛をゴムに巻き込んでいないかを確認し、あれば微調整します。

ゴムを結んだ状態

顔、マズル

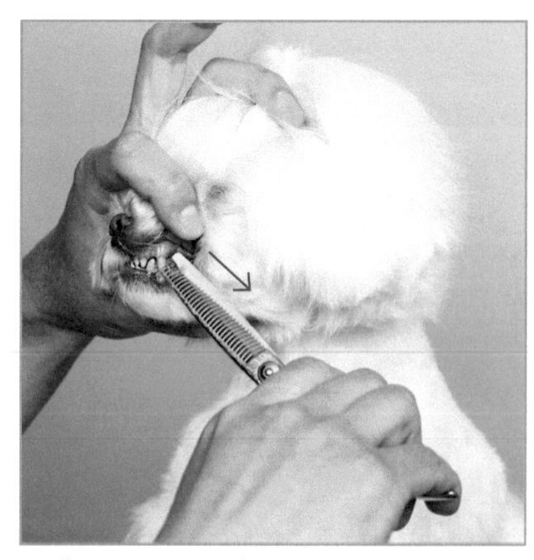

01 口周りの毛をスキバサミで短くカットします。ハサミを引いて、櫛刃で立毛させることで、毛の根元からカットできます。

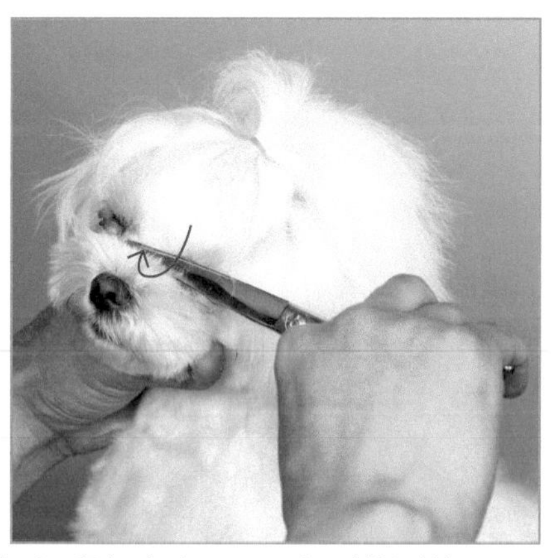

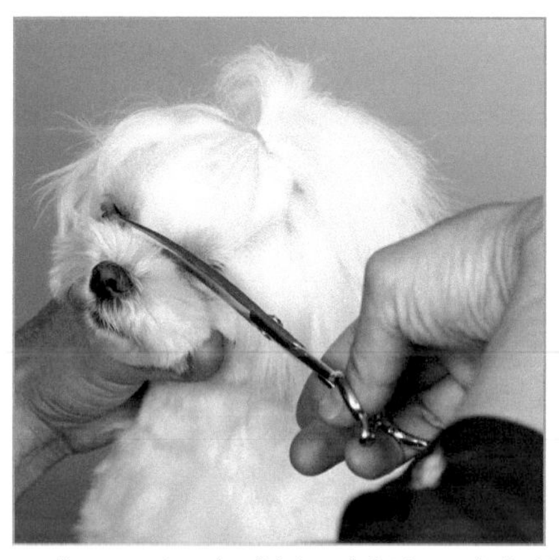

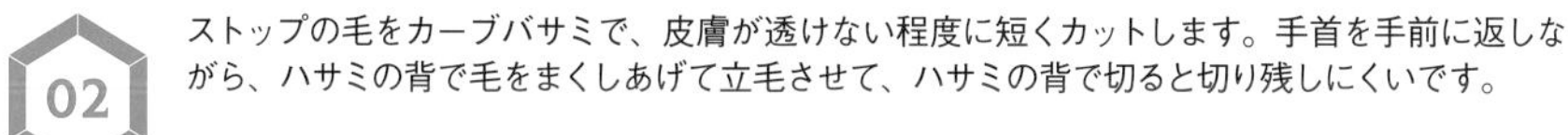

02 ストップの毛をカーブバサミで、皮膚が透けない程度に短くカットします。手首を手前に返しながら、ハサミの背で毛をまくしあげて立毛させて、ハサミの背で切ると切り残しにくいです。

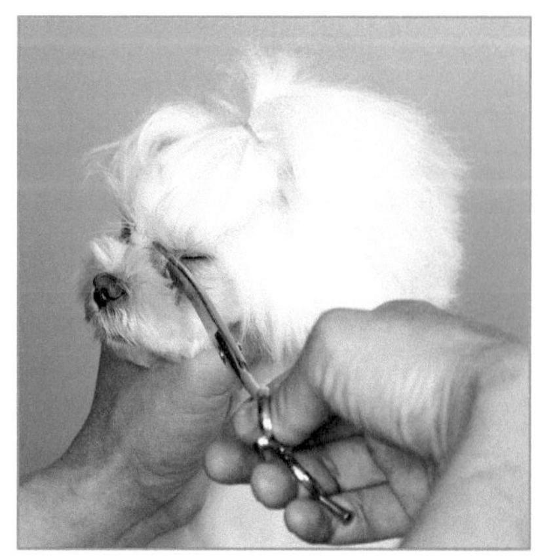

03 両目頭の毛をストップと同様に、短くカットします。

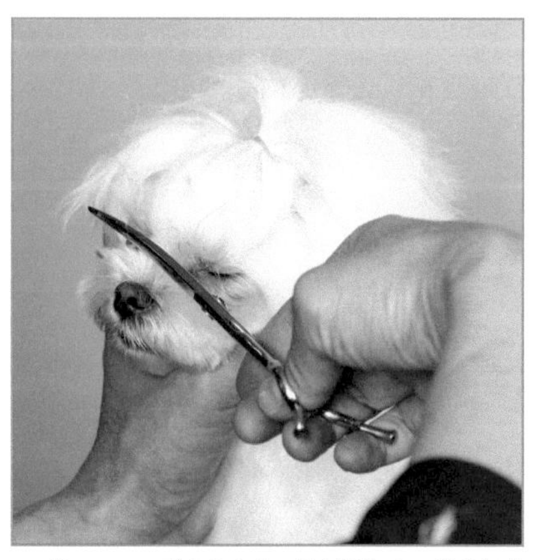

04 マズルの上は、目が隠れない長さにカットします。

POINT

標準的な毛質のコはマズルの形を楕円に

P9で解説した通り、マズルの毛の生え方によって、作りやすいスタイルが異なります。タリーちゃんは、標準的なマルチーズの毛質で、毛が柔らかく倒れやすいため、楕円に作ります。横幅の頂点は、鼻の高さよりもやや低くします。

POINT
コーミングはあえて粗い部分を出すように

OK	NG

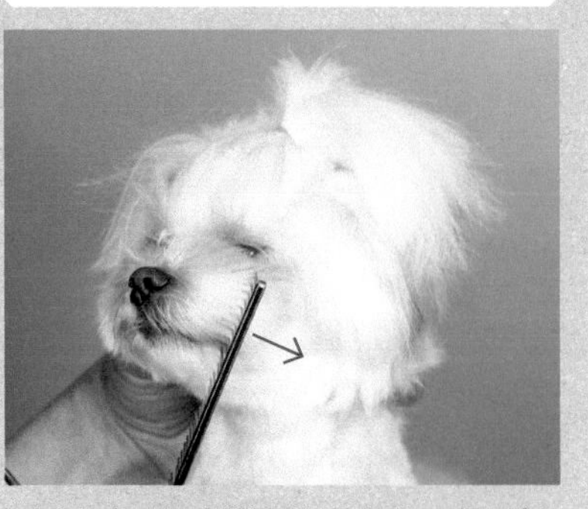

毛流に沿ってコーミングすると、余分な毛が隠れてしまいます。この状態でカットすると、切り残しやすいため、時間が経ったときに余分な毛が飛び出たり、スタイルが長続きしなかったりします。あえて毛流に逆らってコーミングすることで、隠れている余分な毛を見逃さないようにしましょう。

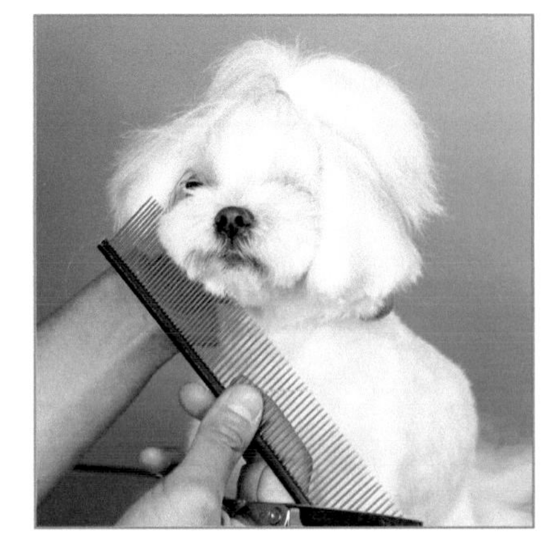

05 毛流に逆らってコーミングして、余分な毛を出します。

POINT
マズルを下から切りあげるときの見方

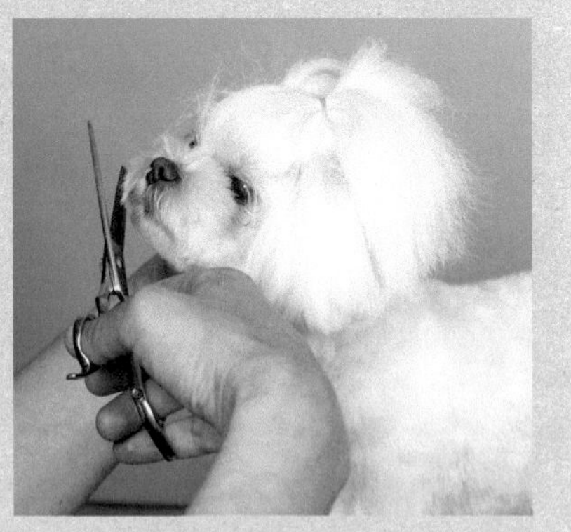

犬の顔を正面から見て、マズルの下から切りあげると、ラインがあやふやになり、切り残しや切りすぎることがあります。向かって左側のマズルを切りあげるときは、犬の顔をやや左に動かして、切りあげるラインを確認しながらカットするとよいでしょう。

06 顎下から横幅の頂点に向かって切りあげていきます。

POINT
刃の跡をつけない方法

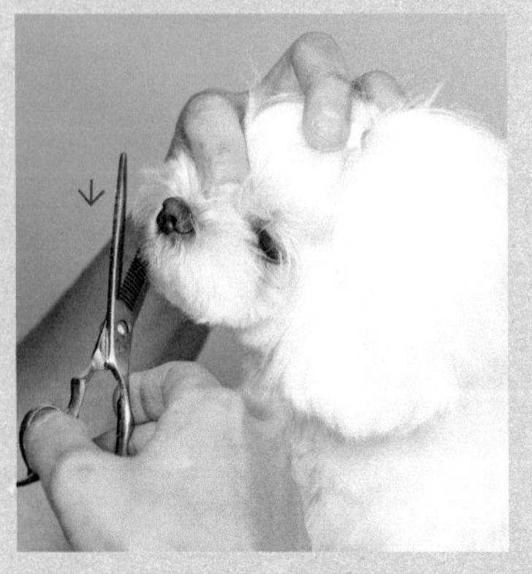

マズルの下側の毛流は、顎に向かっています。マズルの形に合わせてハサミを動かすだけだと、毛を押しあげながらカットすることになり、刃の跡がつきやすいです。これを防ぐために、ハサミをやや引きながら切るのが有効です。

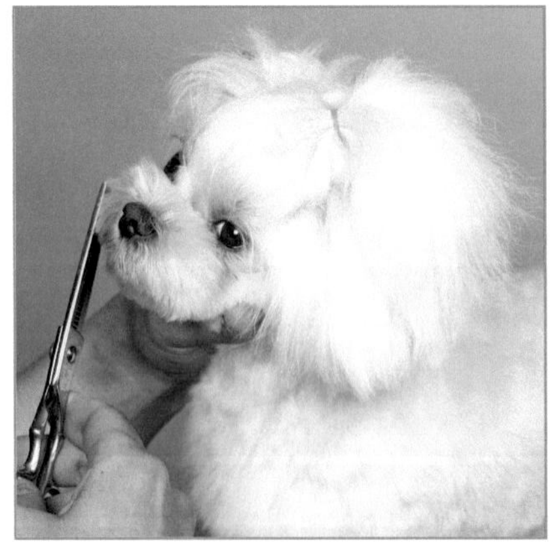

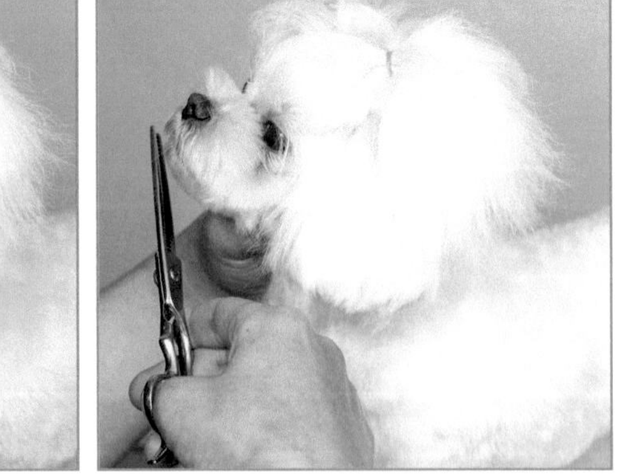

07 ハサミの刃中を顎下、刃先をマズルの横幅の頂点においた状態から、作りたいマズルの形に合わせて動かしていきます。

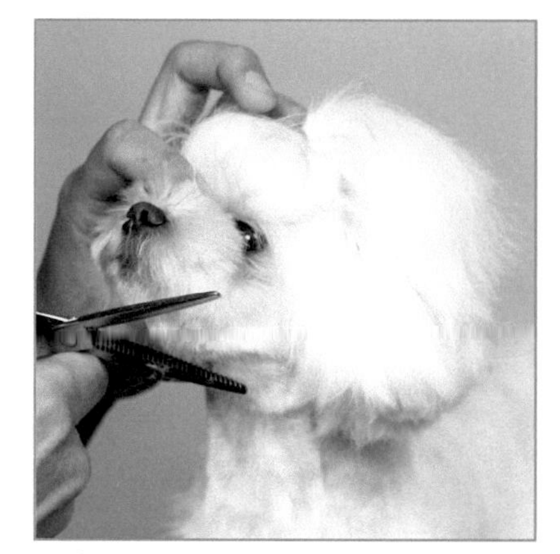

08
マズルの反対側も同様に、下から横幅の頂点に向けて切りあげます。マズルはこの段階で形を作り込むのではなく、あとで微調整できるように、やや大きめに作ります。

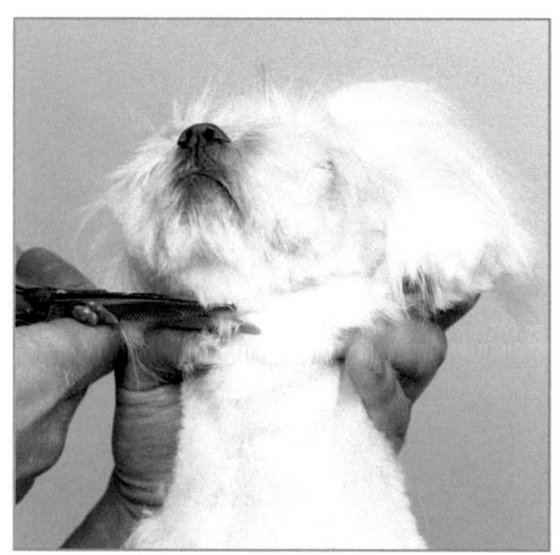
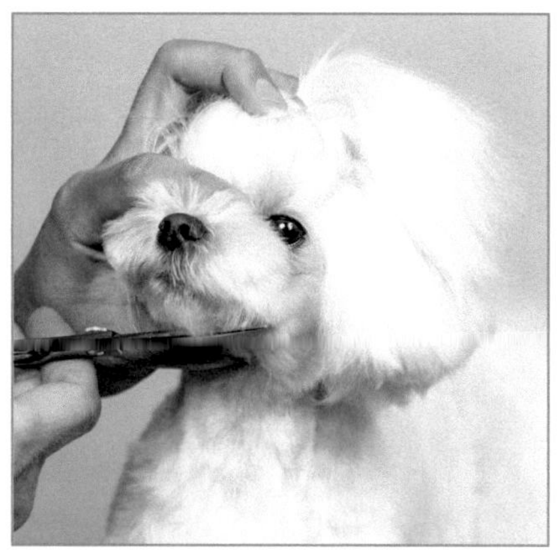

09
喉の奥は切り残しやすい部位です。顔と首の境を短くカットして、はっきりと区分したほうが、スタイルがよく見えるので、しっかりとライン取りをおこないます。

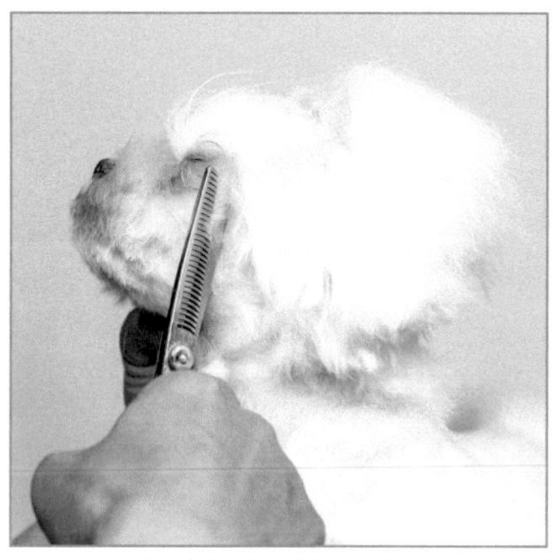

10
顎下をカットしたら、喉の奥から目尻の横に向かって丸くカットして、フェイスラインを作ります。今回は、目尻の横は短くして、小顔に見せます。

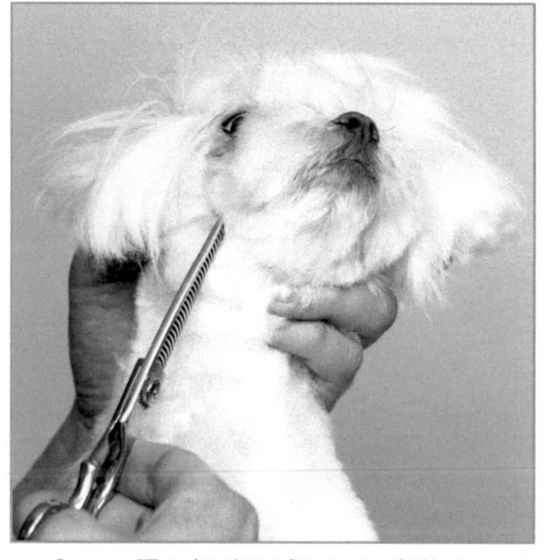

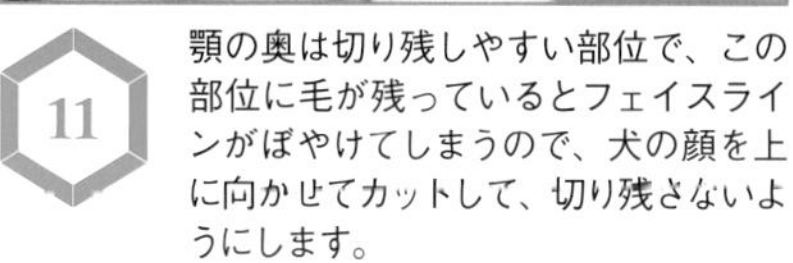
11
顎の奥は切り残しやすい部位で、この部位に毛が残っているとフェイスラインがぼやけてしまうので、犬の顔を上に向かせてカットして、切り残さないようにします。

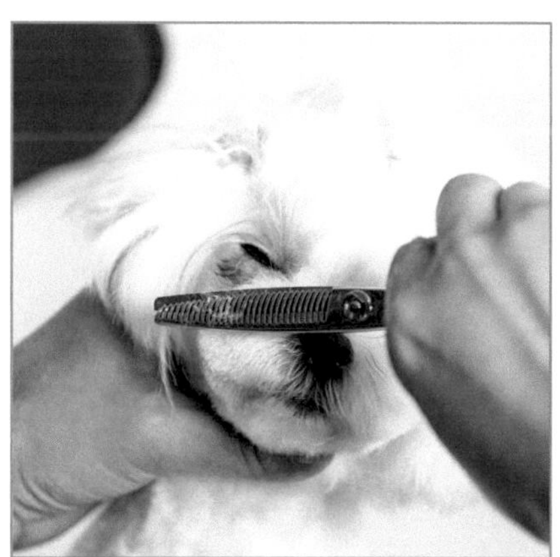
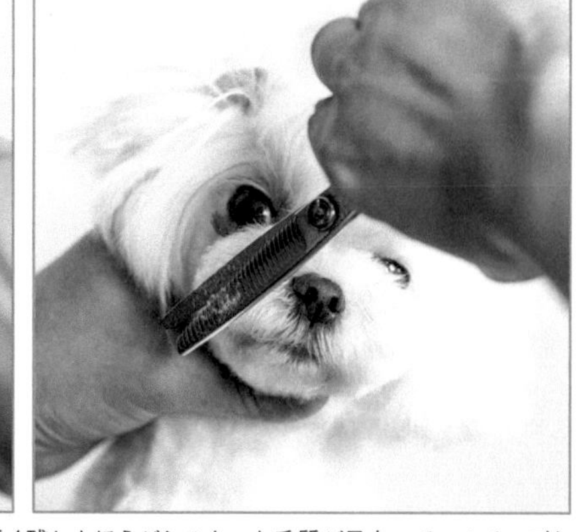

12
鼻の横の毛は、P11で解説した通り、長く残したほうがシルキーな毛質が目立ってマルチーズらしさが出るので、なるべく長く残して、段になっている部分はスキバサミで、毛の長さにグラデーションをつけてぼかします。

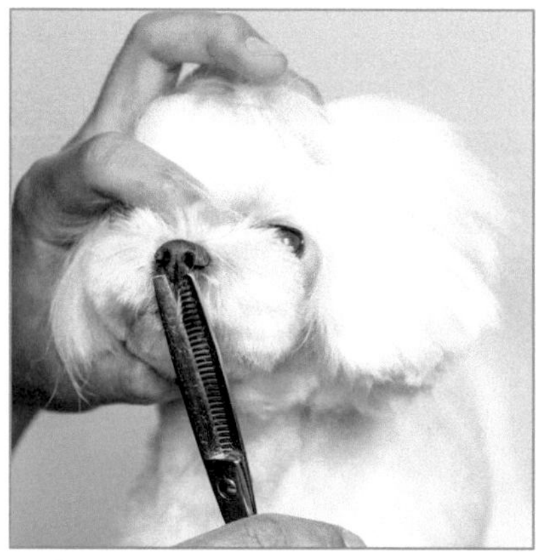

13
鼻の下の毛が長いと人間のチョビ髭のように見えるので、短くカットします。段ができているときは、ハサミを縦か斜めにして段を消します。

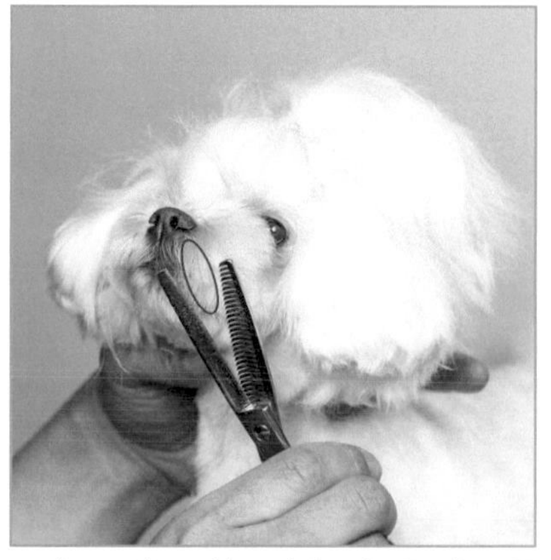

14 鼻から斜め下方向の毛を長く残した場合に、汚れると人間のほうれい線のように見えることがあります。この部分の毛はやや短くして、毛の長さにグラデーションをつけたほうがよいでしょう。

15 マズルの奥のチークの毛を持ちあげるようにコーミングして、毛を出します。

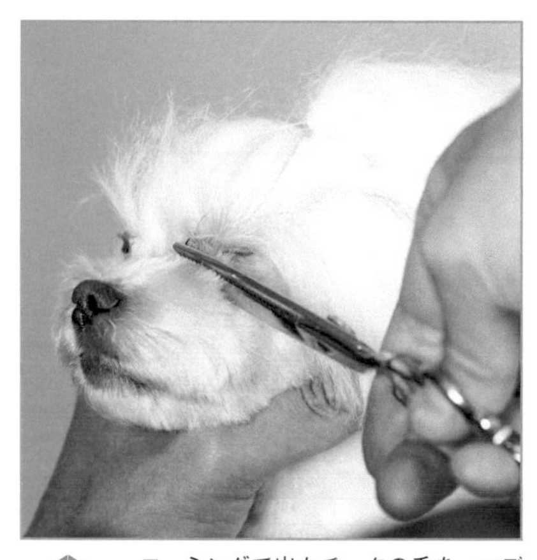

16 コーミングで出たチークの毛を、マズルの丸みに合わせてカットします。このとき、マズルの上の毛を切らないように注意します。

17 チークの毛を切ると、目頭側から目尻側に向かって流れていた毛が短くなり、立毛することで、マズルよりも長く飛び出る毛が出てきます。その毛を短くカットしつつ、目頭側から目尻側に向かってグラデーションをつけて、なじませます。反対側のチークの毛も同様にカットしたら、ここで一旦顔のカットを終えます。

POINT
マズルの形を長持ちさせるために チークの毛を出して切る

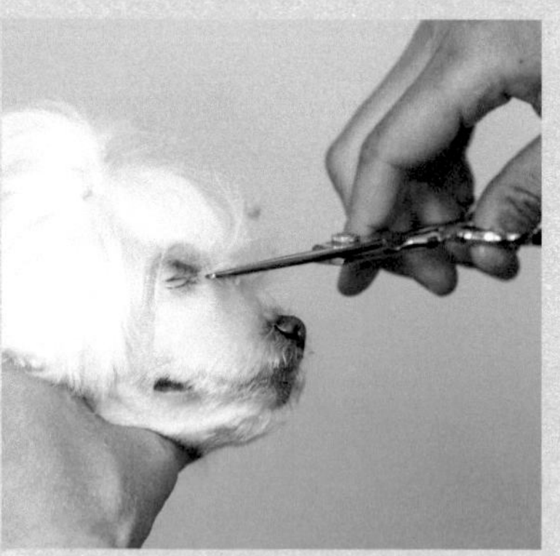

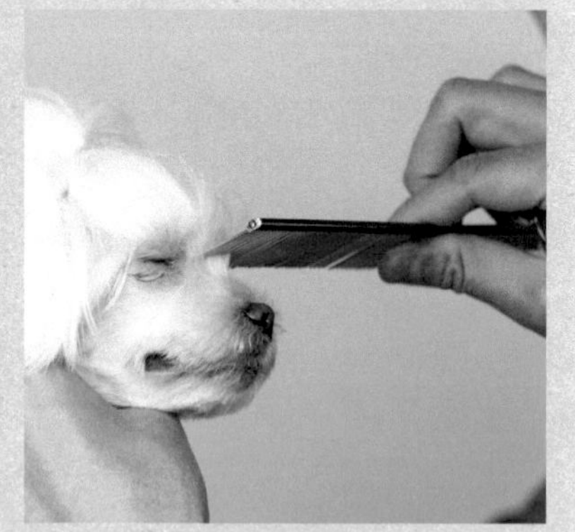

チークの毛が長く残っていると、マズルの上に被さって、マズルの毛が下に垂れさがりやすくなります。コームでチークの毛をしっかりと出してカットすることで、マズルの形を長持ちさせることができます。また、チークの毛をマズルと同じ形に切ることになるので、マズルに奥行きが出て、立体的な丸みを出すことができます。

トップ、耳

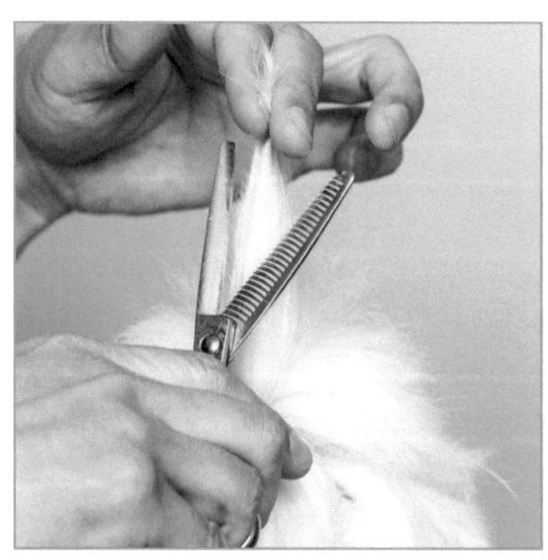

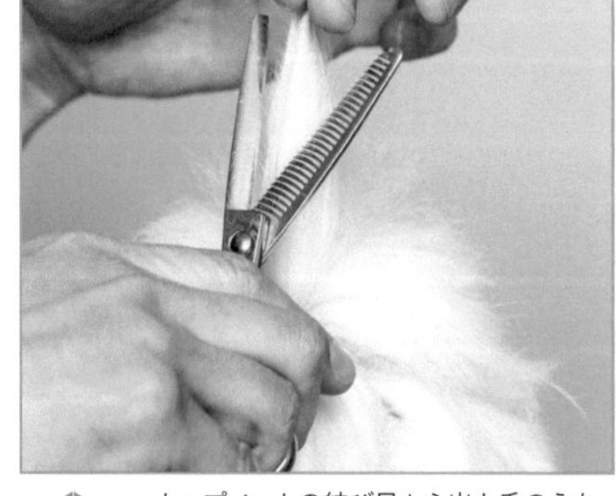

01 トップノットの結び目から出た毛のうち、手前側の毛をコーミングして指でつかみます。そして、結び目から出た毛の半分の高さを、スキバサミの刃先を上に傾けて、手前側の毛だけをすきます。刃は完全に閉じずに、刃元から刃中で毛を軽く挟むようにして、切りすぎないようにします。こうすることで、手前側の毛が立毛するので、結び目から出た毛が真ん中から左右に割れても、割れ目をぼかすことができます。ただし、短く切り過ぎると、トップノットを結びづらくなるので注意しましょう。

02 ハサミを頭の上に縦に入れて、ハサミを引きながらすく方法もあります。ただし、トップノットに向かってハサミを動かしながら切ると、犬が動いたときに傷つけてしまう可能性があるので、ハサミを引きながらカットしましょう。

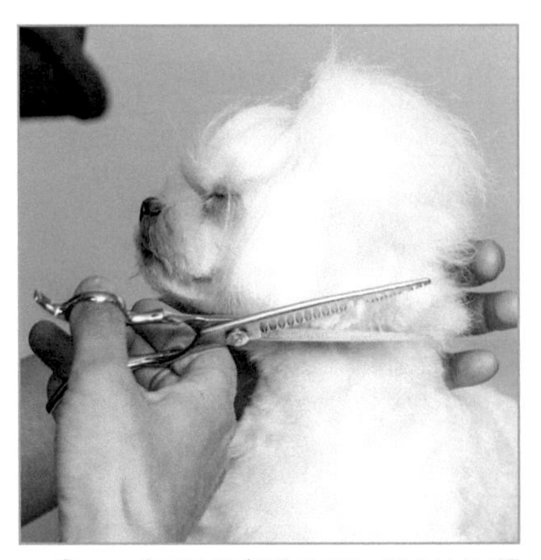

03 今回はボブに作るので、耳の長さは顎のラインよりも上にします。手前側から奥に向かって切りあげていきます。

04 耳の切りあげる角度を、マズルの下から横幅の頂点に向かう切りあげ角度に合わせると、スタイルにまとまりが出ます。

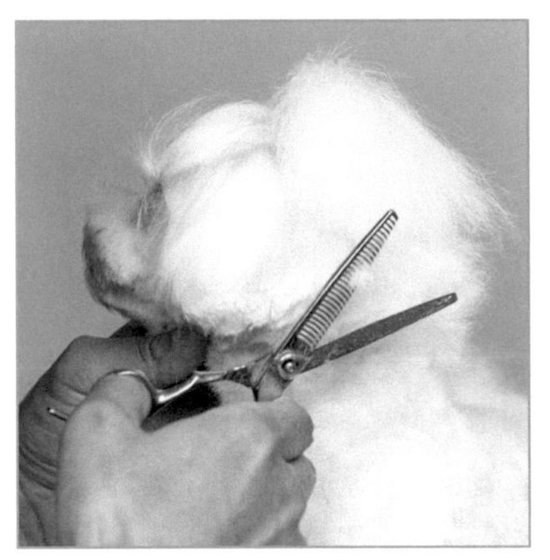

05 トップノットの結び目から出て垂れさがる毛と耳の毛が、なじむように耳の毛をカットしていきます。

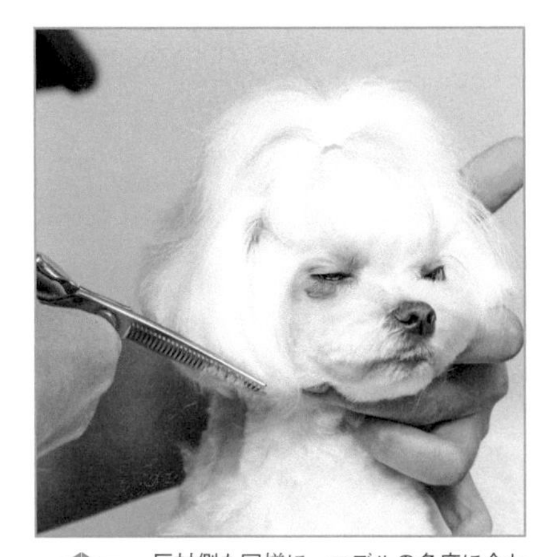

06 反対側も同様に、マズルの角度に合わせながら、耳の下の毛を切りあげます。

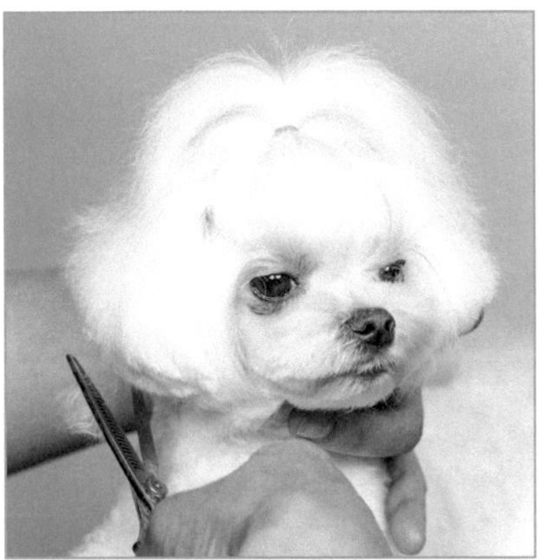

07 正面から見て、左右対称になるように、確認しながらカットします。

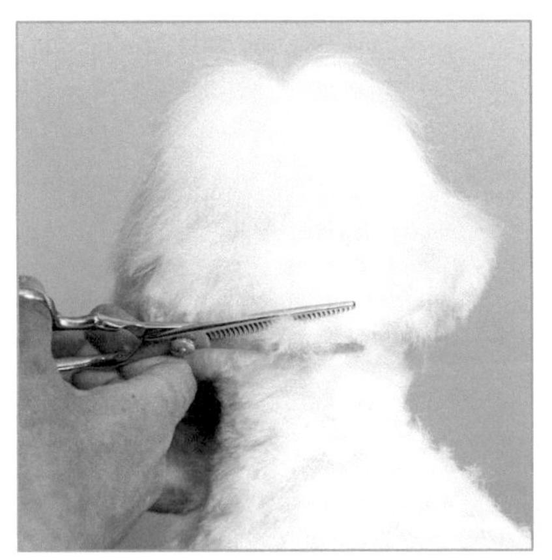

08 後望して、耳につながるように、後頭部を丸くカットしていきます。

四肢

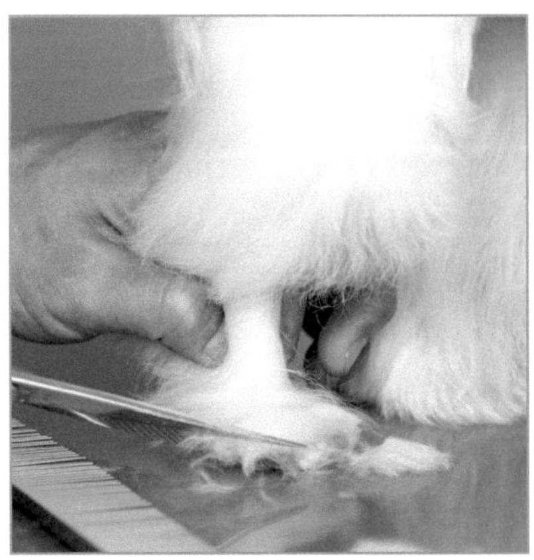

01 足先に被っている毛を指でよけて、トリミング台につく毛をカットします。

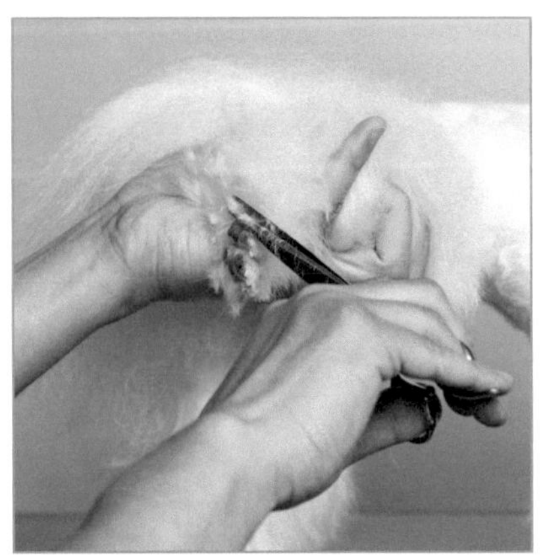

02 足先を持ちあげて、パッドにかかる毛をカットします。刃先をパッドに向けてカットすると、パッドを傷つけることがあるので、刃先をパッドに向けないように、注意します。

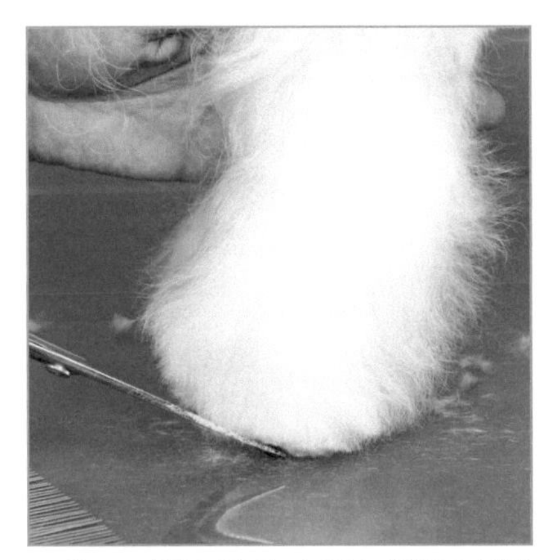

03 足をおろして、トリミング台につく毛をカットします。マルチーズの白い毛に汚れがつくと目立ちます。汚れをつきにくくするために、つま先立ちをしているイメージで、後ろを高めに切りあげます。

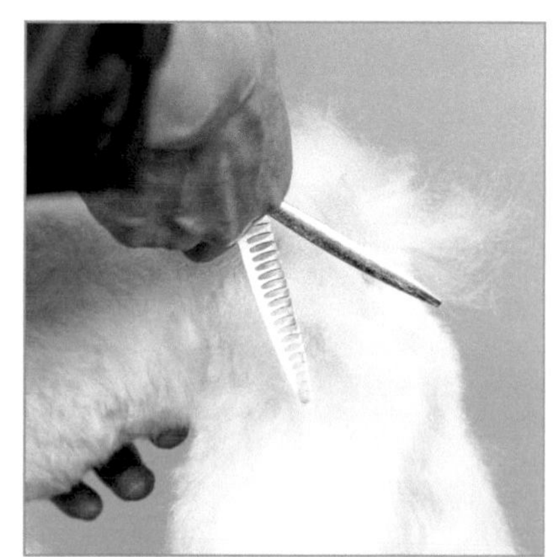

04 四肢それぞれの足先をカットしたら、バリカンで刈った後肢の付け根とハサミでカットするために残しておいた境目をなじませるために、グラデーションをつけていきます。

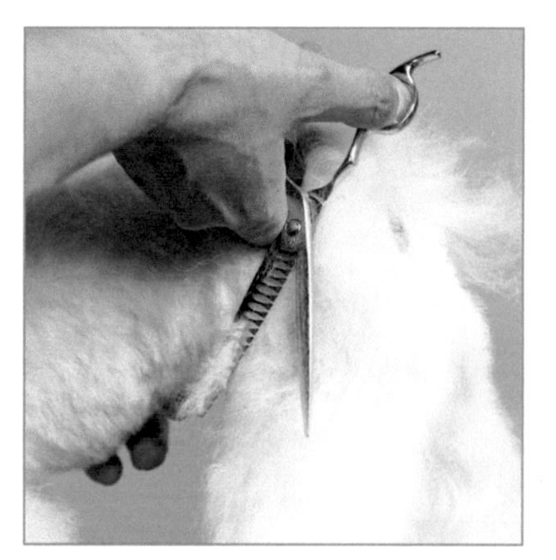

05 グラデーションをつけた部分から下は、外に向かって広がるAラインをイメージしながらカットします。

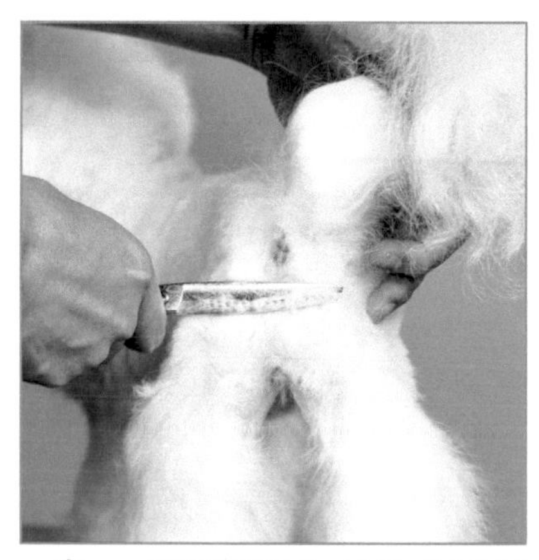

06 お尻の毛は短くカットして、汚れにくくし、そこから足先までは、やや長めに毛を残します。

07 前肢もバリカンで刈った付け根とハサミでカットするために残しておいた境目をなじませるために、グラデーションをつけていきます。タリーちゃんは普段洋服を着るので、袖に当たる前肢の付け根は、やや短くして毛玉ができにくくします。

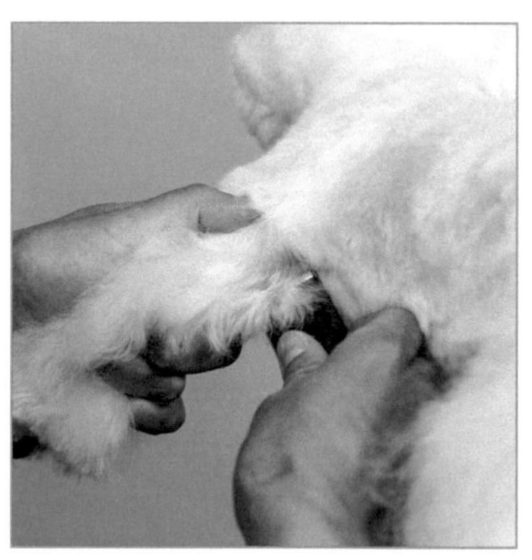

08 肘の内側も毛玉にならないように短く切りますが、外から見にくくて、カットしにくい場合は、ミニバリカンで刈りましょう。

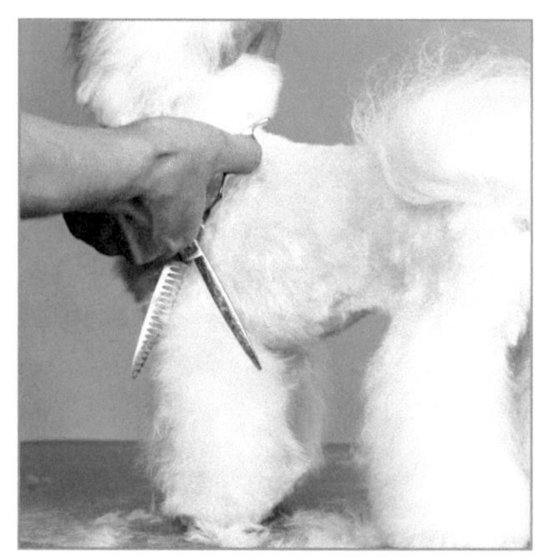

09 付け根から下は後肢と同様に、Aラインをイメージして、ハサミを外に開いて裾広がりになるようにカットしていきます。

POINT
Aラインを作るときのポイント

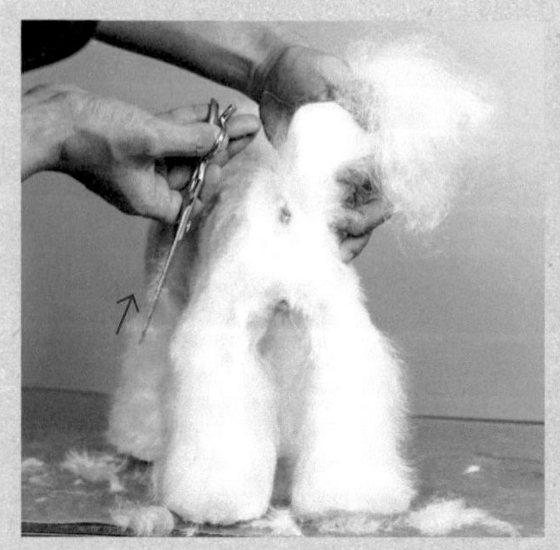

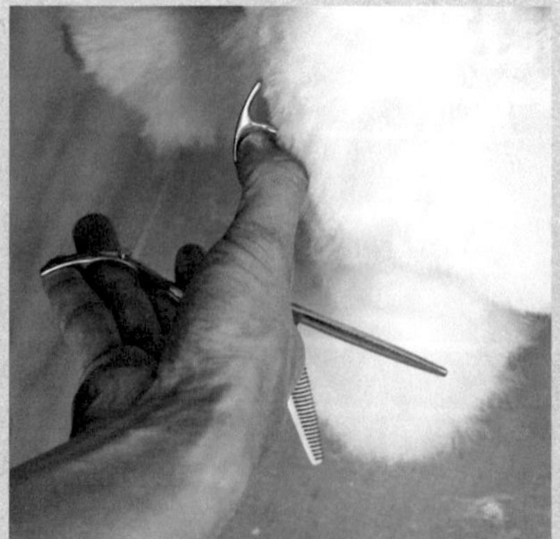

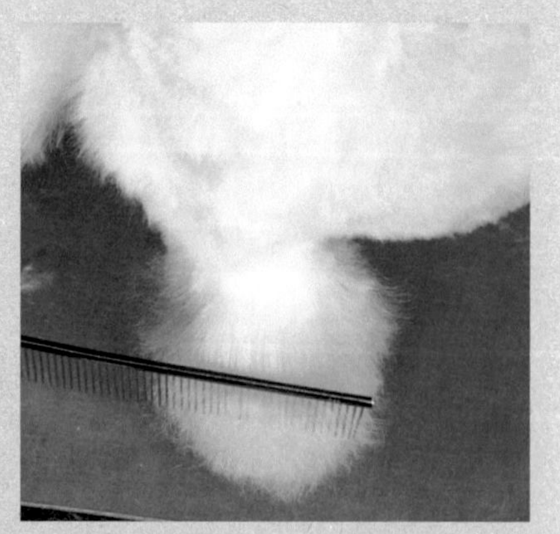

Aラインを作るときは、トリミング台をさげて肢を上から確認しながらカットすると、作りやすいです。放射線状に毛をコーミングすると、毛が重なった部分が濃く見えます。薄く見える部分は余分な毛なので、丸くカットしていきます。このときコーミングで毛をあげすぎた状態でカットすると、切りすぎることもあるので立毛させすぎないように注意しましょう。スキバサミを縦にして、ハサミを引きながらカットすることで、櫛刃で毛を持ちあげながらカットできるのと、毛先は長く残り、根元の毛は短くできるので、Aラインに作りやすいです。

しっぽ

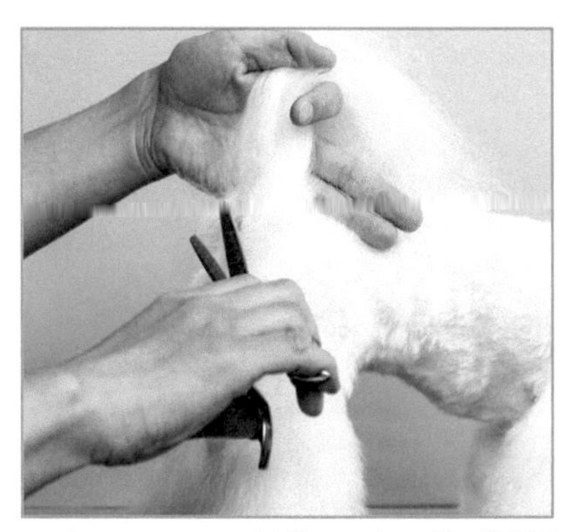

01 しっぽの毛を持ちあげて、付け根付近の肛門につく毛を短くカットします。

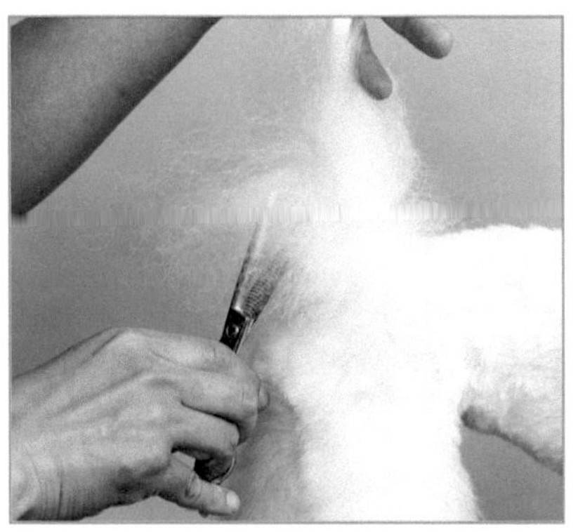

02 付け根付近の毛だけをコームでおろして、肛門につく毛をすきます。こうすることで、しっぽをあげたときに、肛門が見えにくくなります。

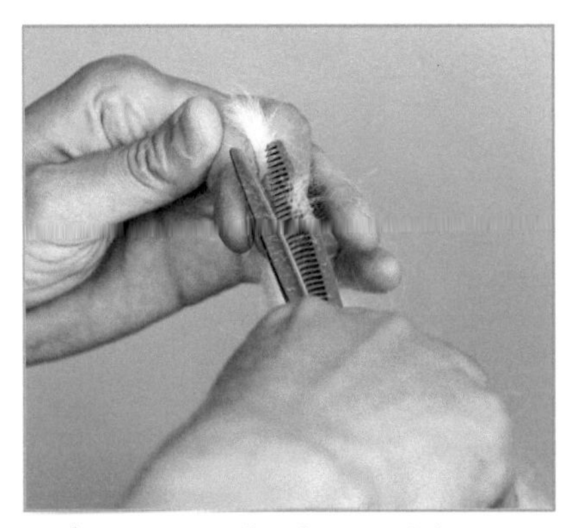

03 しっぽの先の毛は、まっすぐにカットします。

前胸

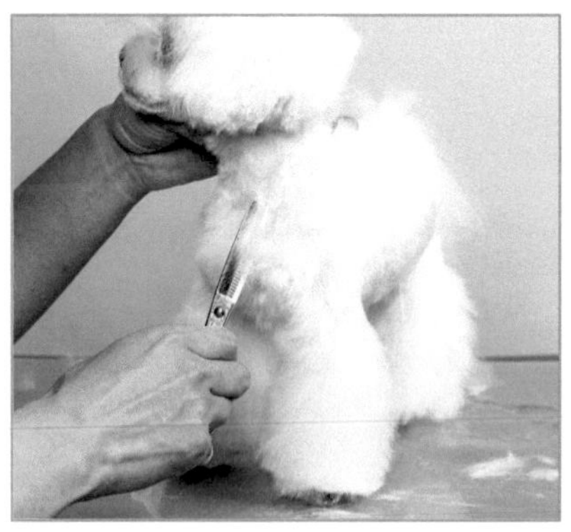

01 バリカンで刈らずに残しておいた部分を、丸くふんわりとカットします。毛流がうず巻いている部分は、ナチュラルに仕上げます。

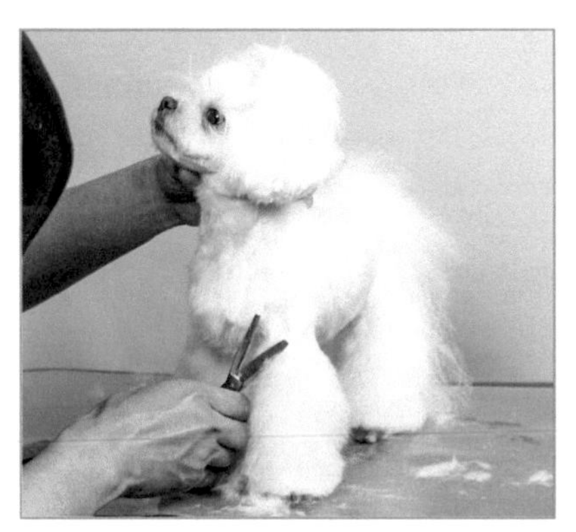

02 前肢とのつながりをなじませたら、チッピングをして仕上げていきます。

仕上げ

01 ここまでの段階で80%程度仕上げました。ここから、全体的にチッピングをして仕上げていきます。特に毛が倒れやすいマルチーズでは、切り残しや段になっている部分を見落としやすいので、それらを確認しながらチッピングをおこなうことが大切です。

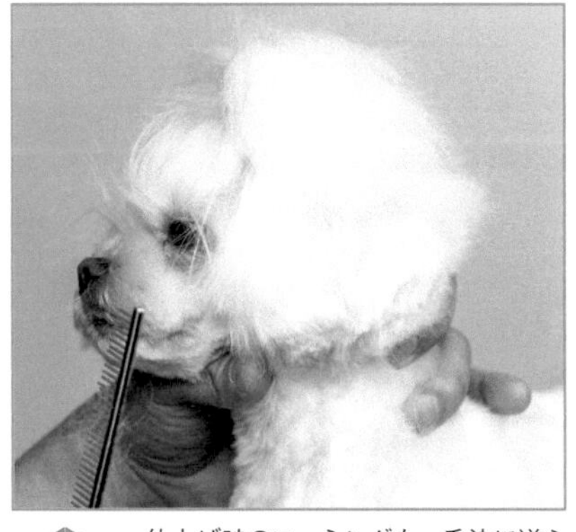

02 仕上げ時のコーミングも、毛流に逆らって、粗い部分がないかを確認します。

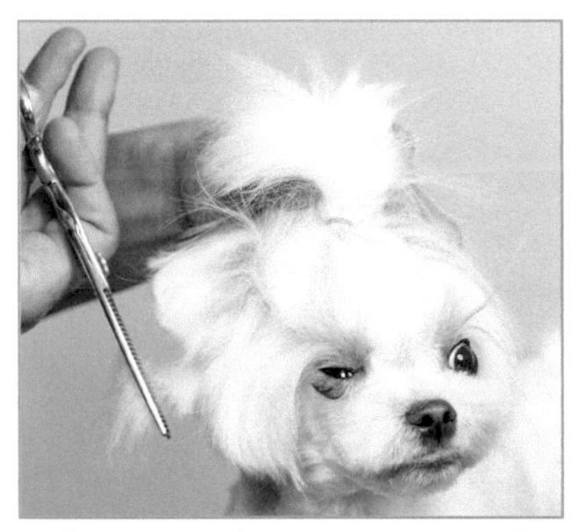

03 耳をあげたときに段になっている部分がないかを確認して、耳の内側の毛をカットします。

耳をめくって、耳の下の毛を丸くカットして、耳の上の毛の丸みと重ねることで、耳をあげた状態でも丸く見えるようになります。

トップノットとして束ねられない毛は、ハサミを縦に入れてすくことで、目立ちにくくします。ゴムで結ぶと、切れやすくなりますが、切れてトップノットとして束ねられない毛が出てきたら、同様の処理をおこないます。

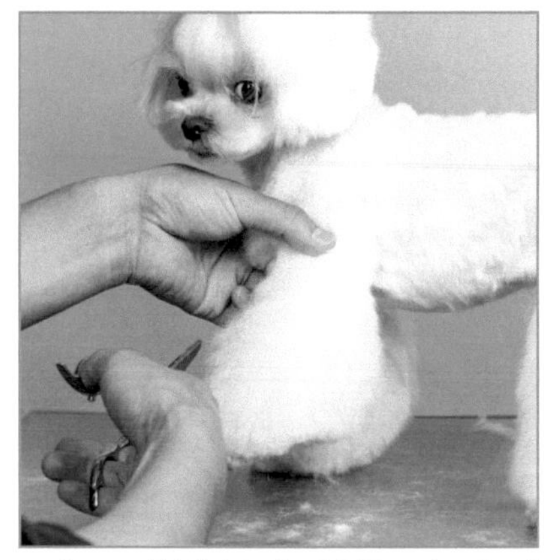

06

足を持ちあげて毛を振り、出てくる毛を確認しながらカットすると、余分な毛を確認しやすいです。

AFTER

CASE 2

前さがりボブ&スカート

トップの毛と耳の毛を一体にして、前さがりのボブにします。
手前側から耳の後ろに向かって切りあげることで、前さがりに作ります。
ボディーは大きめのスカートを作り、歩いたときにひらひらするように、スキバサミでふんわりとさせます。

MODEL DATA

桃汰朗（ボディーの毛質：やや硬め　マズルの毛質：比較的ハリがある毛質）

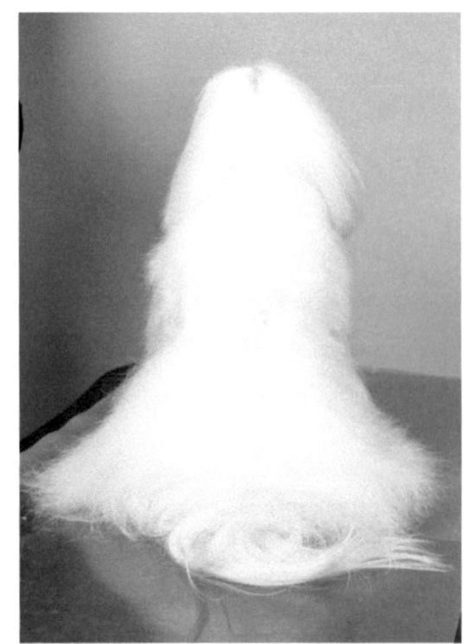

ボディー

POINT スカートを作る位置

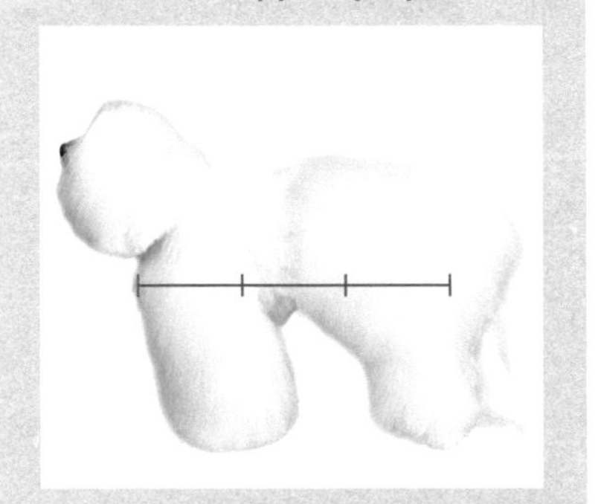

スカートの長さは胴を3等分して、前胸からスカートまでの長さとスカートの長さの比率が2対1を基準に、そのコの体形や、毛質に合わせて調整します。桃汰朗くんの場合は、スカートとして作る毛量を増やしてボリュームを持たせるために、スカートの長さの比率を大きくします。

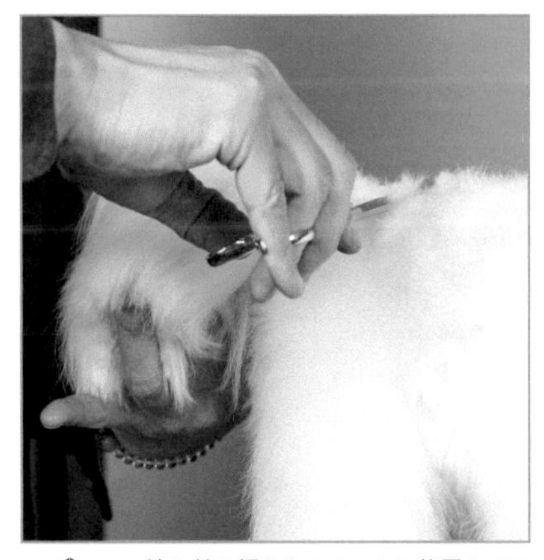

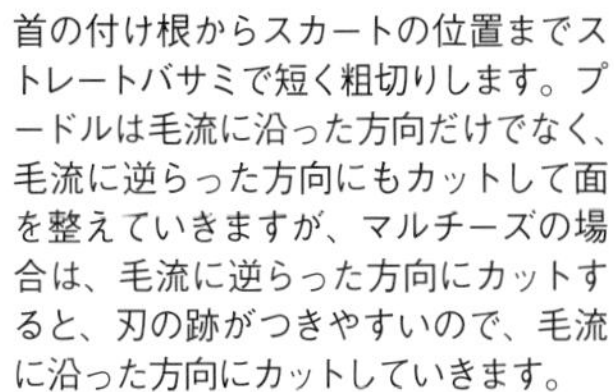

01 首の付け根からスカートの位置までストレートバサミで短く粗切りします。プードルは毛流に沿った方向だけでなく、毛流に逆らった方向にもカットして面を整えていきますが、マルチーズの場合は、毛流に逆らった方向にカットすると、刃の跡がつきやすいので、毛流に沿った方向にカットしていきます。

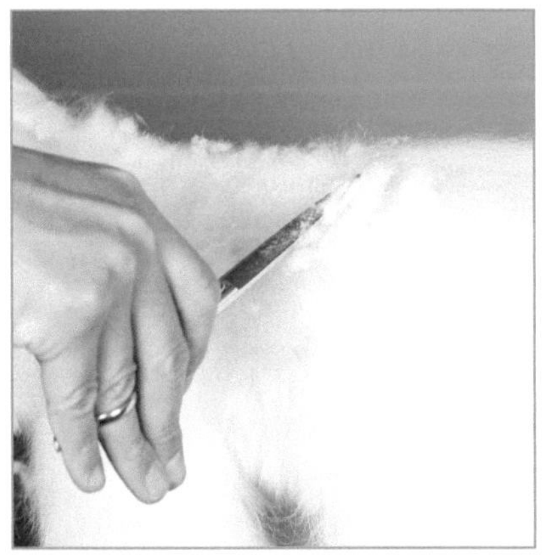

02 ふんわりと作るスカートとのメリハリを出すために、ボディーの毛は5mm程度に短くします。

03 普段洋服を着るので、前肢の付け根は毛玉ができないように、やや短くカットします。

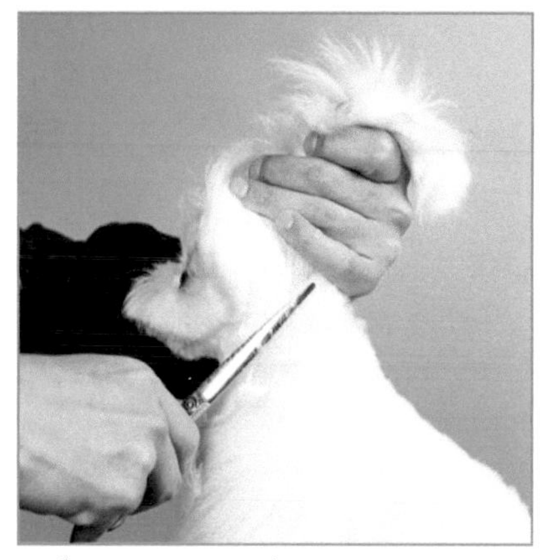

04 耳を持ちあげて、首の付け根の毛をカットします。ここは切り残しやすい部位です。皮膚が透けない程度に短くカットして、顔とボディーとを区別することで、スタイルにまとまりが出ます。

POINT
ストレートバサミの切り方

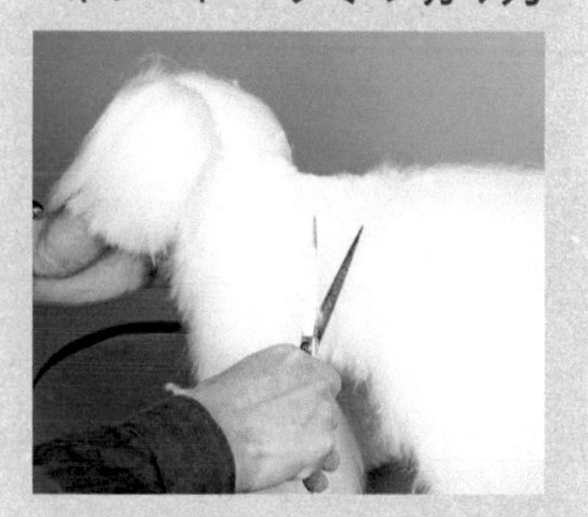

マルチーズは毛質が細く柔らかいため、ハサミでカットするときに、毛が刃先に逃げやすく、一度に多くの毛を切ろうとするほど、刃先に逃げる毛の量が増えるので、切り残しやすいです。プードルのカットよりも、一度に切る範囲を狭くして、刃の開閉数を増やして、しっかり毛をとらえて切りましょう。

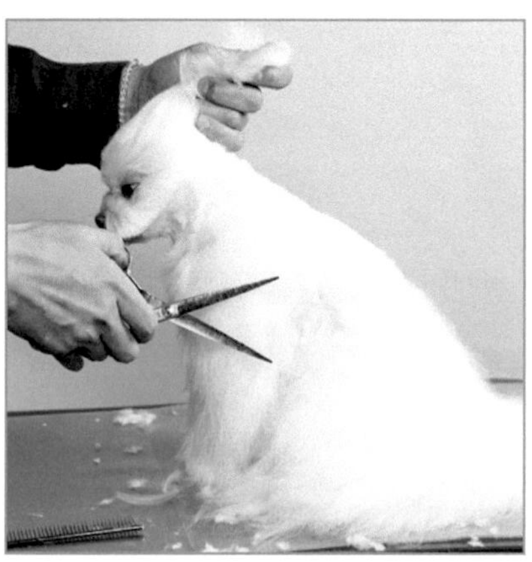

05 肩は、前肢の外側にゆるやかにつながるようにカットします。普段洋服を着るので、洋服を着たときの状態をイメージしながら、やや短くカットします。

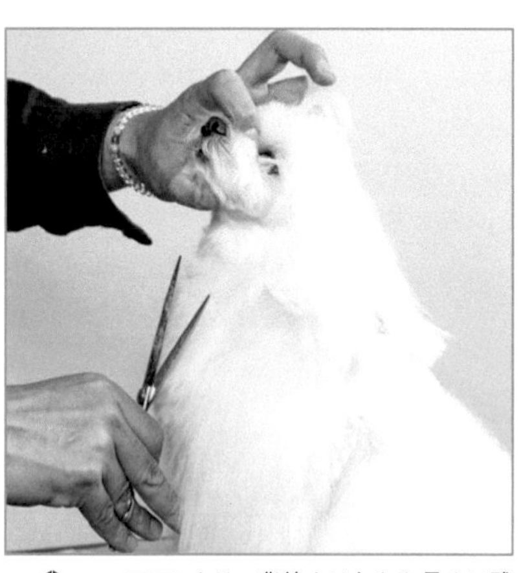

06 フロントは、背線よりもやや長めに残してふんわりと丸く作りますが、残しすぎると洋服を着たときに、バランスが悪くなるので、長く残しすぎないように注意します。

07 胸骨端より下の毛流がうず巻いている部分を短くするとうねりやすいので、切りすぎないように注意します。

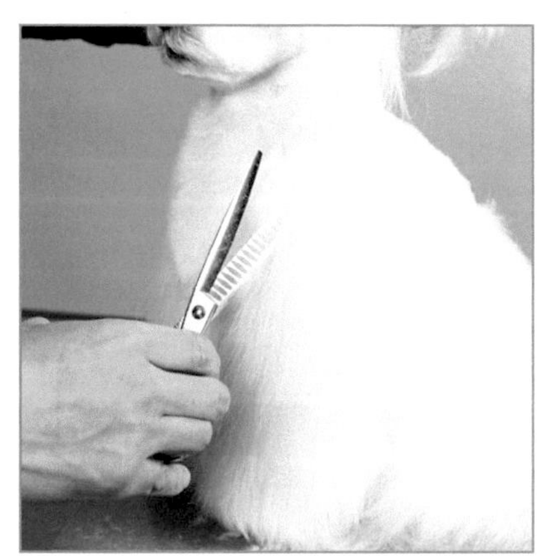

08 ストレートバサミで粗切りをしたら、ブレンディングバサミで角を取っていき、表面をぼかしながら、各パーツのつながりの部分をなじませていきます。

09 ブレンディングバサミでカットしたあとに、残った角をカット率50%のスキバサミでさらになじませていきます。

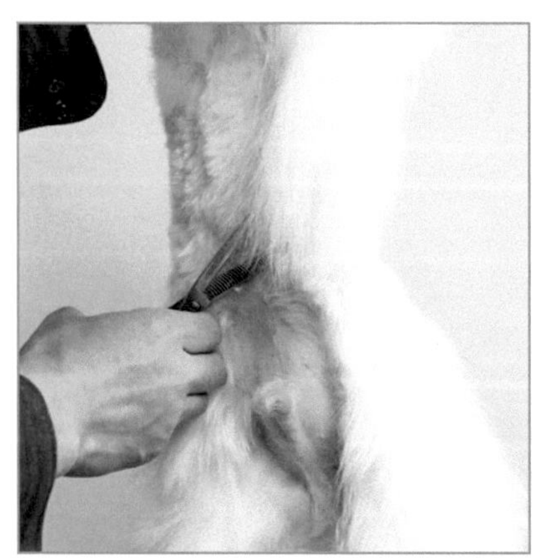

10 お腹の内側は、おしっこなどで汚れやすいので、短くカットします。長めのスタイルであっても、見えない部分を短くカットすることで、汚れやすい部分や毛玉になりやすい部分が、お手入れしやすくなります。

POINT
ストレートバサミ、ブレンディングバサミ、スキバサミの順でカットしてふんわりと作る

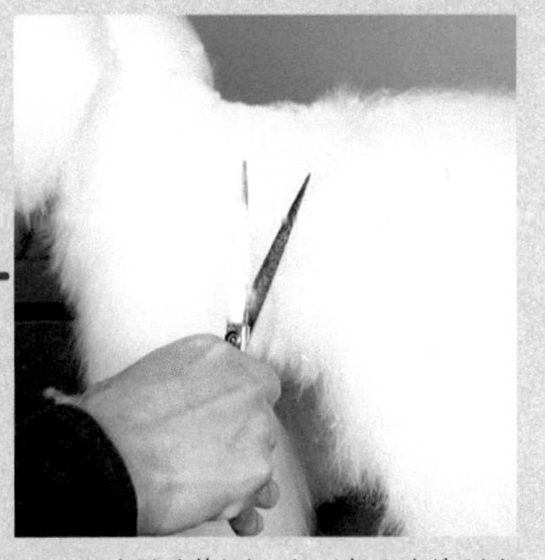

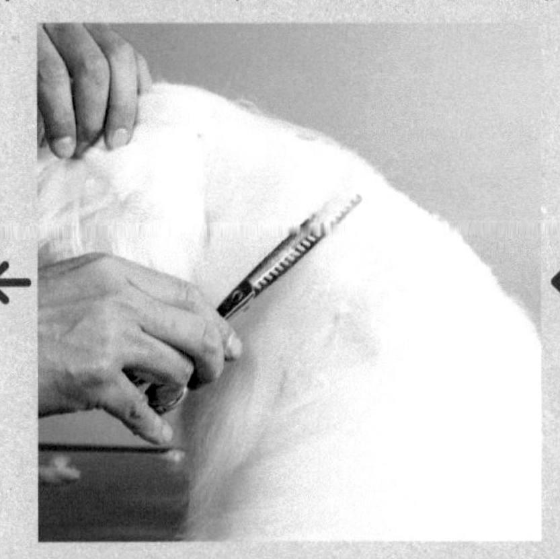

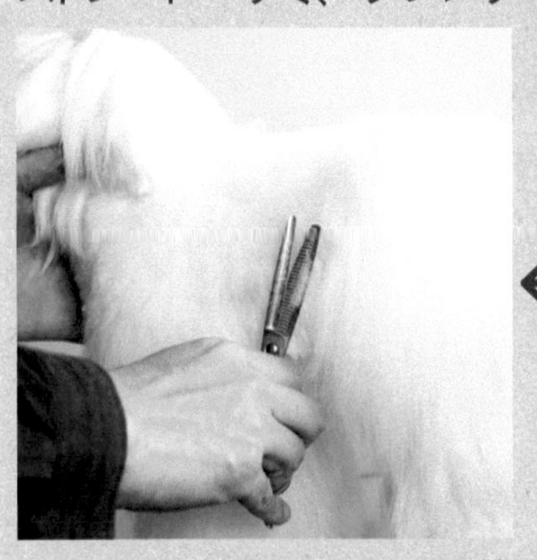

ストレートバサミだけでカットするとラインが出て、落ち着いた印象になります。ストレートバサミ、ブレンディングバサミ、カット率50%のスキバサミの順で、徐々にぼかしながらカットしていくことで、ふんわりと仕上げることができます。一方、ストレートバサミを使わないと、ぼかしすぎてまとまりのないスタイルになりやすいので、先にストレートバサミでカットすることが大切です。

顔、マズル

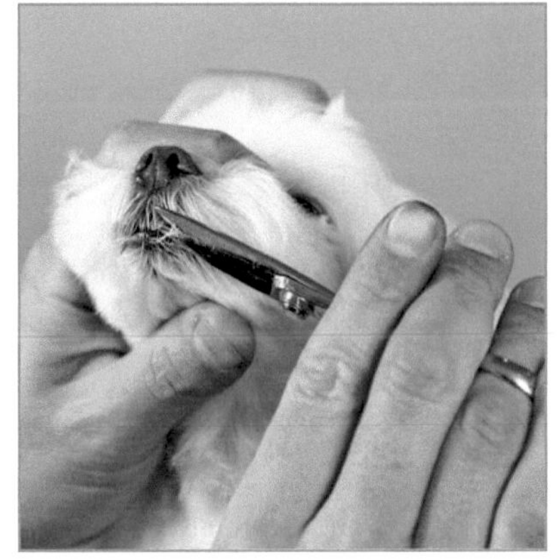

01
鼻の下のリップラインよりも長く伸びている毛を、リップラインに揃えてカットします。

02
桃汰朗くんのマズルは比較的立ちやすい毛質なので、マズルは逆三角形に作ります。マズルの上側は、ストレートバサミで完全にまっすぐカットせず、カーブバサミでやや丸みをつけたほうが、やさしい印象になります。

03
マズルの横のふくらみの頂点が、鼻の高さより上になるように、顎下から角度をつけて切りあげます。

04
左右の切りあげる角度が同じになるように注意しながらカットします。この段階では、やや大きめに作ったほうが、あとで微調整しやすいです。

POINT
逆三角形マズルの切りあげ方

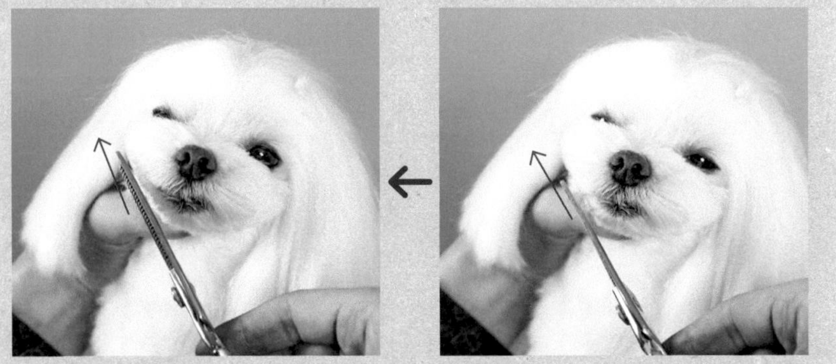

マズルを楕円にする場合は、ハサミで円を描くように動かしますが、逆三角形に作る場合は、ハサミを直線的に動かして作ります。

05 切りあげたマズルの横とマズル表面の毛をなじませます。毛流に逆らった方向にハサミを引いて櫛刃で毛を立たせながら、毛先を細かくカットしてなじませていきます。

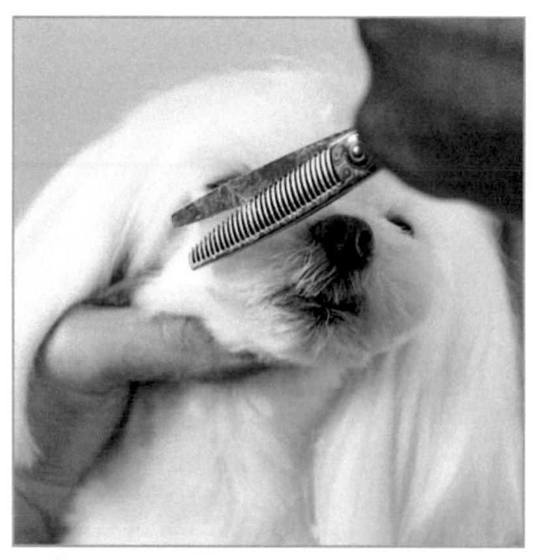

06 鼻の周りの毛は、短くカットすると毛流が目立ち、なじませにくくなります。できるだけ鼻の周りの毛を切らないように、マズルの表面と横をなじませるようにハサミを動かしましょう。

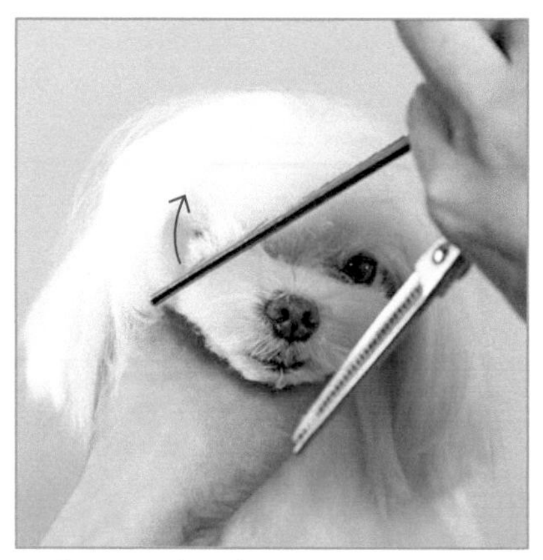

07 マズルの奥のチークの毛を上に向かってコーミングします。

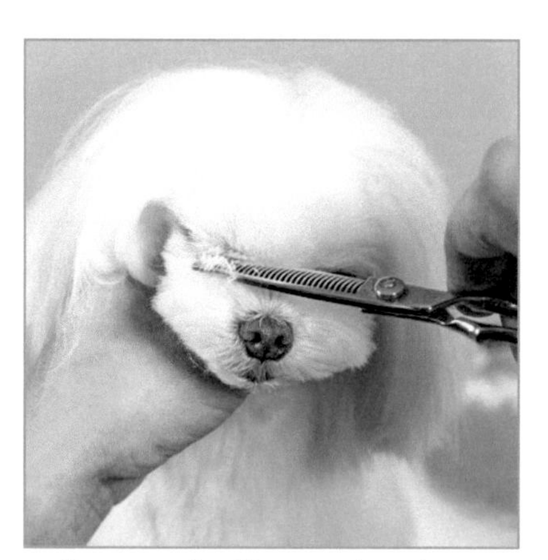

08 コーミングして、マズルの上のラインから出たチークの毛を、マズルの高さに合わせてカットします。

09 チークの毛を切ったことで、マズルの上から飛び出た毛をマズルの高さに合わせてカットします。

目が大きく見えるように、目の上の縁の毛を短くカットします。まつ毛は、かわいさのポイントになるので、切らずに残します。

トップ、耳

ストップの毛を短くカットします。長く残すと時間が経ったときに、ストップだけ盛りあがってしまうので、カットする瞬間に毛流に逆らった方向にハサミを引いて、スキバサミの櫛刃で毛を根元から立たせながらカットして、皮膚がぎりぎり見えない程度に短くします。

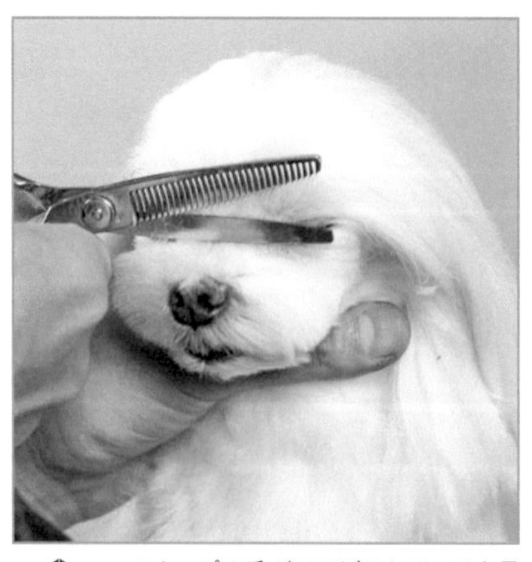

02 ストップの毛がでこぼこしていると目立つので、均一の長さに切れているかをしっかりと確認しましょう。

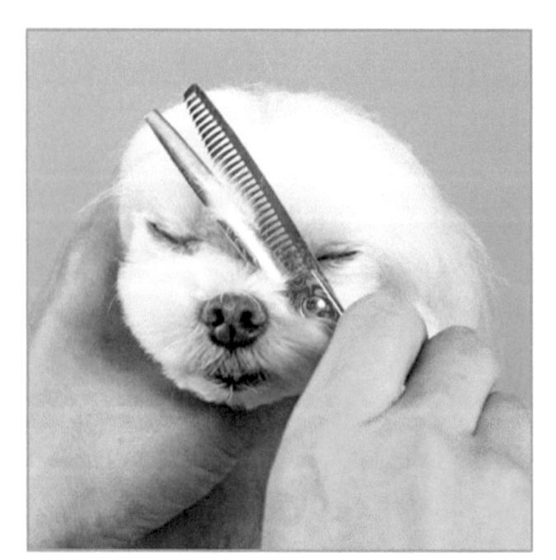

トップの毛が顔に垂れてこないように、両目尻と正面から見たときのトップの頂点を結んだ部分の毛をカットして、ひたいを作ります。

POINT
トップの毛が顔に垂れないようにひたいを作って支える

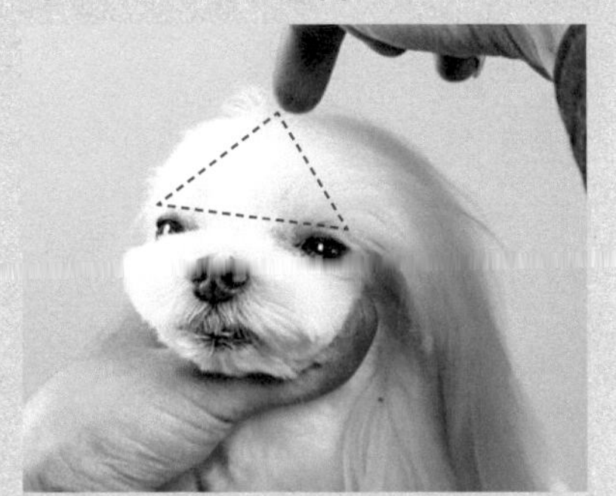

マルチーズでトップを長いスタイルにする場合、顔に毛が垂れやすいです。それを防ぐために、両目尻の上のラインからトップに向かって徐々に長くなるようにカットして、ひたいを作ります。スキバサミの櫛刃で立毛させながら、皮膚がぎりぎり見えない程度に短くカットしたストップから、頭頂部の長い毛に自然とつながるようになじませます。

04 ひたいは、刃先で切ろうとすると切りすぎるので、刃中から刃元で両目尻のラインからトップに向かって徐々に長くなるように、毛の長さにグラデーションをつけてカットします。

05 耳の下の毛は前さがりになるように、手前側から後頭部に向かって切りあげます。ただし、切りあげすぎるとボリューム感がなくなるので、極端に切りあげすぎないように注意しましょう。

06 左右の切りあげ角度が同じになるように、確認しながらカットします。

07 マズルと同様に、切った毛先の断面と毛の側面の面とのつながりをなじませていきます。耳先は、丸みがでるようになじませていきます。

スカート、しっぽ

POINT
スカートを作るときのポイント

おパンツは、後肢の付け根とタックアップの毛も一体にして作りますが、スカートの場合は、後肢の付け根、タックアップに、境界線を入れるようにカットします。こうして、隙間を作ることで、犬が動いたときにスカートの毛が、ひらひらとゆれるので、よりかわいくなります。

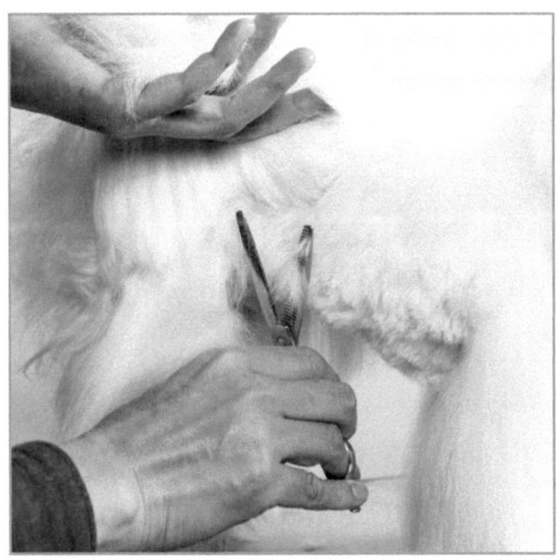

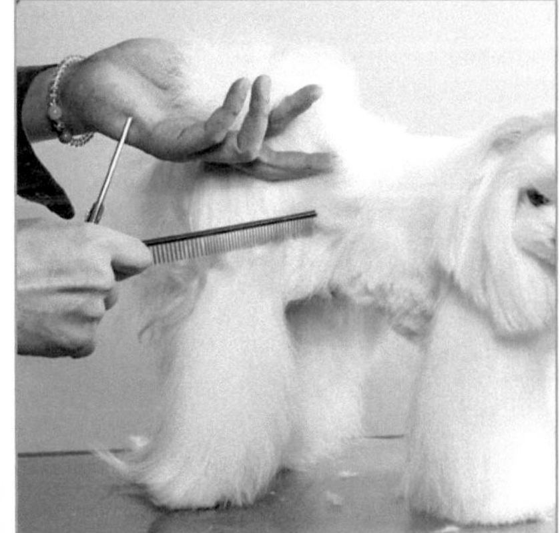

01 今回は、スカートを作ります。コームでスカートと後肢の毛を分けて、後肢の付け根とタックアップの部分を短くカットして、スカートとボディーに境界線を作ります。

02

境界線のラインは、ストレートバサミではっきりと作るのではなく、犬が動いても境界線が隠れるように、スキバサミでカットして、ぼかします。また、境界線の幅を広くすると、前肢とのバランスが取れなくなるので、幅は狭くします。

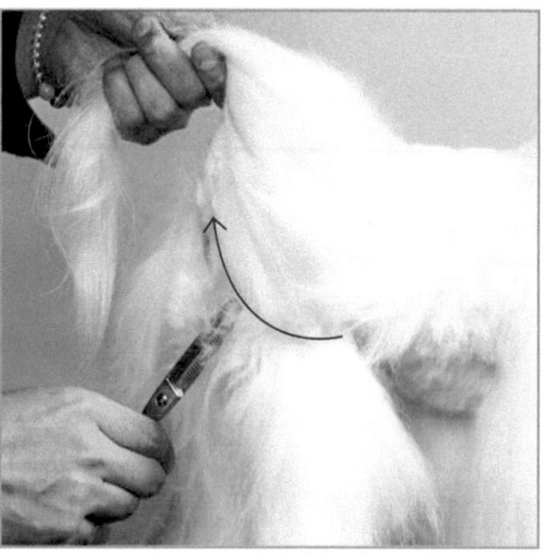

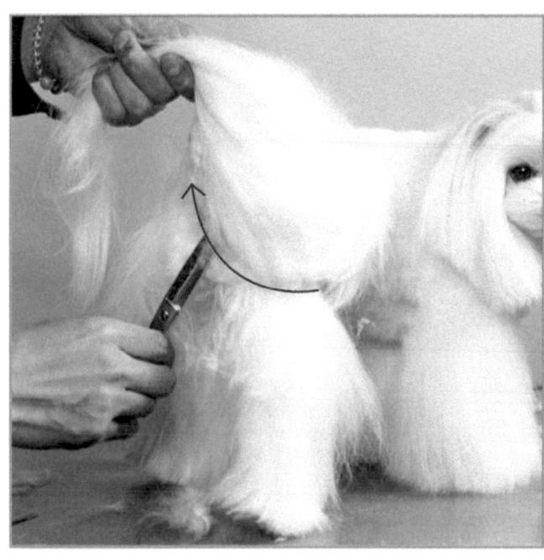

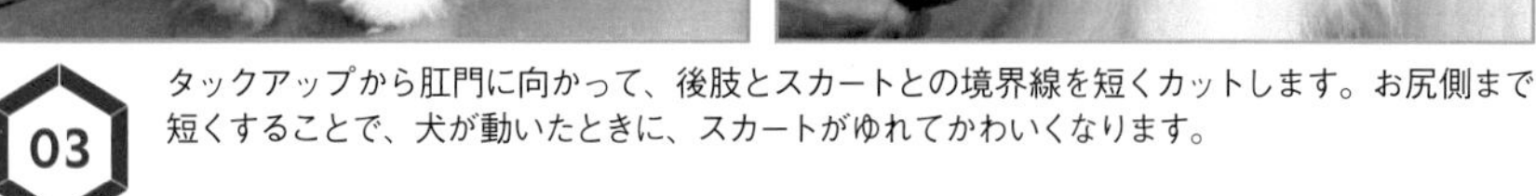

03

タックアップから肛門に向かって、後肢とスカートとの境界線を短くカットします。お尻側まで短くすることで、犬が動いたときに、スカートがゆれてかわいくなります。

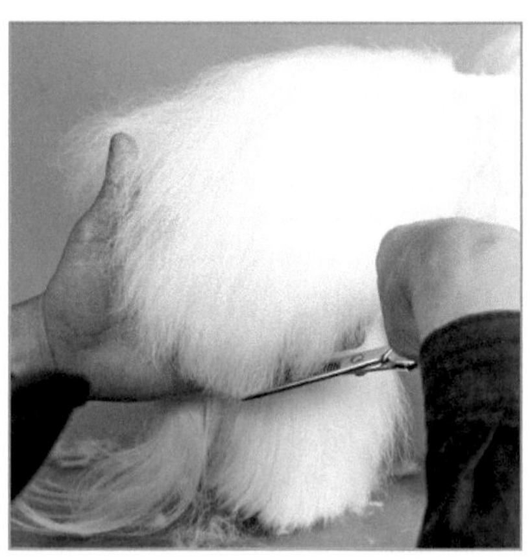

04

境界線が切れたら、スカートの毛の下に手を入れ、毛先を丸くカットします。手を入れることで、後肢の毛を切らずにスカートの毛だけを切れます。

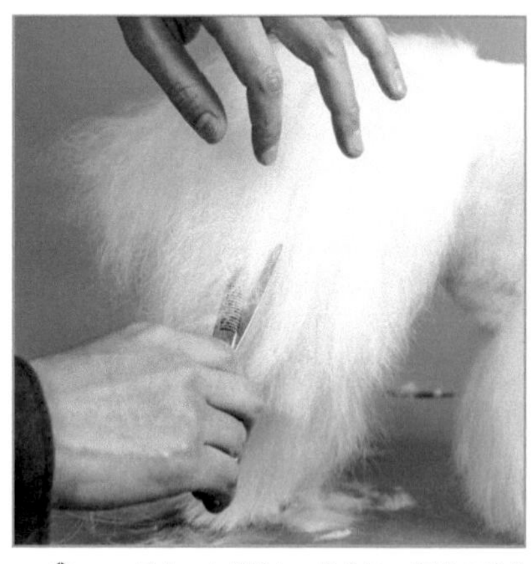

05

スカートが重たい場合は、表面の毛を持ちあげて、内側の毛にスキバサミを縦に入れて毛先をすきます。

POINT
スカートの表面の毛は切らない

スカートの表面の毛を切ると、スカートのアウトラインが丸くなります。スカートは、おパンツのように丸く作るのではなく、下に毛が垂れさがった状態にするので、毛をすくときは、表面ではなく内側の毛をすきます。スカートの内側の毛をすくことで、歩いたときにスカートがゆれやすくなります。

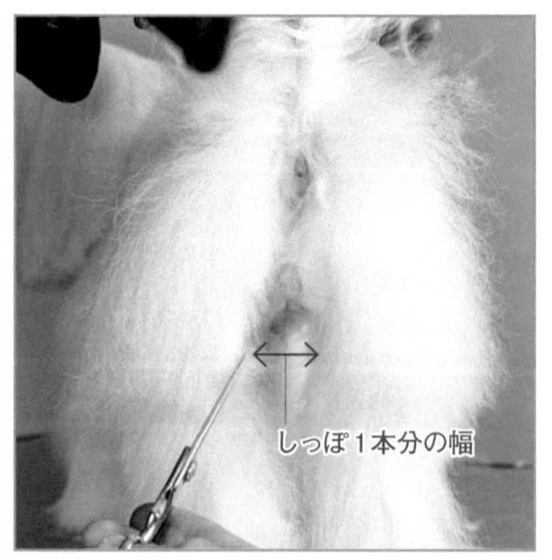

06

しっぽを持ちあげて、スカートのお尻側の毛を、毛玉になったり汚れたりしないように短くカットします。しっぽ1本分程度の幅で、左右対称になるように短く切ります。

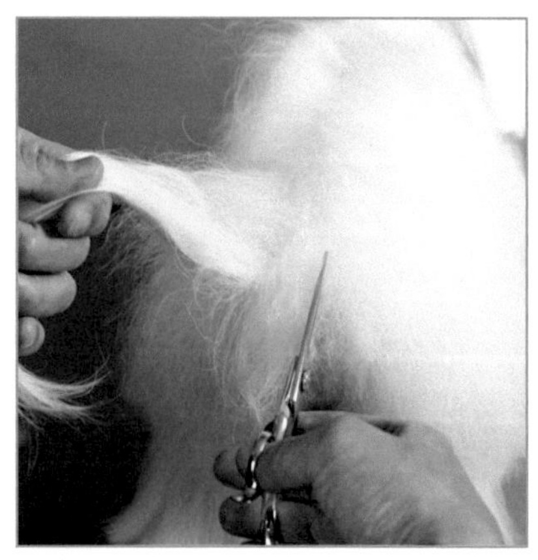

07

しっぽを動かしたときに肛門が見えないように、しっぽの根元の毛だけをおろして、スキバサミでぼかします。

08

しっぽの先は、トリミング台につかない長さに、スキバサミでカットします。

四肢

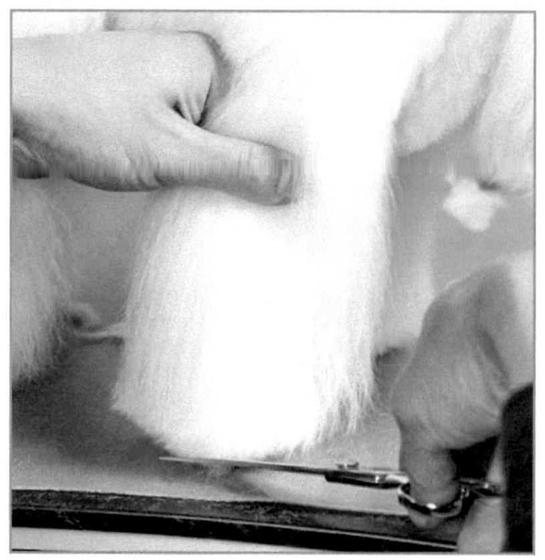

01 トリミング台につく、足先の毛をカットします。

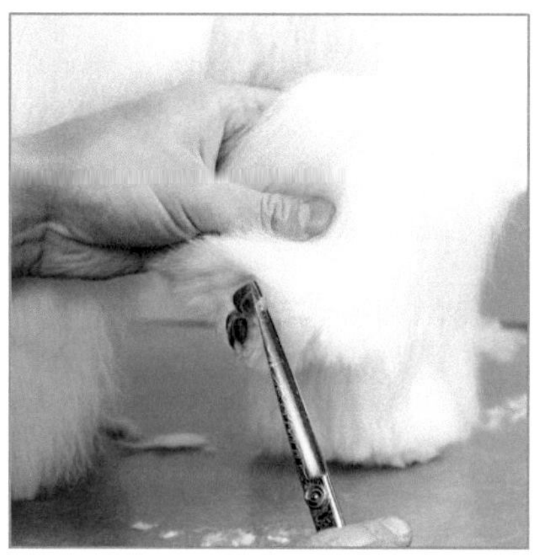

02 足先を持ちあげてパッドよりも長い毛を切ります。

03 足の後ろ側は汚れ対策で、つま先立ちをしているように、切りあげます。

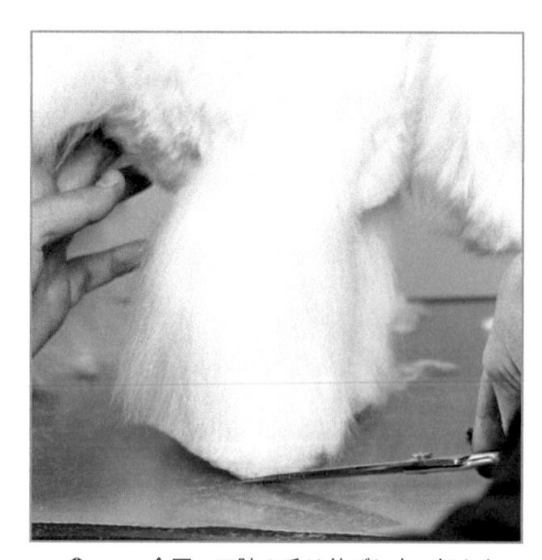

04 今回、四肢の毛は伸ばし中で切らないため、足先をスキバサミでふんわりと仕上げると、ナチュラルな印象が強くなりすぎます。ストレートバサミでラインを出すことで、スタイル全体がしまります。

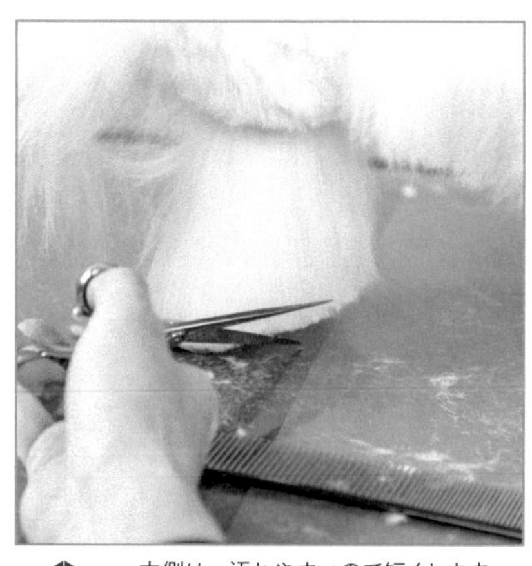

05 内側は、汚れやすいので短くします。

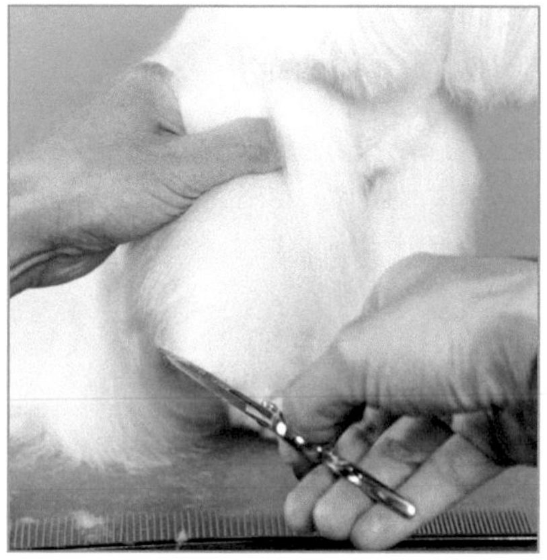

06 足周りのカットでは、足先を持ちあげて確認しながらカットすると、切り残しにくくなります。四肢それぞれの足先をカットしたら、チッピングに入ります。

POINT
犬の重心が傾かないように保定する

四肢をカットするときに、重心が傾いていると、切り過ぎたり切り残したりすることがあります。親指と人差し指で両前肢の肩の骨を押さえて、内股に指を入れて犬を支えると、足をあげたときでも重心をコントロールしやすく、犬の負担も少ないです。

仕上げ

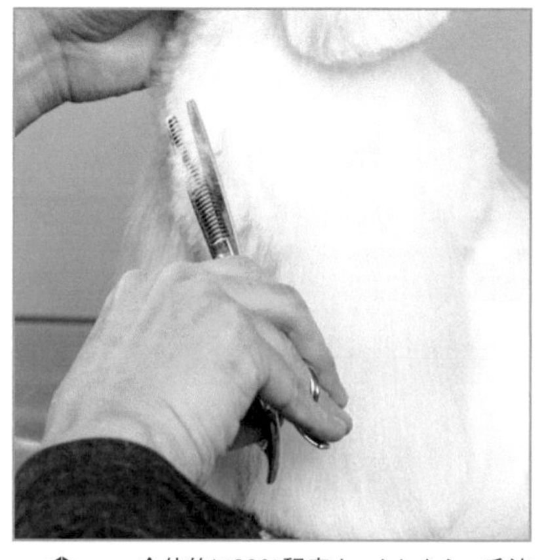

01 全体的に80％程度カットしたら、毛流に逆らった方向にコーミングして、ラインから出た毛をカットして仕上げます。

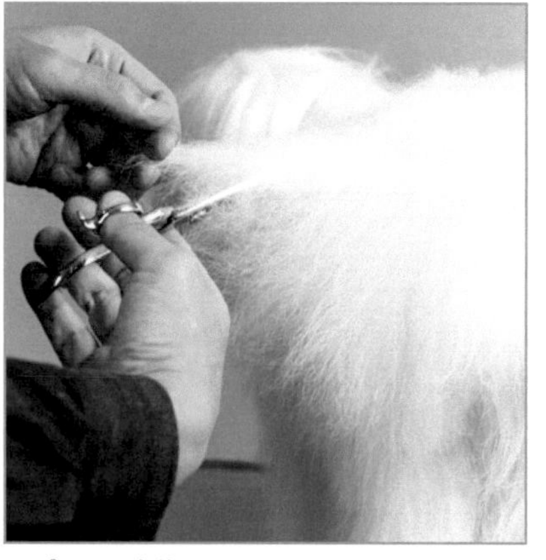

02 全体のバランスを見ながら、イメージしているスタイルになるように、チッピングします。

03 カットしている内に、毛が垂れて余分な毛が出てくるので、顔周りは最後に仕上げるとよいでしょう。

AFTER

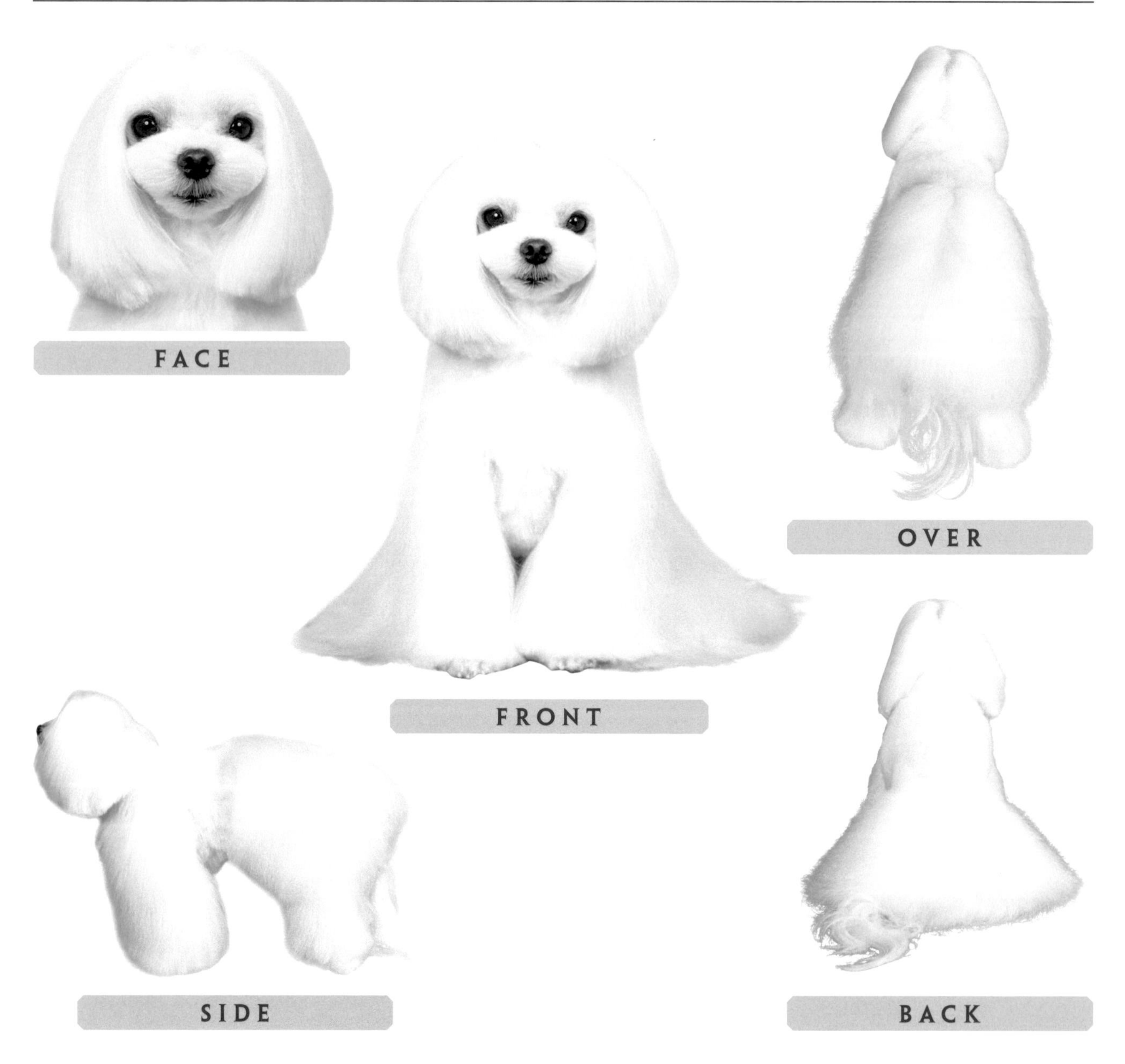

デザインの幅を広げる

トイ・プードルのアレンジ術

トイ・プードルのカットスタイルには、様々なバリエーションがありますが、
トップノットや耳の毛にリボンなどをつける、ヘアアレンジを要望する飼い主も少なくないのでは？
そこで、本特集では２頭の異なるスタイルの犬をモデルに、
全身のカットテクニックとアレンジ方法を解説します。

撮影:石橋 絵

監修
佐々木啓子
(Grooming Salon Figoo)

美容師、メイクアップアーティストだった経験を活かして、数々のオリジナリティー溢れるデザインカットを生み出してきた。経営する3店舗は、高度な技術と専門知識を持ったトリマーが多く在籍する人気店として、多くの飼い主から支持を集める。

トップノットのアレンジ

　トップノットの結び目から出た毛でお団子を２つ作り、耳の毛にヒモを巻いて、三つ編みを編みます。普段洋服を着るので、毛玉ができにくいように、肘やお腹など外から見えない部分は短くカットし、おパンツも小さめに作ります。

●モデル　まいあ／メス／レッド／2.15kg
●ボディーの大きさ……普通　●四肢の長さ……普通　●毛量……やや少なめ　●毛質……普通
●カール……普通　●マズルの長さ……短め　●目の大きさ……やや大きめ

担当トリマー
上田千尋
(Grooming Salon Figoo)

Before

Front

Side

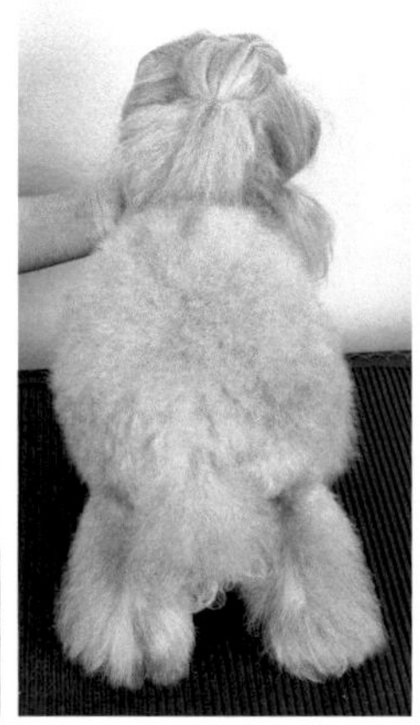

Over

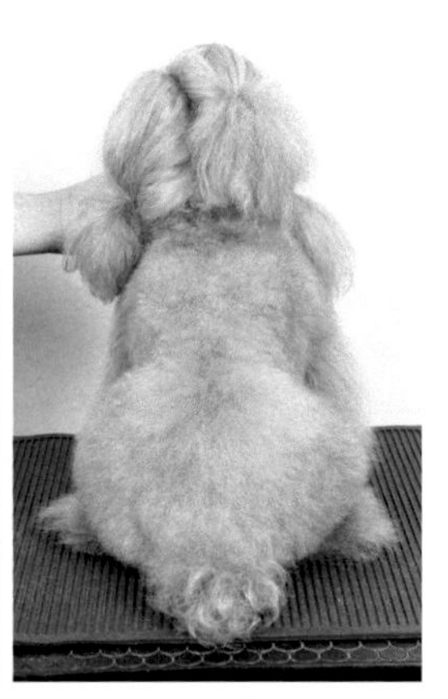

Back

バリカンの9.5mm刃で首の付け根からおパンツの位置まで刈ります。

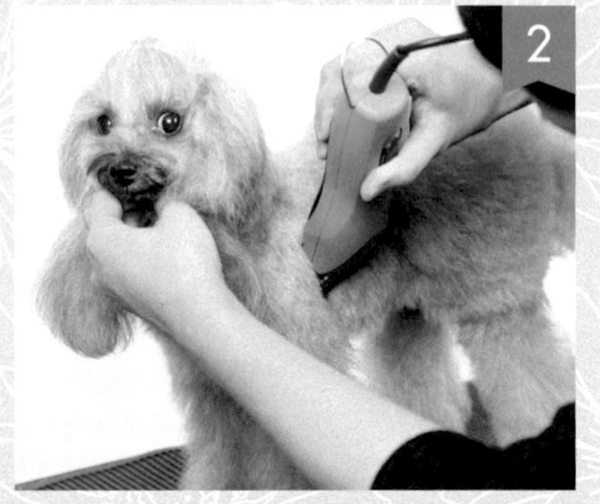

お腹はハサミでカットしたほうが、体高の調整をおこないやすいので、バリカンでは刈りません。

前肢は、ハサミで細めのフレアーを作るので、付け根のやや上から流して刈り、毛を長めに残します。

前胸はハサミで仕上げたほうが、体長のバランスが取りやすく、丸みを作りやすいので、首周りだけを刈ります。

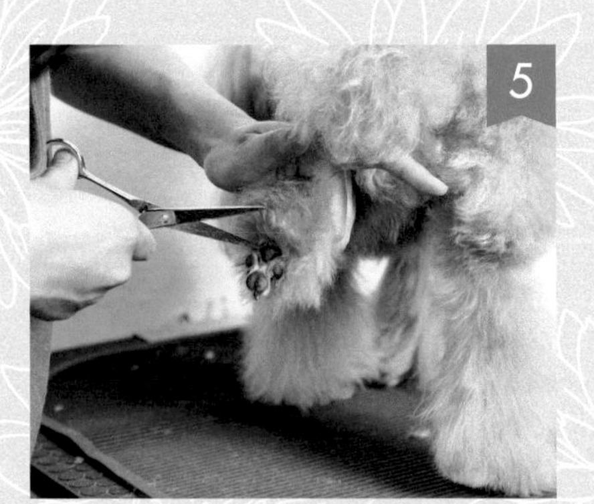

ボディーをバリカンで刈ったら、足先周りのカットです。足先を持ちあげて、トリミング台につく毛をカットします。

四肢それぞれの足先をカットしたら、後肢の後ろ、前の順にカットして、横から見たときの後肢の太さを作ります。後肢の付け根は短くカットします。

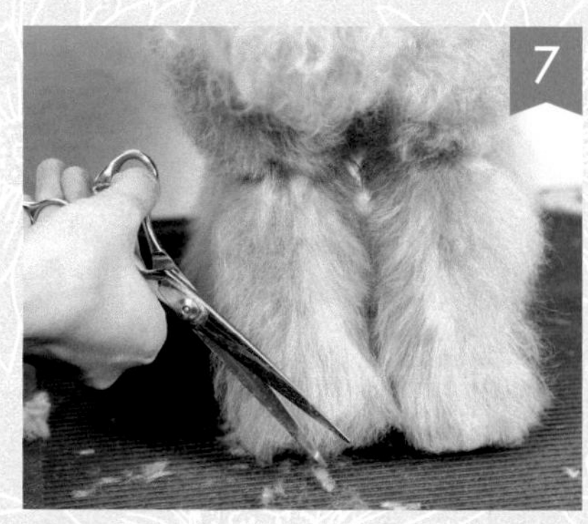

足先に向かって裾広がりになるように、付け根から下の毛は、長めに残します。

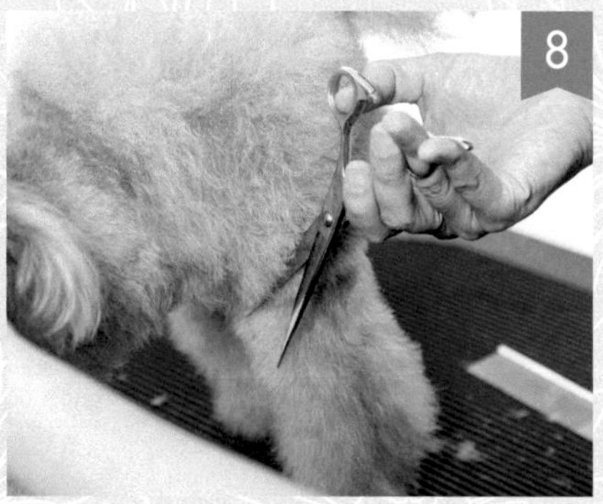

前も付け根から足先に向かって裾広がりになるように、付け根は短く、足先に向かって徐々に長くします。今回は、ふんわりと作るボディーとのメリハリをつけるために、細めのフレアーを作るので、毛を残しすぎないようにします。

足周りは、足バリを入れた部分が見えないように、上から毛が被さるようにカットします。

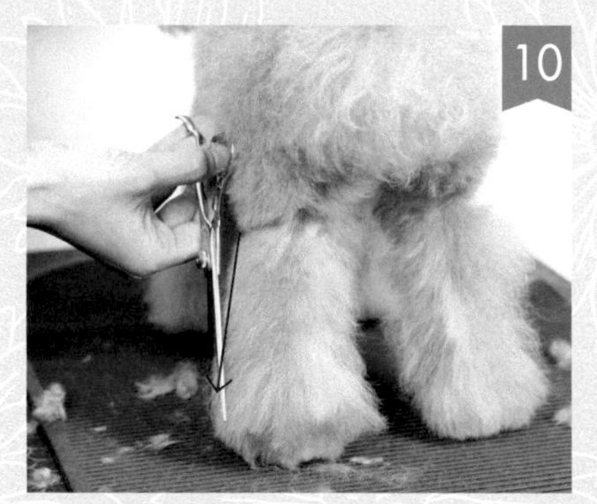

後ろ、前をカットして肢の太さを決めたら、外側も付け根から足先に向かって裾広がりになるようにカットします。

前、外、後ろの角を取って、丸めます。

内側はおしっこで汚れないように、付け根から足先に向かってまっすぐカットします。

まいあちゃんは、洋服を着るので、毛玉ができにくいように、アンダーラインはやや短くします。

まいあちゃんは、ボディーの大きさ、四肢の長さが普通なので、肘の後ろからタックアップに向かって、斜めにゆるやかにあがってみえるように作ります。

毛玉になりやすい肘の内側は、切り残しがないように、前肢を持ちあげて短くカットします。

CHECK1

お腹の下の空間でボディーのバランスを取る

お腹の下の空間は、ボディーの印象を決めるのに重要な部位です。そのコの体高とのバランスを考えて、お腹の下の毛の長さを決めます。

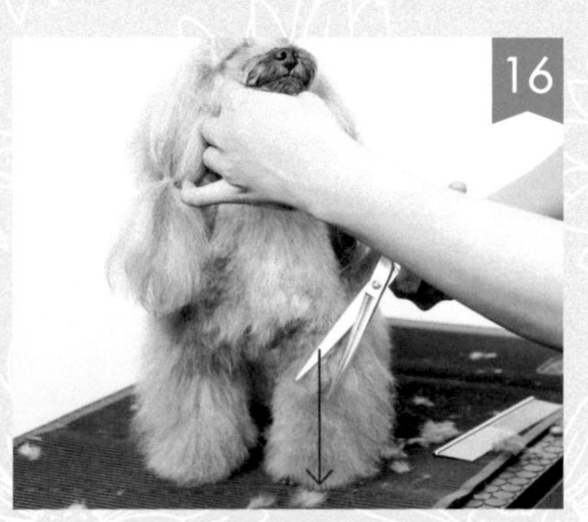

前肢も後肢と同様に前、後ろをカットして、太さを作ってから外、内の順にカットしていきます。前は丸く作る前胸から足先まで、ゆるやかにつなげます。

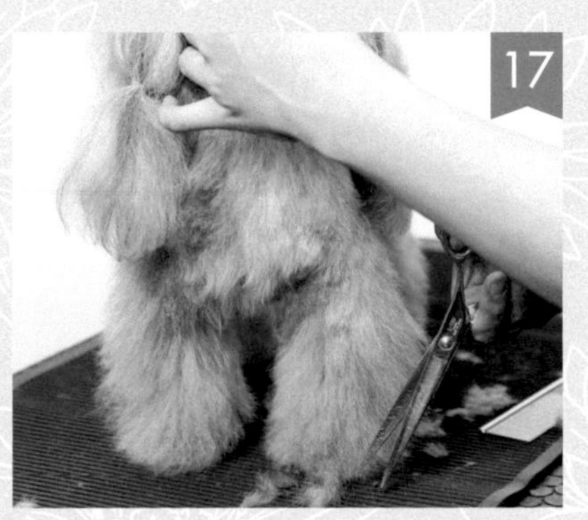

付け根から足先に向かってまっすぐカットします。前に毛を残すと重たすぎる印象になるので、長く残しすぎないようにします。

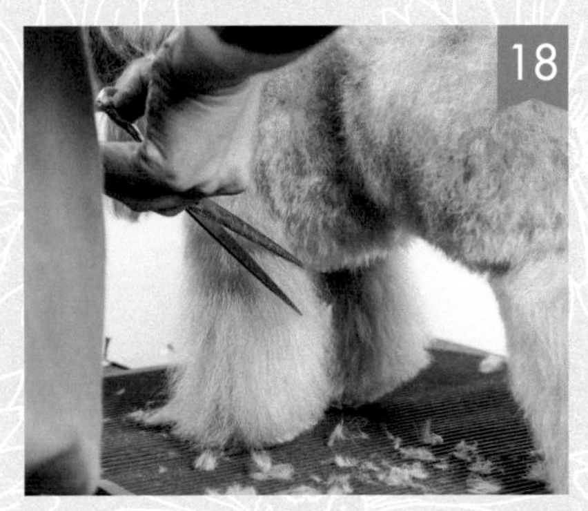

後ろの、付け根付近の洋服の袖に当たる部位の毛はやや短くカットします。

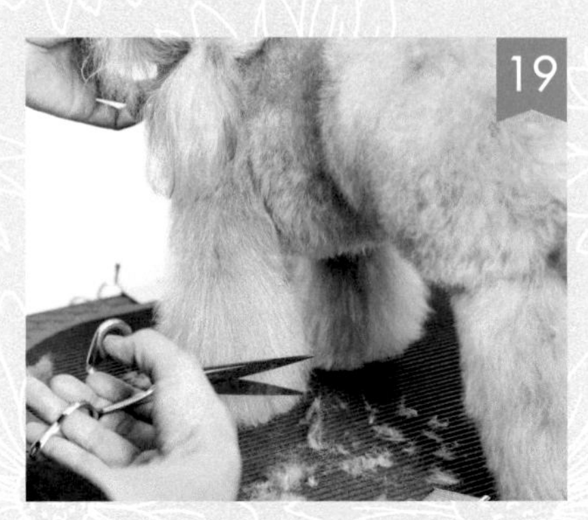

洋服の袖から出る部分のアウトラインは毛先を整える程度にカット。なかに支える毛を作って、ふんわりとさせます。

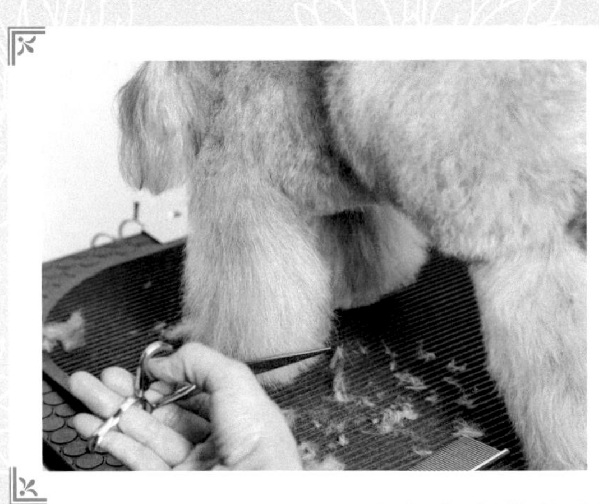

CHECK2

毛をふんわりとさせるためにすく

長い毛だけで構成すると、毛の重さによって垂れさがり、ふんわりとさせることができません。毛先を適度にすいて支える毛を作ることで、毛が立ちふんわりとさせることができます。

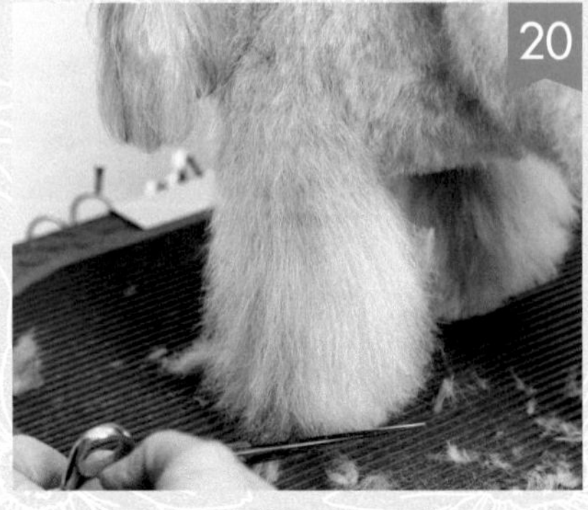

足先は後ろに向かって斜めに切りあげて、上の毛の支えを作ることで、より裾広がりになります。

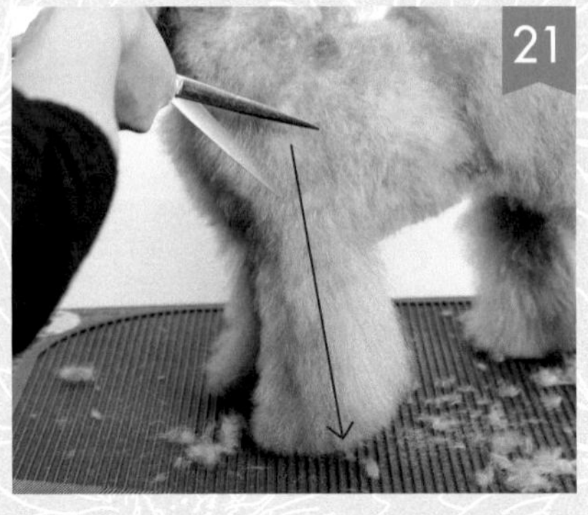

外側は、バリカンを流しながら刈ったラインから、足先に向かってカットします。肩から足先のつながりを意識して、やや外に広がるイメージで切ります。

まいあちゃんは肘が外にやや開いているので、短く切りすぎると内側がえぐれたO脚のように見えるため、長めに残しておきます。

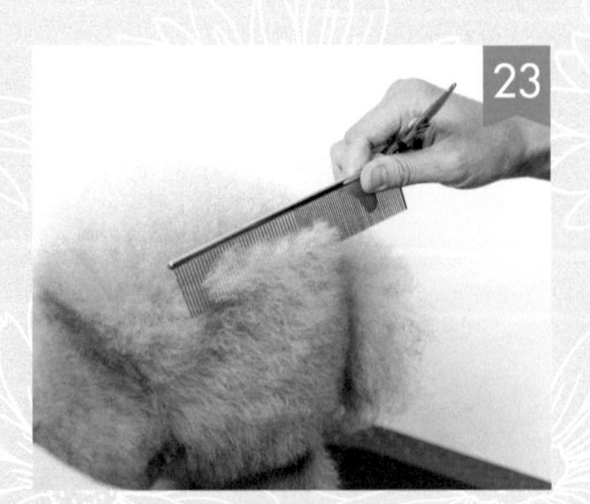

前肢の次は、おパンツのカットです。まず、コームでおパンツの毛を立毛させます。

後肢との境目からカットしていきます。おパンツの下側のラインは、後肢の付け根が隠れる長さにします。

CHECK3

おパンツを作る位置

おパンツの位置と前側の角度は、後頭部と後肢の前の足先とを結んだラインを目安にするとバランスを整えやすいです。

タックアップからお尻に向かうラインは丸くします。

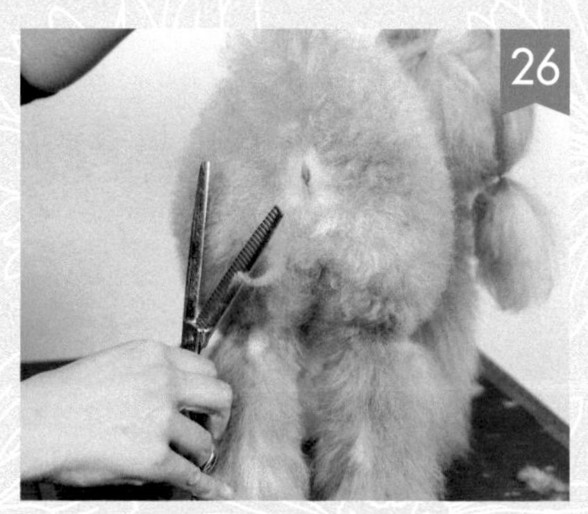

普段洋服を着るため、おパンツをやや小さく作るので、お尻の毛もやや短くカットします。

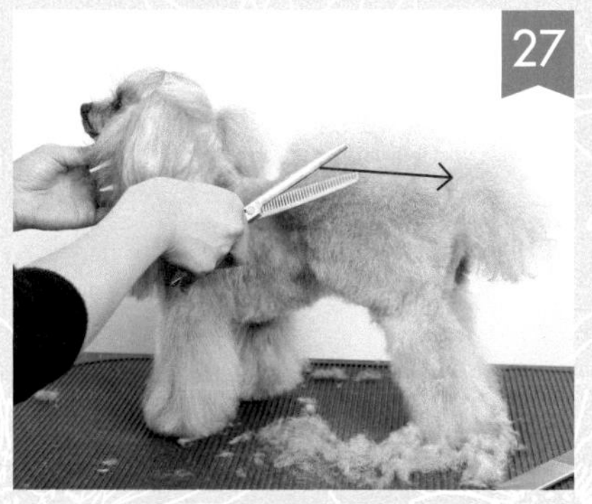

おパンツの横を前から後ろに向かって丸くカットします。

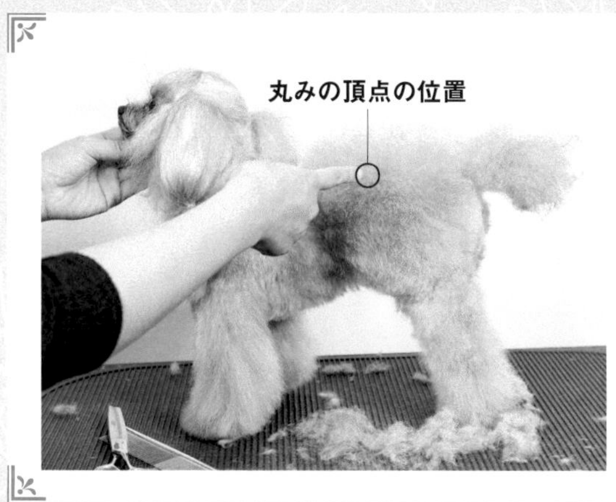

CHECK4

おパンツの丸みの頂点の位置

洋服を着ても、おパンツをつぶれにくくするために、おパンツの丸みの頂点の位置をやや高めします。こうすることで、毛が下に垂れやすいコでもスタイルを長持ちさせやすいです。

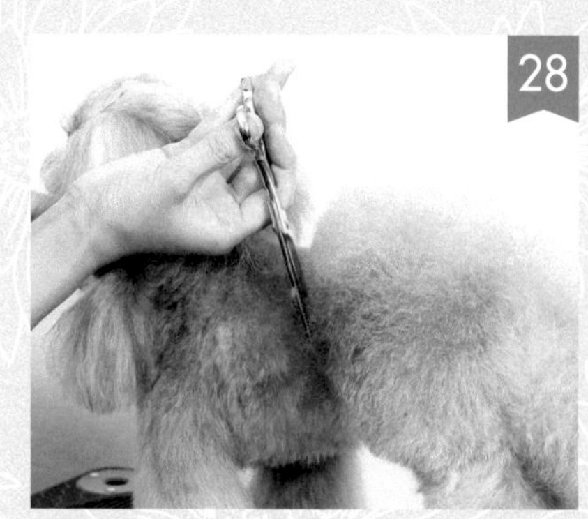

ボディーとおパンツの境目は、短くカットしてスタイルにメリハリを出します。

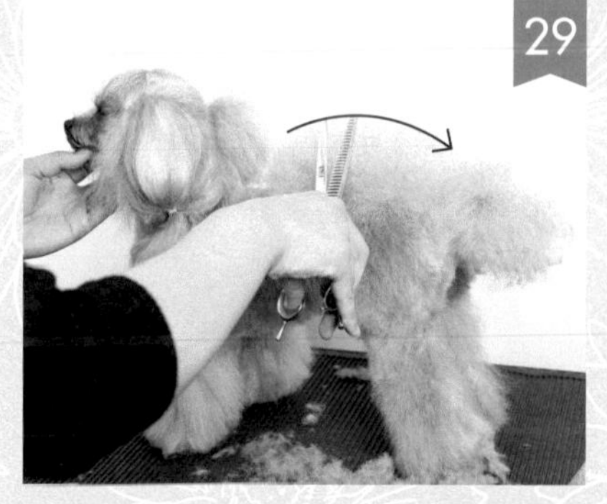

おパンツの上は、ラインから出る毛を整える程度にします。

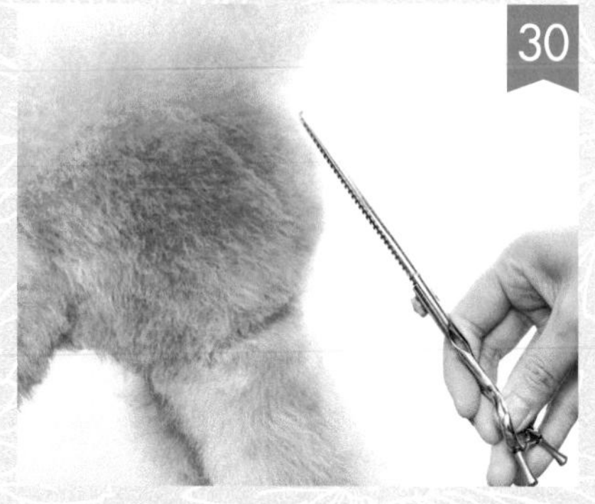

しっぽとおパンツの境目は短く切らずに、自然になじませて、あえて境目を分けないスタイルにします。

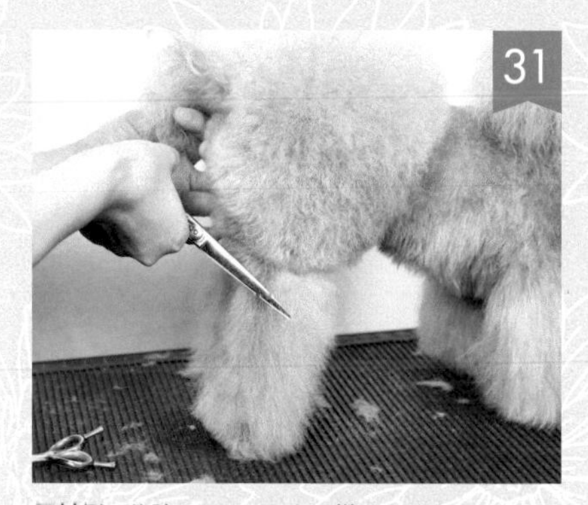

反対側の後肢、おパンツも同様にカットします。

CHECK5

おパンツを左右対称に作るコツ

おパンツを左右対称に作るには、先にカットしたほうを常に視野に入れながらカットしていくことが大切です。左右対称を目で確認しづらいお尻は、先にカットしたほうにハサミを当てて、毛の長さを把握してから、カットしていくとよいでしょう。

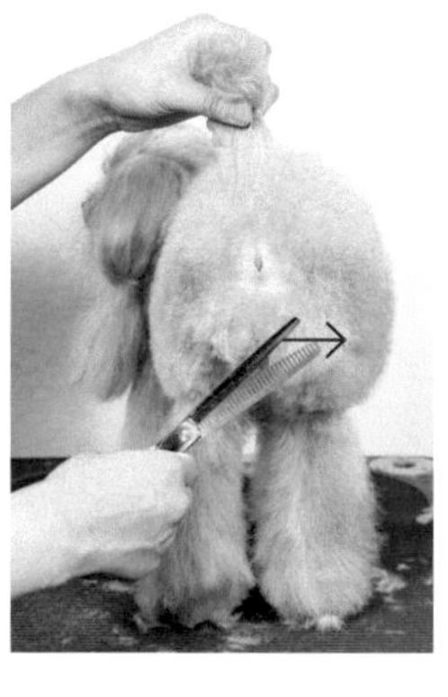

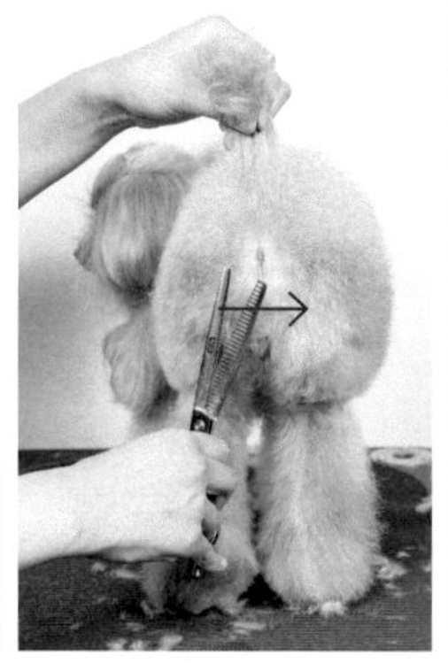

もう一方の後肢、おパンツをカットしたら、しっぽのカットです。しっぽを持ちあげて、肛門につく毛を短くして汚れにくくします。

今回、しっぽはナチュラルな筒状にします。コームでしっぽの毛を左右に分けて、毛先をすいて短い毛を作ることで、ふんわりとさせます。

しっぽをあげたときに余分な毛が出てこないように、しっぽをあげた状態を確認してカットします。

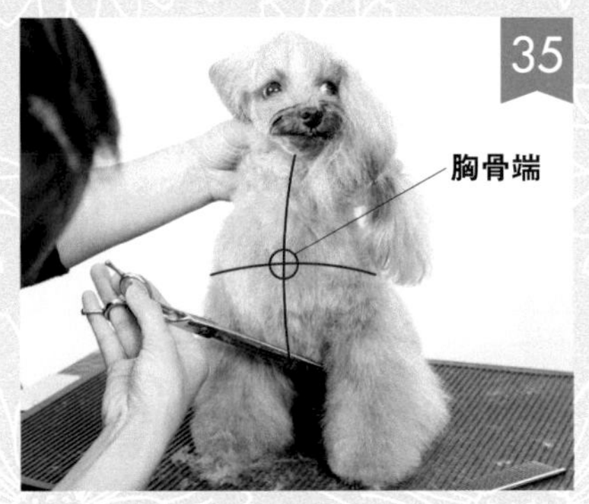

前胸は、胸骨端を頂点に丸くします。下顎からお腹と、両肩を結ぶ丸みを作っていきます。

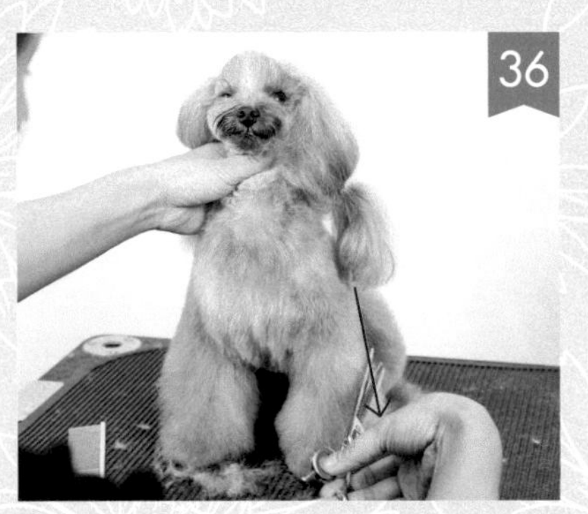

肩から前肢のつながりを確認して、余分な毛があればカットします。

前胸をカットしたら、顔のカットです。ストップの毛を皮膚がギリギリ見えない程度に短く、ミニバサミでカットします。

目頭の毛も皮膚がギリギリ見えない程度に短くカットします。

マズルの毛を放射線状にコーミングして、余分な毛を出します。

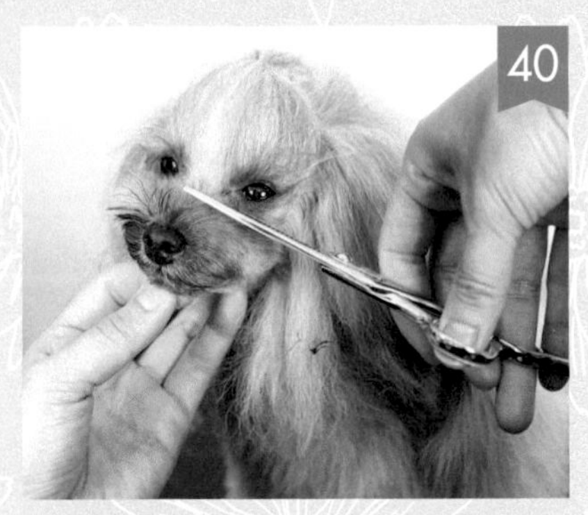

マズルの上を目が隠れない程度の長さにカットします。まいあちゃんの鼻の上の毛流が左右に流れているので、マズルを逆三角形に作ることで、ハート型になって、より女の子らしさが出せます。

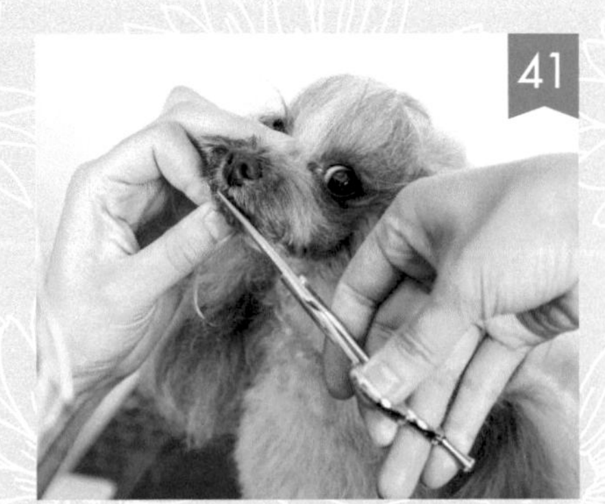

鼻の下の毛は、リップラインに揃えてカットします。

マズルの下から、横に向かって斜めに切りあげていきます。横幅はフェイスラインの幅に収めて、頂点は鼻の高さのラインに設定します。

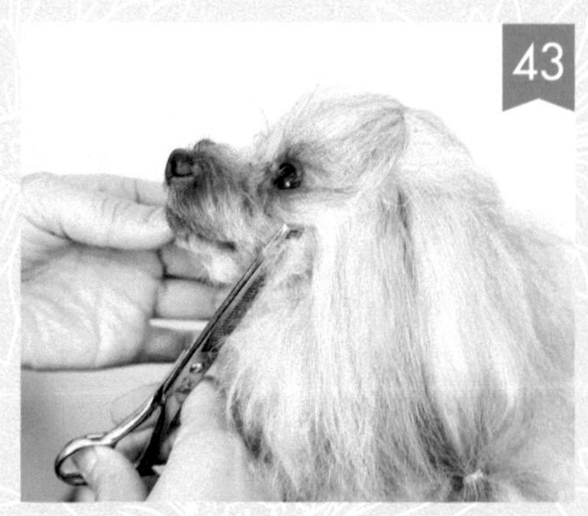

フェイスラインは、目尻の横ギリギリの幅にして、小顔に作ります。耳の前側の毛は伸ばして、耳と一体にしているので切らないように注意します。

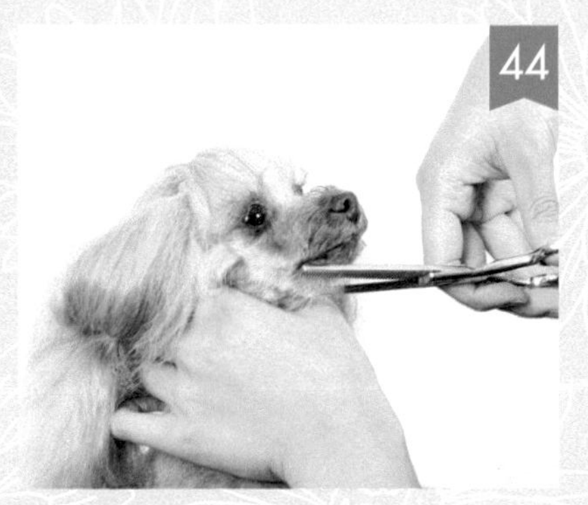

反対側のマズル、フェイスラインも同様にカットしたら、顎下を短くカットします。

正面から見たときのマズルの形を整えたら、上からと、横から見たときの丸みを仕上げます。

CHECK6

マズルの丸みを確認するポイント

　マズルは正面からだけでなく、どの角度から見ても丸く見えるように作ります。上から見るときは、目尻と鼻を結ぶラインを確認します。鼻の横は切り残しやすい部位で角になっていることも多いので注意します。横から見るときは、リップラインの奥の毛を確認します。正面からは確認しづらい部位なので、正面からの丸みを仕上げたら、必ず顔を横に向けて、切り残しがないかを確認しましょう。

横から見るとき

上から見るとき

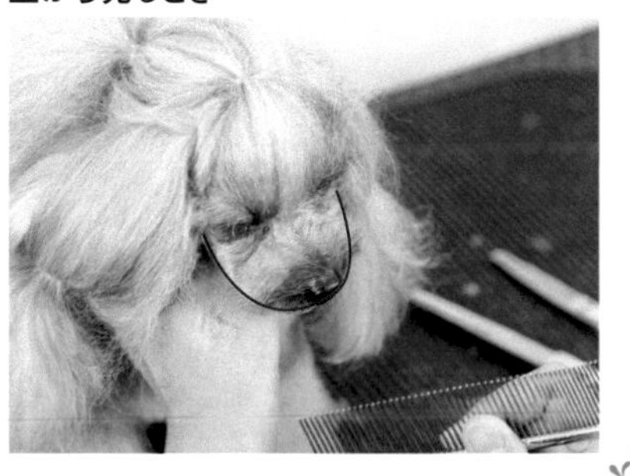

Finish

トップノットと耳は伸ばし中なので、今回は切りません。

アレンジに使う道具

トップノットのアレンジ

　トップノットの結び目から出た毛でお団子を２つ作って、耳の毛とヒモで三つ編みを編んで、ガーリーなスタイルにします。トップノットに簡単に変化をつけることができるので、飼い主にも提案しやすいスタイルです。

1

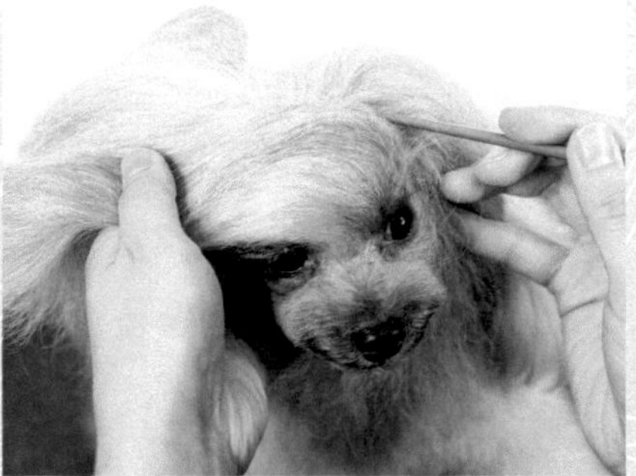

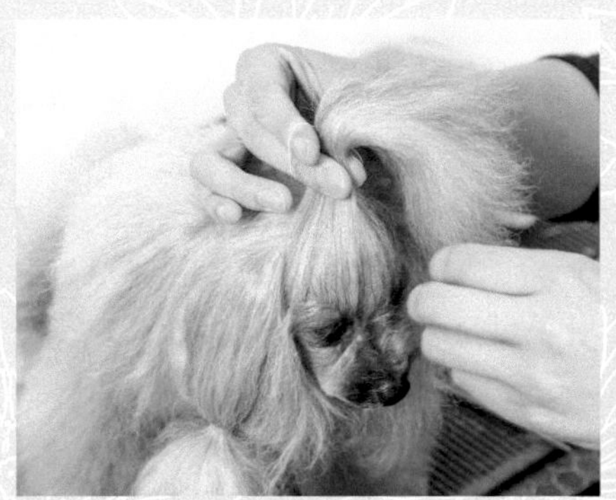

トップノットは、両目尻の横と、耳の付け根の上から毛を束ねて結びます。

結び目から出た毛を左右に2つに分けます。

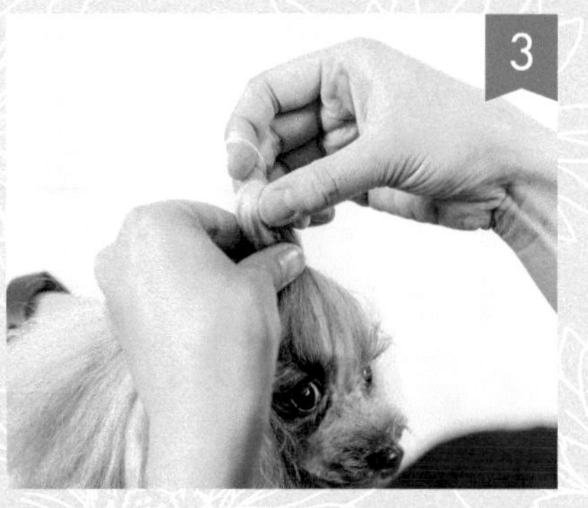

2つに分けた毛の、一方の結び目付近の毛で輪を作ります。輪は大きめにしたほうが、ゴージャスな印象を出すことができます。

輪の根元をゴムで結びます。

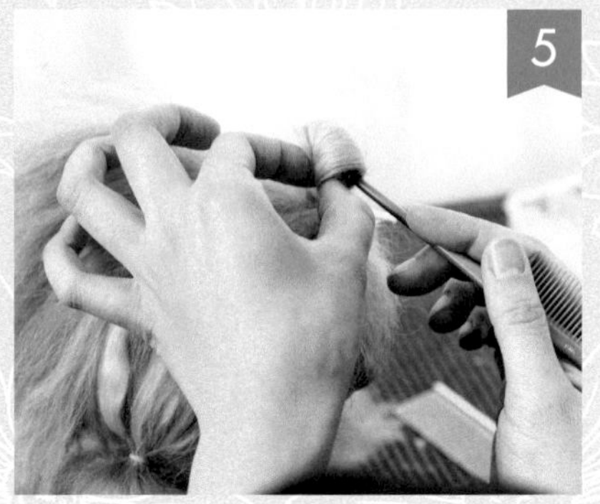

ゴムで結んだら、テールコームの持ち手の部分で輪の形を整えます。

もう一方も輪を作り、ゴムで結んだら、リボンを付けます。

側望して、耳とトップの毛を毛量が等しくなるように左右に2つに分けます。

2つに分けた毛束のうち、顔に近い側の毛束に、端を固結びにした2色のヒモをかけます。

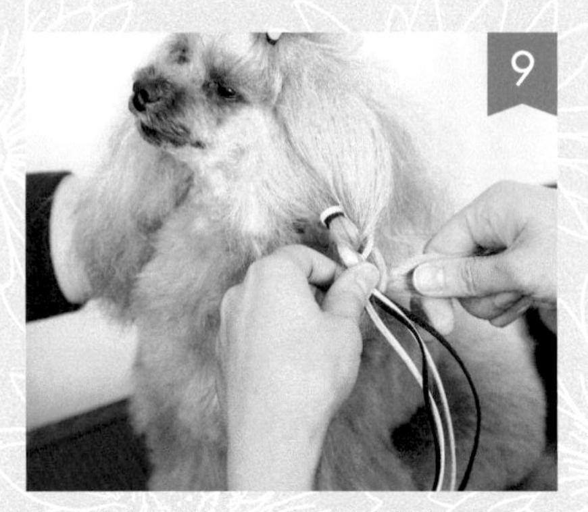

2つに分けた毛とヒモで三つ編みを編みます。

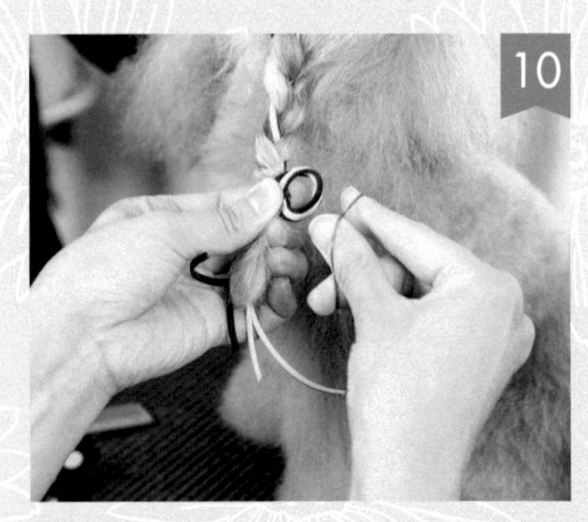

毛先はヒモだけで輪を作り、ゴムで結びます。

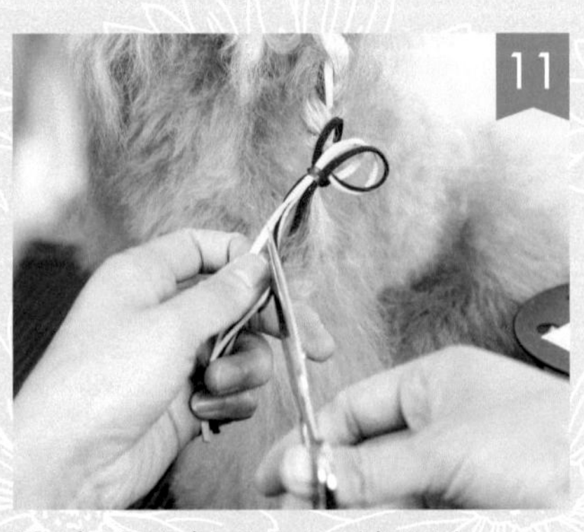

耳の毛の長さに合わせて、ヒモを切ります。

反対側の耳の毛も同様に三つ編みを編んだら完成です。

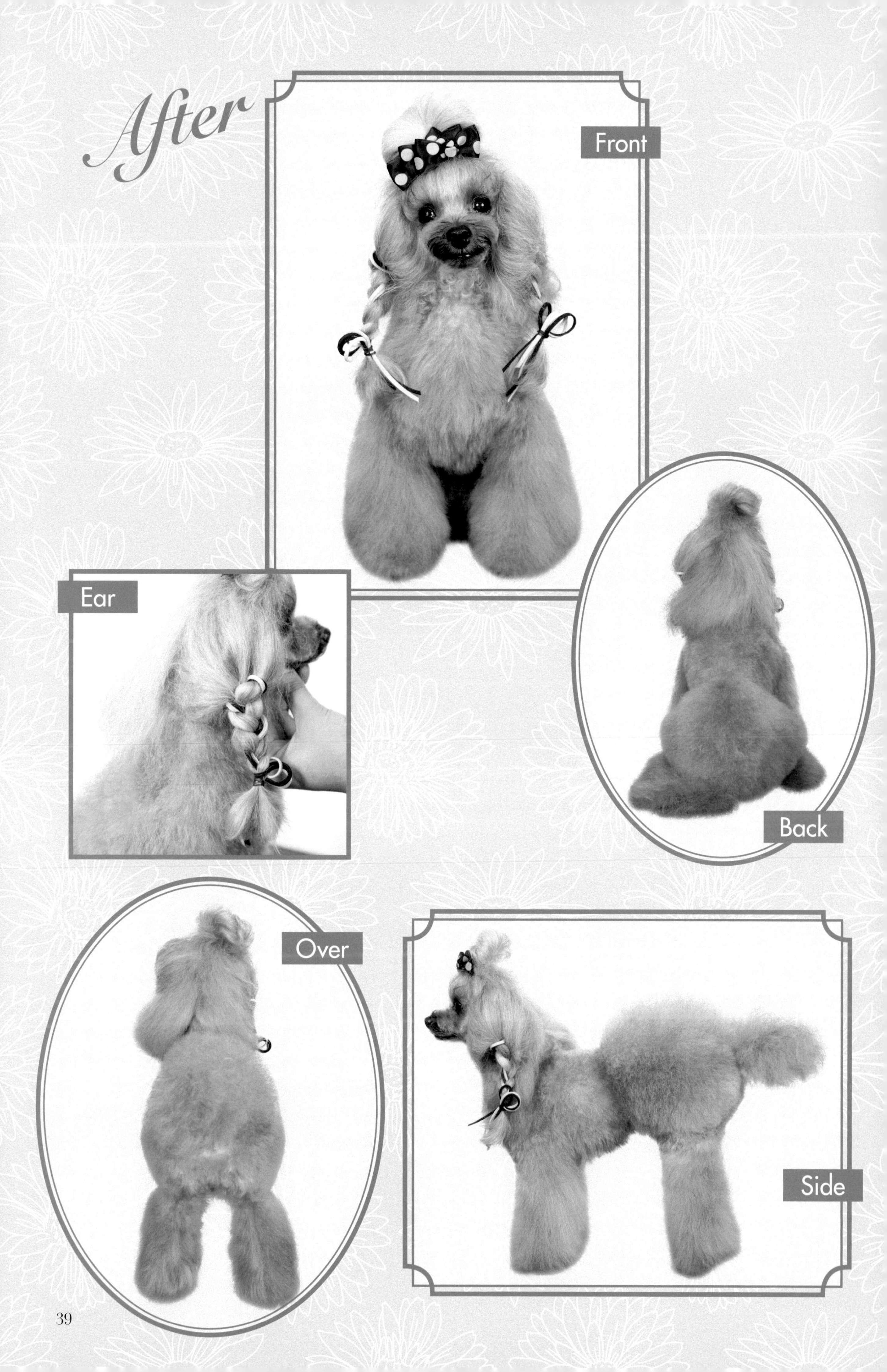
After
Front
Ear
Back
Over
Side

長めアフロのアレンジ

右耳、後頭部、左耳の毛それぞれで三つ編みを作って左に流し、一つにまとめて花のリボンをつけて、エレガントな女のコスタイルにします。トップは長めのアフロを作って、ボディーはバリカンで短く刈ってメリハリを出します。

●モデル　コロン／メス／レッド／4kg
●ボディーの大きさ……大きめ　●四肢の長さ……長め　●毛量……やや多め　●毛質……やわらかめ
●カール……強め　●マズルの長さ……普通　●目の大きさ……普通

担当トリマー
中城くるみ
（Grooming Salon Figoo）

Front

Side

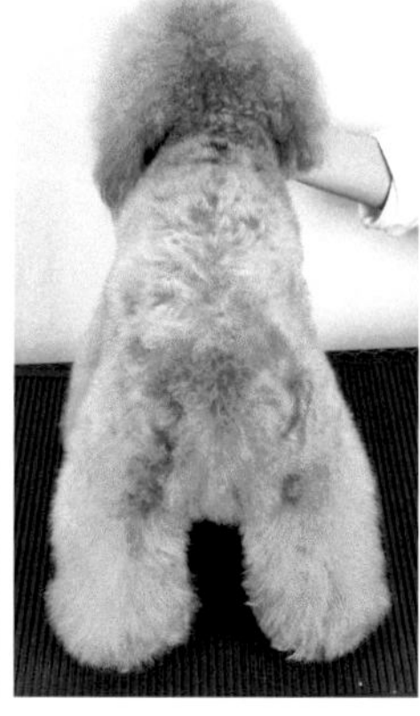

Over

Back

リードをつける前に、バリカンの3mm刃で首周りを刈ります。

首周りを刈ったらリードをつけて、首の後ろからしっぽの付け根までまっすぐに刈ります。

ボディーのサイド、お腹も刈ります。

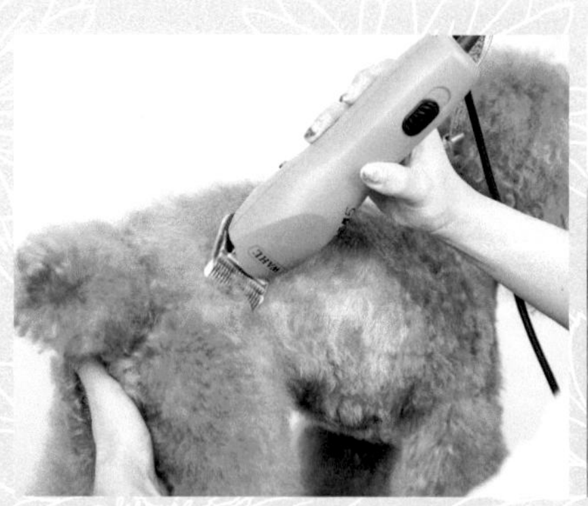

四肢は、付け根まで刈ります。

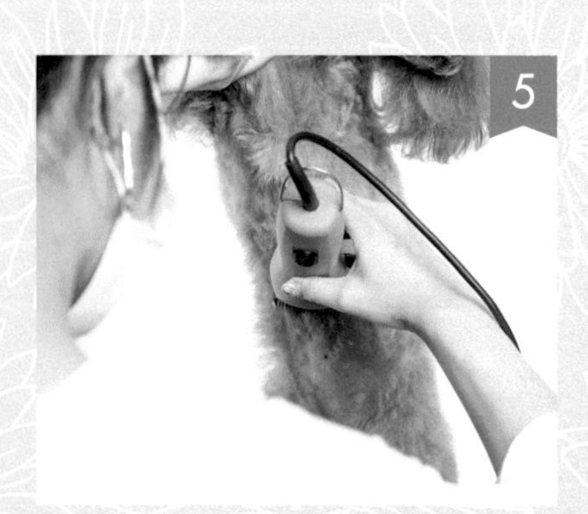

ボディーの反対側を刈ったら、前肢を持ちあげてお腹を刈ります。

CHECK1

体長のバランスの取り方

ボディーの毛を短くする場合は、前肢の前側と後肢の後ろ側の毛の長さで、体長のバランスを取ると、調整しやすいです。前肢の前側と後肢の後ろ側を先にカットしてから、そのほかの部位をカットしていきます。

バリカンでボディーを刈ったら、四肢の足周りのカットです。足先を持ちあげて、トリミング台につく毛をカットします。

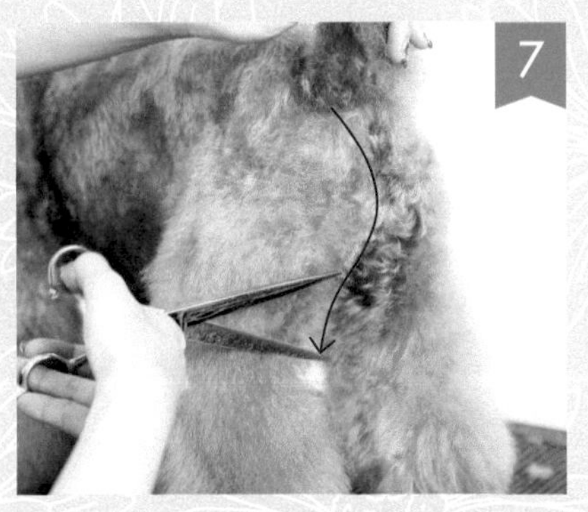

足周りをカットしたら、犬の体の前後をカットして体長を決めます。お尻から飛節までの丸みをストレートバサミでカットします。飛節から下は、前肢とのバランスを確認してカットするので、この段階ではカットしません。

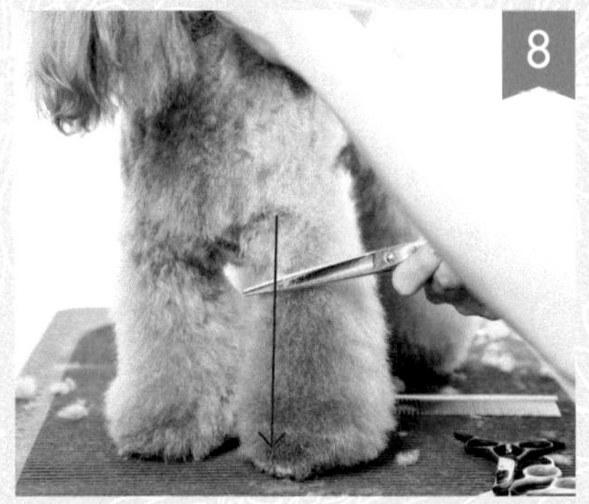

前肢の前側を付け根から足先に向かってカットします。今回、四肢はやや太めのフレアーに作ります。付け根はアンダーラインの高さに合わせて、短くカットし、そこから下はやや長めに残します。

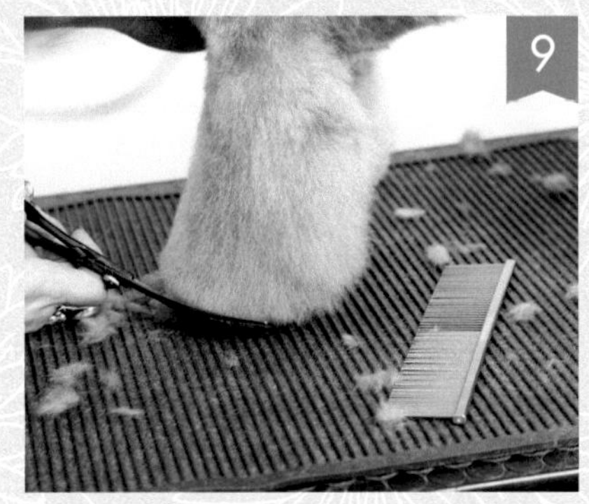

足先はカーブバサミで丸く作ります。

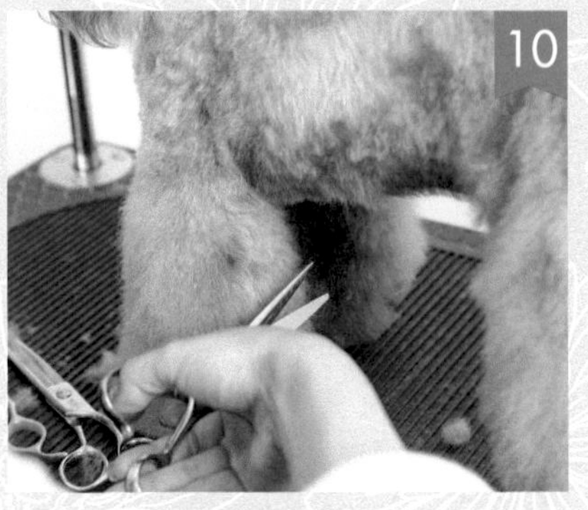

肘は短くカットしますが、そこから下は長めに残します。

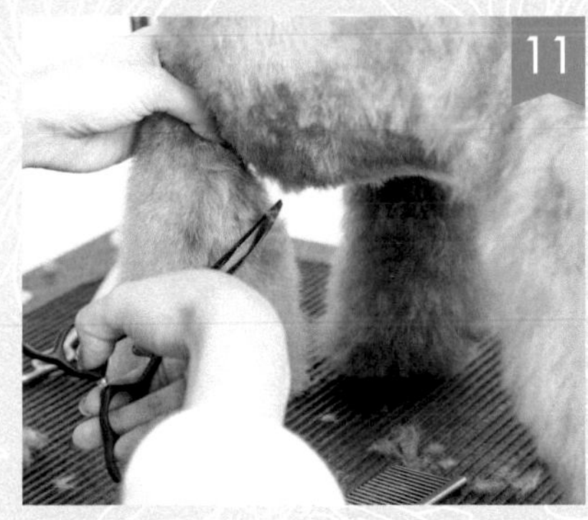

内側は、カーブバサミでやや短くカットします。

外側は、付け根から足先に向かって裾広がりにカットします。

角を取って、丸く作っていきます。

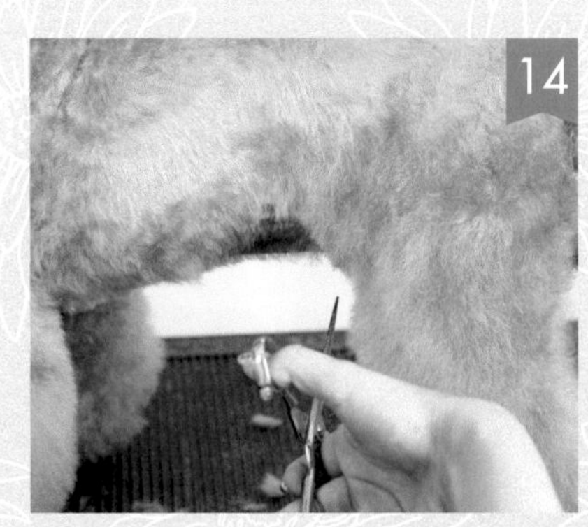

後肢の前側を、付け根から足先に向かってカットします。

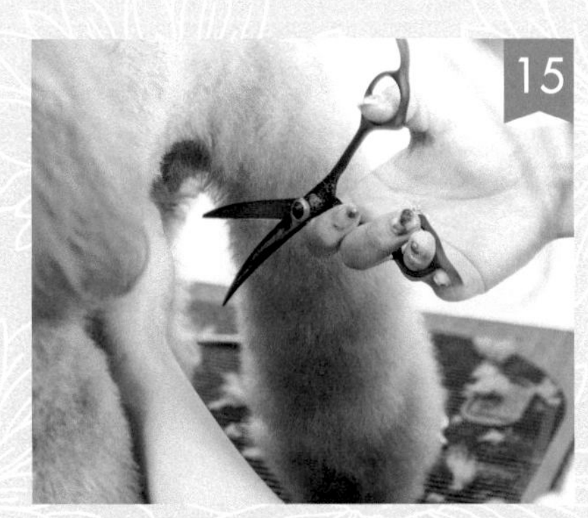

前から届く範囲の内側の毛を、カーブバサミで付け根から足先に向かってやや短くカットします。

後ろから届く範囲の内側の毛を、カーブバサミでカットして、15でカットした部分となじませます。

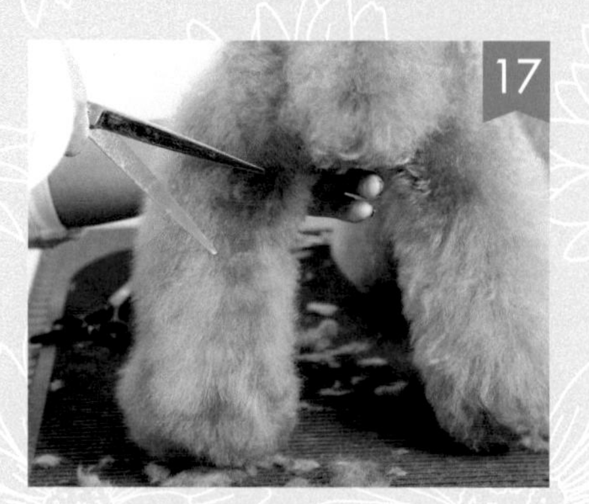

飛節から下をカットします。飛節から下はやや長く残し、ボリューム感を出します。

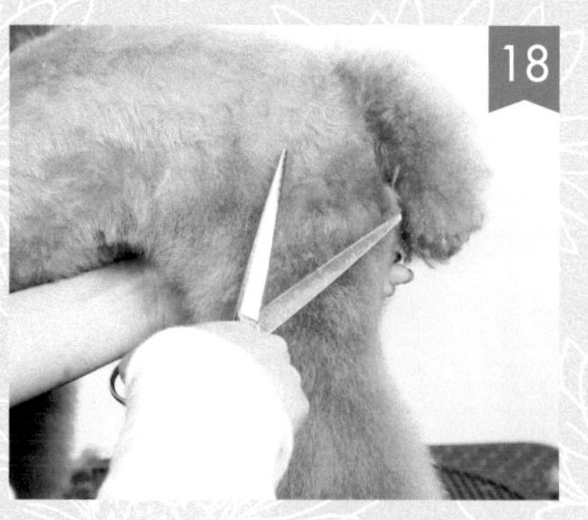

外側は付け根から足先に向かって、裾広がりにカットします。

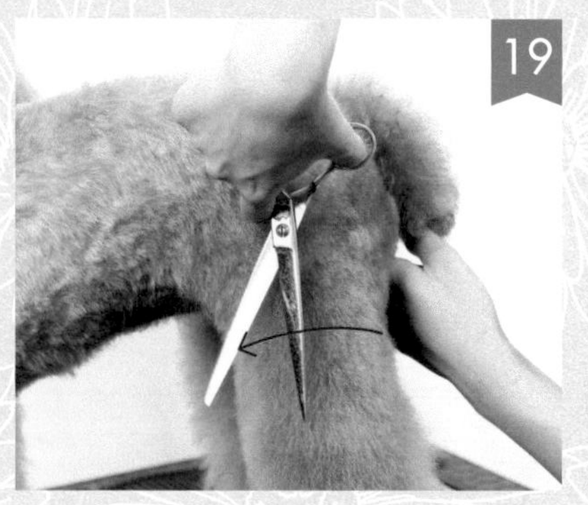

後ろから前に向かって角を取って、丸く仕上げていきます。

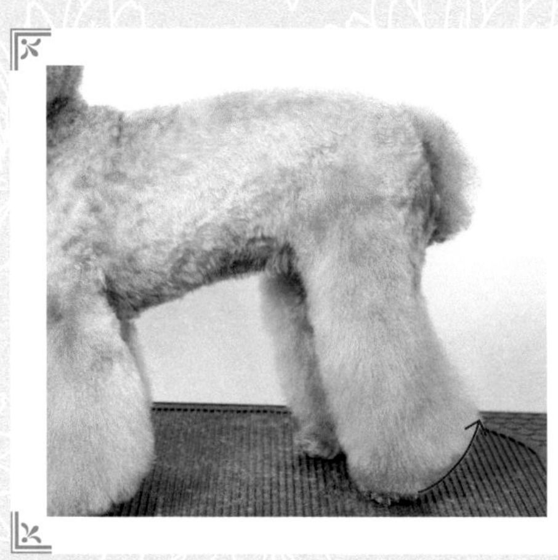

CHECK2

Aラインのボリュームの出し方

後肢の足先の後ろ側を短く切りあげると、上の毛が支えられて、ボリュームを出すことができます。また、時間が経っても長めに残した上の毛が下に垂れさがりにくくなるので、ボリュームを長持ちさせられるほか、毛が地面につきづらくなるので、汚れにくくもなります。

足先周りは、カーブバサミで丸く作ります。後ろ側は切りあげることで、フレアーのボリュームを出します。

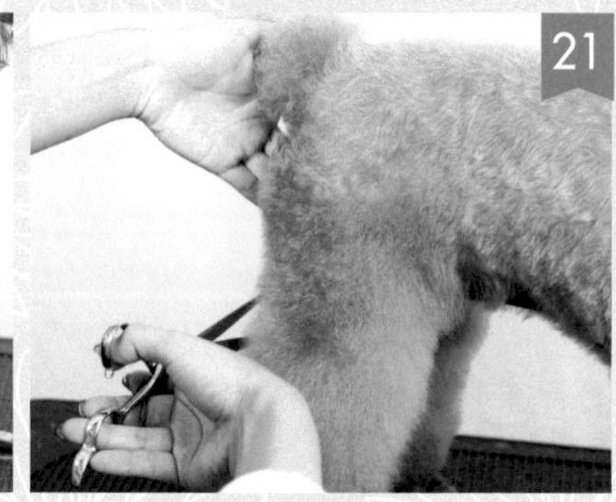

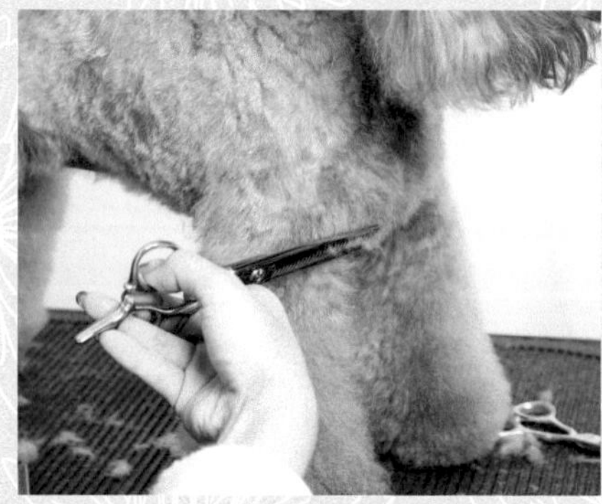

反対側の前肢、後肢も同様にカットします。

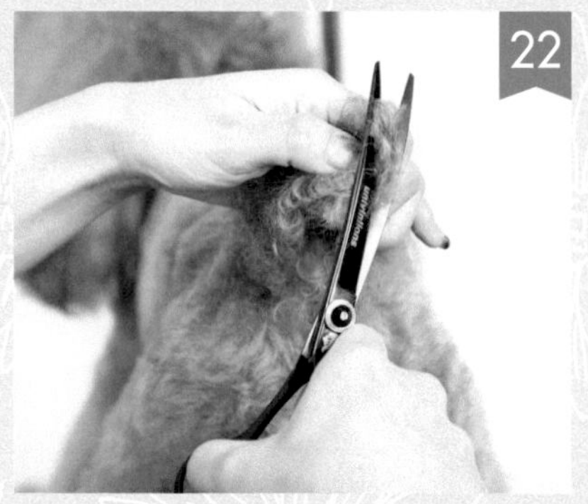

しっぽは丸く作ります。しっぽの先の毛を１ｃｍ程度カットします。

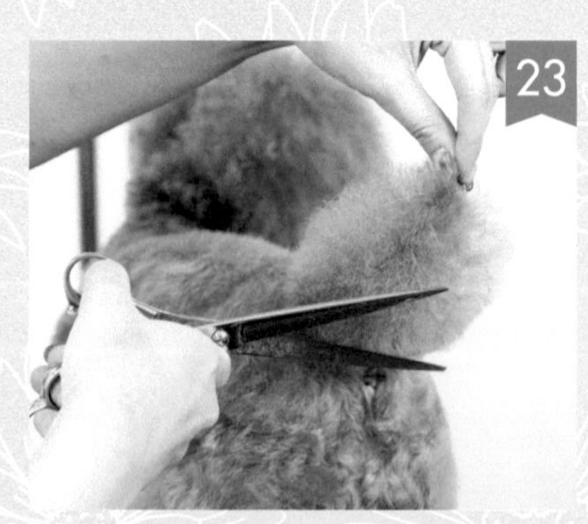

しっぽの先を持ちあげて、丸めていきます。

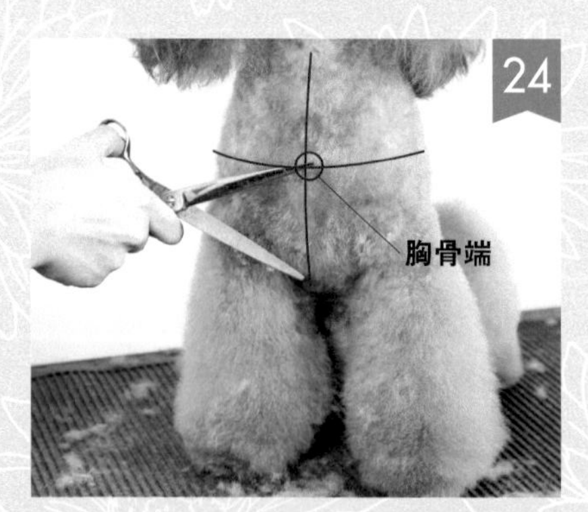

フロントは、胸骨端を頂点に丸くカットします。

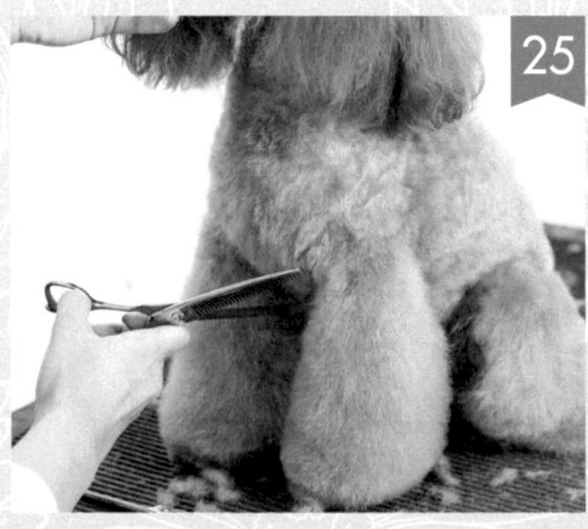

毛がうず巻いている部分は、ストレートバサミでカットすると刃の跡がつきやすいので、スキバサミでぼかすようにカットします。

足先を持ちあげて、前肢の内側をカットします。

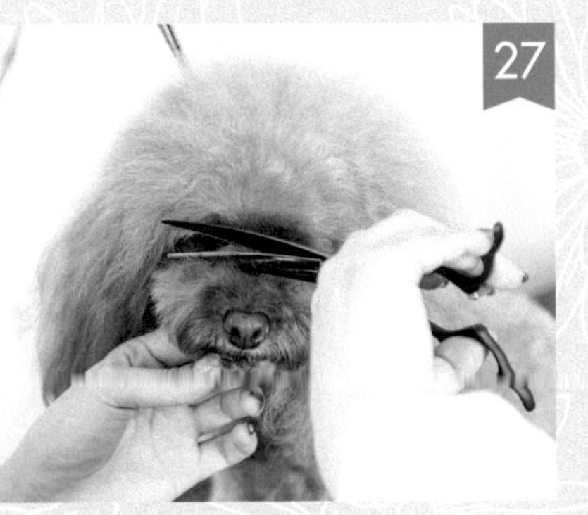

顔のカットでは、まず目を出してから全体のバランスを整えていきます。目の上のアイラインを短くカットします。

ストップの毛は、皮膚がギリギリ見えない程度に短くカットします。

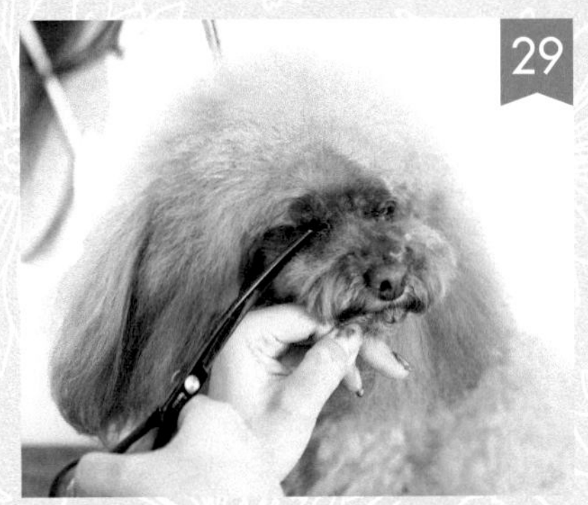

目の下のマズルの奥の毛は、目にかからないように短くカットします。

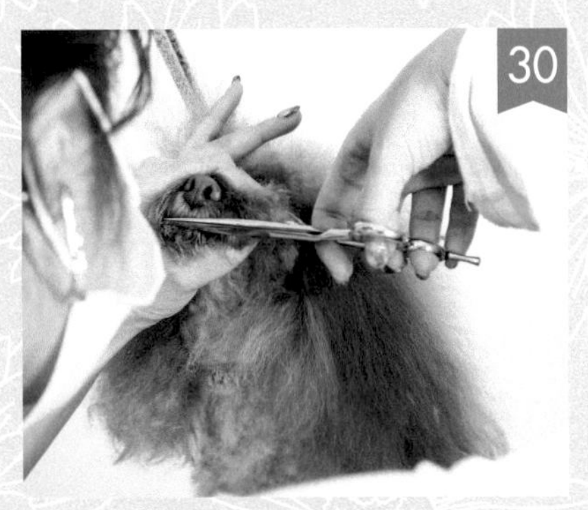

鼻の下の毛は、リップラインに揃えてカットします。

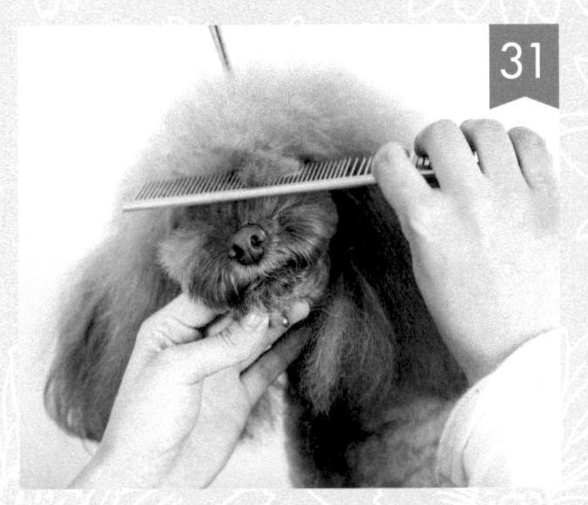

マズルの上の毛を放射状にコーミングします。

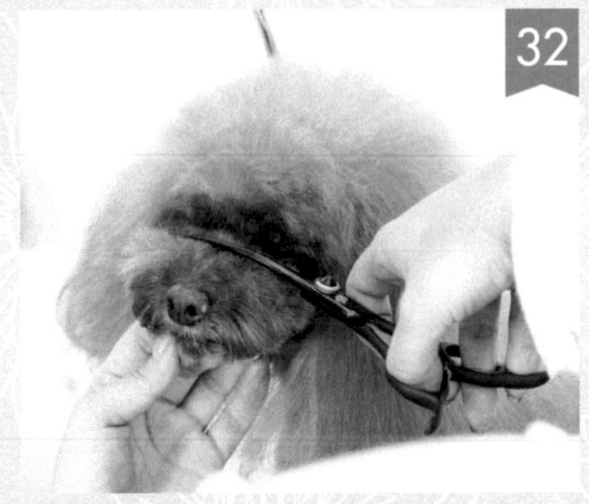

コーミングして出た毛を、カーブバサミで緩やかなカーブを描くようにカットします。コロンちゃんはマズルの毛がうねりやすく、長く残すと毛がはねてしまうので、小さめの楕円に作ります。

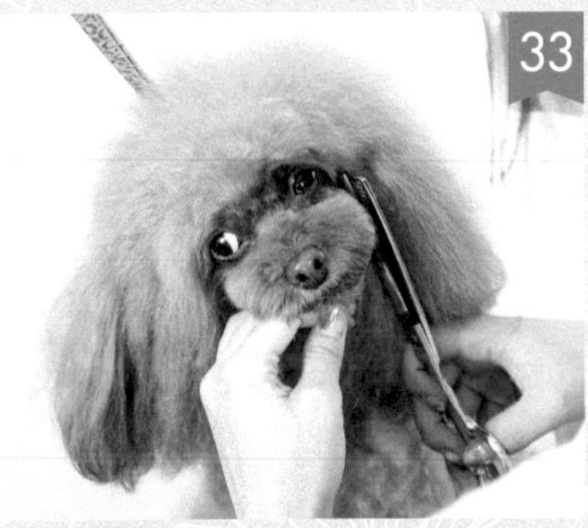

顎下は短くし、そこから目尻に向かって丸くカットして、フェイスラインを作っていきます。今回、ふんわりとさせるトップとのバランスを考えて、目尻の横は指1本分程度残して、バランスを取ります。

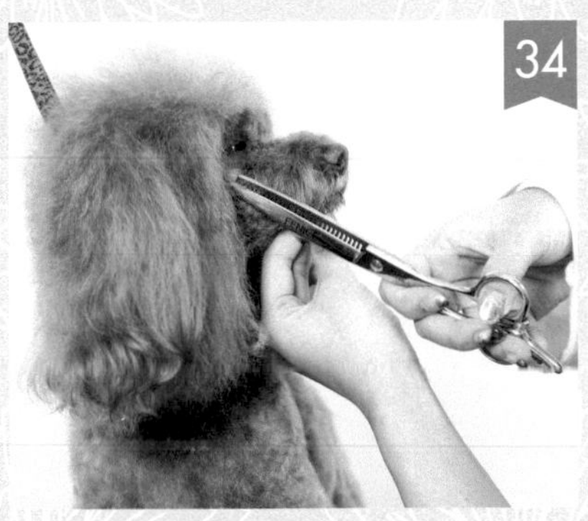

マズルの下から、横幅の頂点に向かって切りあげて、口角があがったように見せます。横幅の頂点は鼻の高さのラインに設定します。

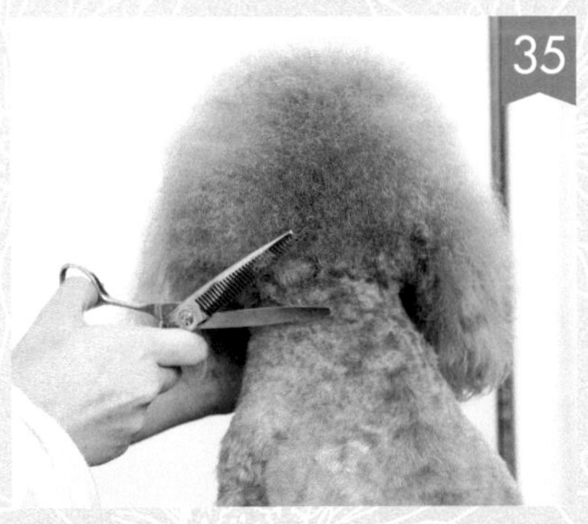

後頭部は、ボディーとはっきりと区別させるのではなく、なだらかにつなげたほうが、側望したときのバランスがよいので、首の後ろのボディーとの境目はスキバサミでぼかしながら、後頭部は膨らませすぎないようにします。

トップはボリュームを出すために、長く残します。コーミングして、トップのアウトラインから出た毛先をカーブバサミで丸めて、微調整したら完成です。

Finish

耳は伸ばし中なので、今回は切りません。

アレンジに使う道具

長めアフロのアレンジ

右耳、後頭部、左耳の毛で三つ編みを作って左に流して一つにまとめて、花のリボンをあしらった女のコスタイルにします。毛が短くて三つ編みを編めない部分は、人間用のヘアーエクステンション(以下、エクステ)を付けて補います。

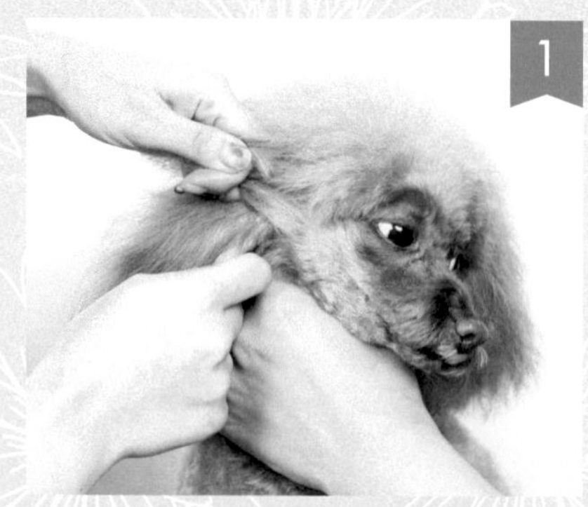

右耳の毛を上から3等分して、三つ編みを編みます。

右耳の付け根の下にエクステをつけて、足りない毛を補って三つ編みを編んで左耳に流します。

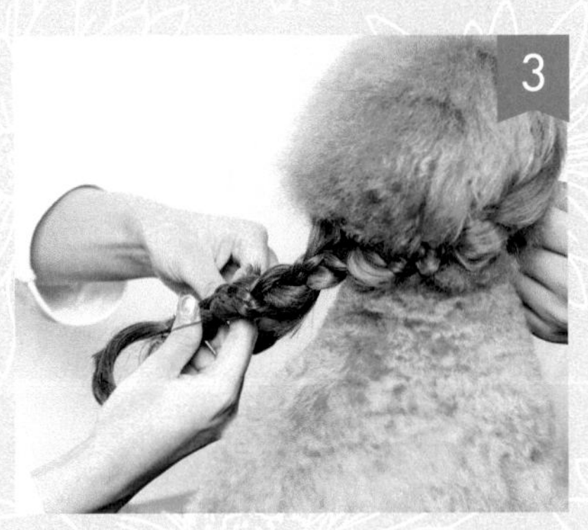

三つ編みをゴムでとめます。

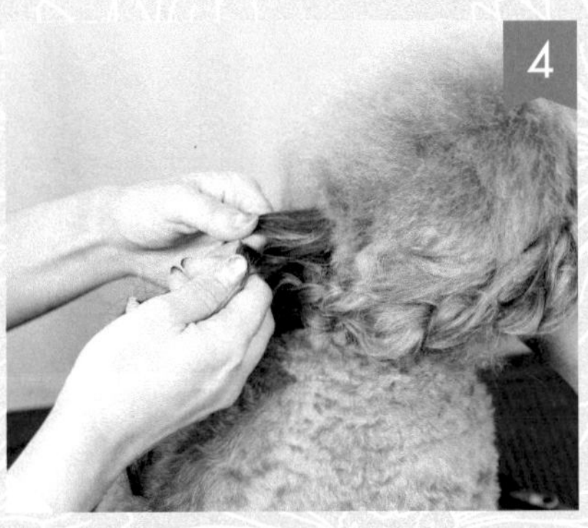

後頭部にエクステをつけて、後頭部の毛とエクステで三つ編みを編んで左に流します。

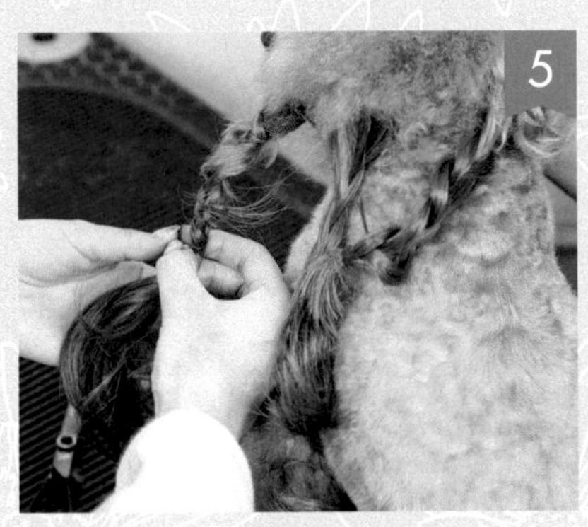

左耳の下にエクステを付けて、左耳の毛と合わせて三つ編みを編みます。

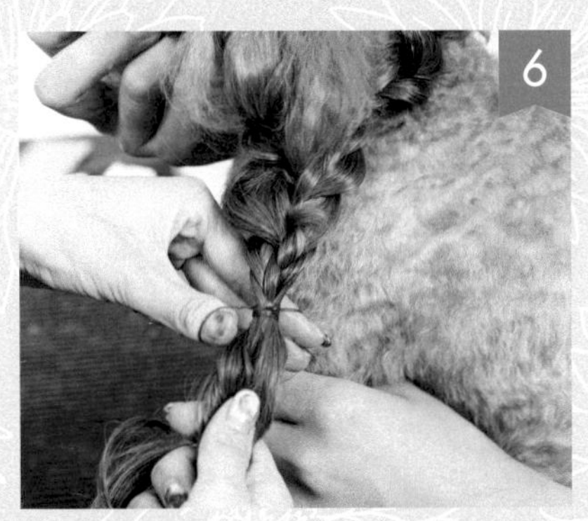

右耳、後頭部、左耳のそれぞれの毛で編んだ3つの三つ編みをまとめて、ゴムでとめます。

三つ編みをまとめた毛に花のリボンをつけていきます。

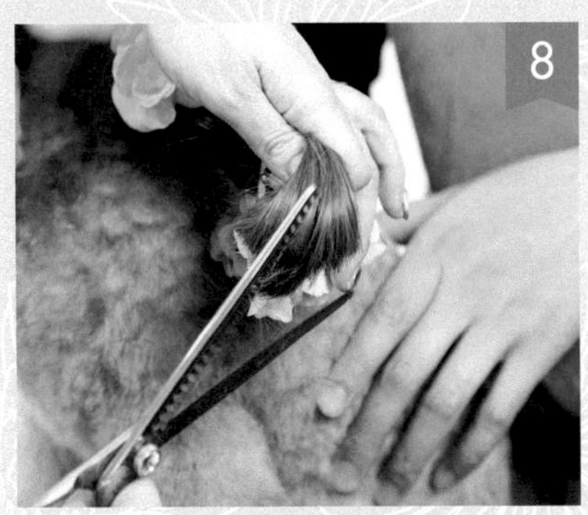

ゴムでとめた三つ編みの毛先をスキバサミですいたら完成です。

M・シュナウザーの トリミングマニュアル

バリカンのポイント、顔の作り方、プラッキングの基本

プラッキング犬種のM・シュナウザー(以下シュナ)は、トイ・プードルとは毛質や骨格などの特徴が異なるため、シュナの犬種らしさを活かすトリミングのポイントも異なります。そこで、シュナのペットカットの作り方、バリカンで刈るときのポイント、さらにプラッキングの基本など、シュナのトリミングに欠かせない知識を解説します。

監修 前野昭二(mmsu-ha)
M・シュナやテリア種を扱う専門ショップ兼トリミングサロンに勤務後、オリジナルカラー&リードのオーダーショールーム兼トリミングサロンを開店。M・シュナとテリア種専門のドッグヘアスタイリストとして、飼い主やプロのトリマー向けにトリミングやプラッキングなどの講習もおこなっている。

ペットカットのバリエーション

シュナのトリミングには2つの方法があります。シュナの魅力である、硬く太い毛で本来の毛色が濃くみっしり詰まった毛並みにする、ストリッピング(毛をすべて抜き取って育てる方法)やプラッキング(一定の周期で少しずつ毛を抜き育てて毛並みを作り維持する方法)の毛を抜く方法と、バリカンやハサミで切る方法です。

『抜く=毛根を刺激する』ため、刺激で換毛周期を促進し、毛が硬く太くなり、本来の色が濃く出るようになります。一方、バリカンやハサミで『切る=毛根を刺激しない』ため、毛が軟らかく細くなり、本来の色が退色したような薄く淡い白っぽい毛色になります。プラッキングは、ドッグショーに出る犬がするものと思う方もいるかもしれませんが、一般のペットでも望む飼い主もいるので、プロのトリマーとしてプラッキングの基本を備えておきましょう(P57)。

また、ペットカットのスタイルを大きく分けると、体と四肢は飾り毛があるかないか2パターン。顔はスタンダードなスタイルのように耳を短く眉毛とひげを長くするスタイル、耳と眉毛を短くしてマズルを楕円にするスタイル、トップや耳を長くして眉毛を短くしてマズルを楕円にするスタイルの3パターンに分けられます。これらのパターンをおさえておけば、部分的に毛を伸ばして長くしたり、短くして形を変えたりアレンジを加えて、別のスタイルが作れます。2つのトリミング方法で、2パターンの体と四肢、3パターンの顔の作り方のポイントを解説していきます。

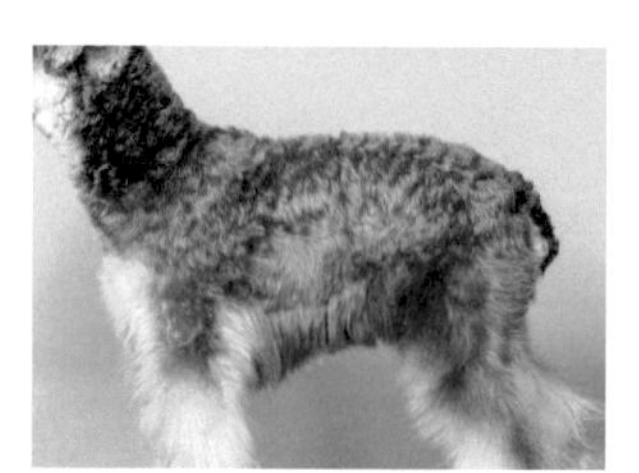

体の毛をバリカンで刈っているシュナ(トリミング前の状態)は、毛が軟らかく細く、毛色が薄く淡く白っぽく、トイ・プードルのような毛質。

体の毛をトリミングナイフ(P58)で抜くプラッキングをしているシュナは、毛が硬くて太く、毛色が濃い。

【スタイルのパターンと特徴】

Style1
スタンダード風 エレガントスタイル

体はバリカンで刈り、体と四肢の飾り毛ありのスタイル。顔は耳を短く眉毛は長い三角形でひげを長く、顔全体が長方形に長さを強調したスタイルで、知的で大人っぽい印象。プラッキングをせずに、バリカンとハサミで作るスタンダード風のトラディショナルなスタイル。

Style2
すっきり短め ボーイッシュスタイル

体はバリカンで刈り飾り毛なし、四肢は短めの飾り毛ありで、ややすっきりした生活しやすいスタイル。顔は耳と眉毛を短くマズルを楕円に、顔全体は四角形で短くみせることができる分、幼さや愛らしさが出る。バリカン仕上げの初めてのトリミングに多い、すっきりしつつ愛らしさのあるスタイル。

Style3
ふわっと丸みのある ガーリースタイル

体はトリミングナイフで抜き、体と四肢の飾り毛ありで前胸はまっすぐではなく飾り毛を多くして丸く前へ出すスタイル。顔は眉毛を短く、トップと耳を長くして丸みを出しマズルを楕円に。顔全体を丸形で短くみせることができ、幼さや愛らしさにやわらかさが加わる。アレンジしたい場合に多いスタイル。

監修・撮影協力:松岡由加子(mmsu-ha) /撮影:石橋 絵/イラスト:ヨギトモコ

Part 1

バリカンとハサミで仕上げる

体をバリカンで刈り、四肢と顔をハサミで仕上げるトリミングを、Style 1、2で解説します。

〖 バリカンの使い分けとポイント 〗

前望

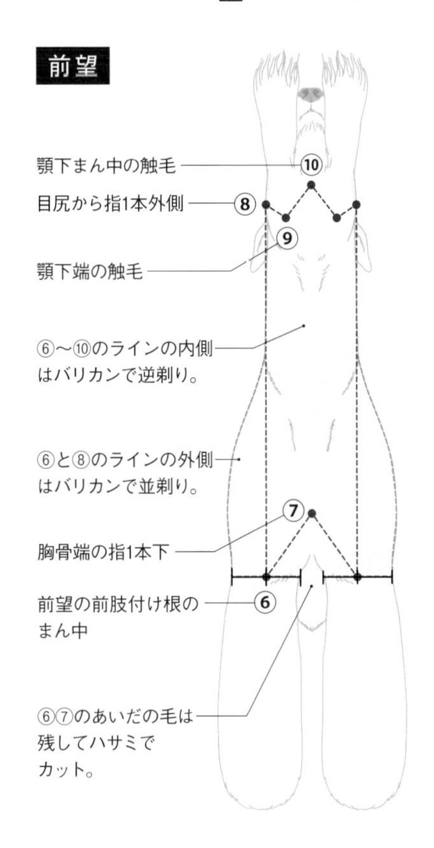

トリミングでバリカンを使う場合でも、短く刈ればいいだけではありません。刃の長さ、並剃り、逆剃りの選択で、仕上がりの立体感やラインの見え方が変わってきます。そのため、シュナのスタンダードスタイルを基本に、よりよくみせる目安のポイントや、きれいなラインの出し方を知っておく必要があります。これらを知らずに、曖昧にトリミングをするとバランスやスタイルが悪く見えたり、迷いながらトリミングすることで時間がかかってしまったりします。飼い主の要望や毛の状態によってこの限りではありませんが、目安となる基本スタイルで、バリカンで刈る部分と刈らない部分を覚えておきましょう(図)。なお、側望の①〜⑤は後肢と体の飾り毛を残すラインの目安です。このラインより上をバリカンで刈り、下はハサミでカットします。前肢の⑤⑥はラインより上を刈り、下はハサミでカットします。

基本スタイルで使用する刃の長さは、0.25ミリ刃、1.5ミリ刃、3ミリ刃の3つ。部位によって、毛の向きに沿って刈る並剃りと、毛の向きに逆らって刈る逆剃りをします。逆剃りは毛の状態にもよりますが、刃の長さの半分かそれより少し長く仕上がります。3ミリ刃の場合は1.5〜2ミリ程度。いずれの刃も並剃りで刃の長さ、刃を替えずに逆剃りで半分の長さの刃として使うこともできますが、シュナは部位によっては逆剃りのほうがきれいに仕上がります。また、メリハリを出したり、ラインをしっかり出したりしたい場合も、逆剃りで毛を皮膚のギリギリまで短くすることで、スタイルをよくみせることができます。

トリミング時間を短くするために、刃を付け替える回数が最小限で済むように、同じ刃の長さで刈る部位をまとめて刈り進めます。

側望

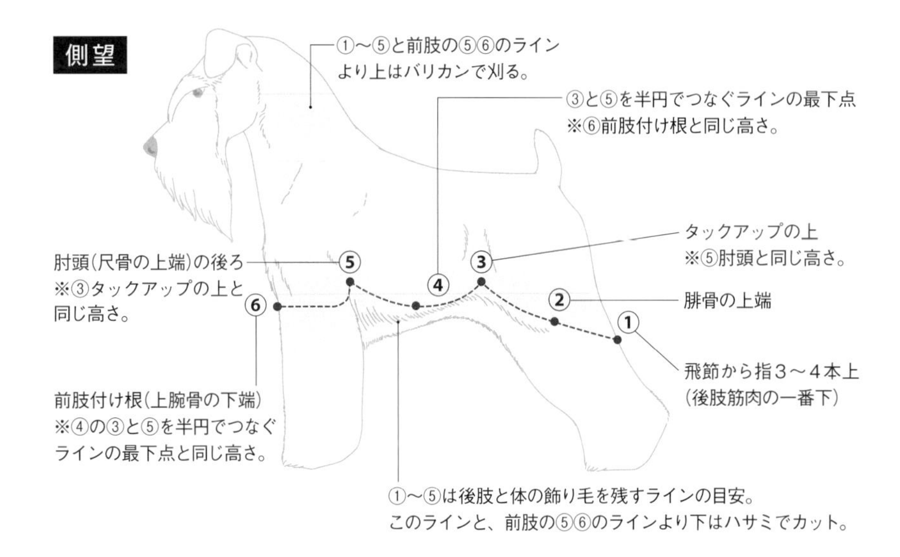

後望

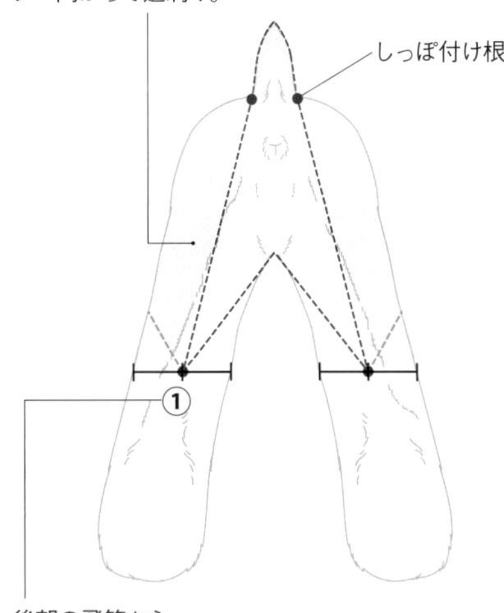

使用するおもな道具

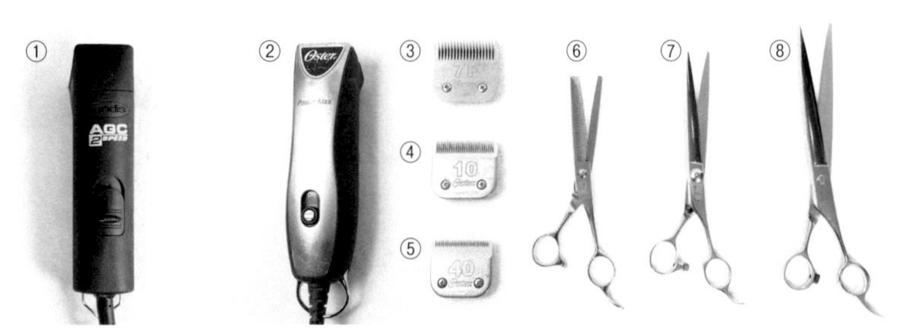

①バリカン　②バリカン　③替刃3ミリ(7F)　④替刃1.5ミリ(10)　⑤替刃0.25ミリ(40)　⑥スキバサミ　⑦ストレートバサミ　⑧ストレートバサミ

※①②は毛の状態によって使い分け。／ハサミの使いやすさはトリマーによって異なるため、⑥⑦⑧の使い分けに決まりはない。自分が使いやすいものを選択。

Before モデル犬：ジュリ（メス／1歳／ S&P ／前回のトリミング1カ月半前）

Style1 スタンダード風 エレガント スタイル

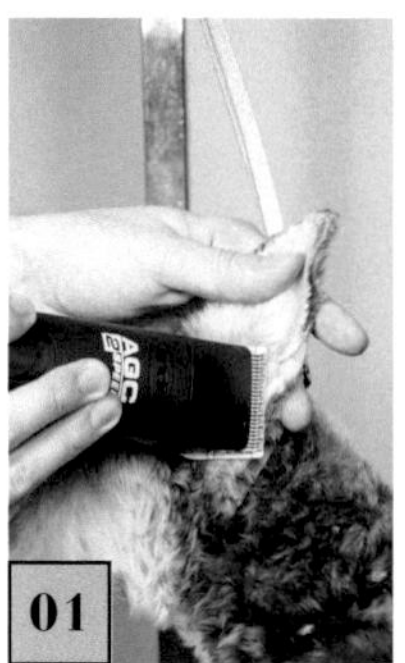
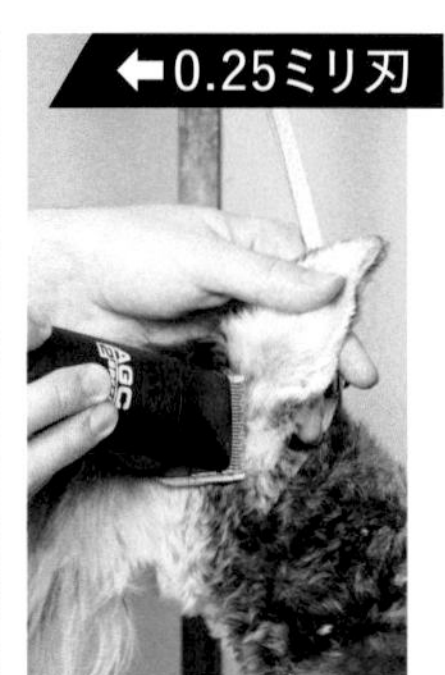

←0.25ミリ刃

01

バリカンの短い刃から刈り始める。0.25ミリ刃を付けたバリカンで、耳裏を耳孔から耳縁へ向かって並剃り。耳表に指をあてて、刃と指で耳を挟むようにおさえ、耳孔から耳縁へ同時に動かす。

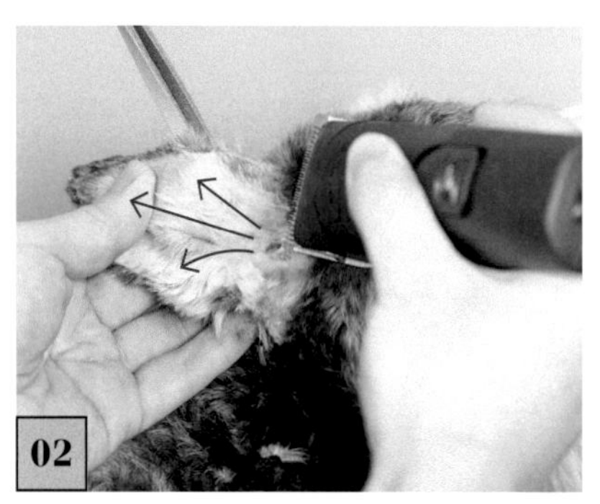

02

反対の耳裏も刃と指で耳を挟むようにおさえ、耳孔から耳縁へ毛流に沿って耳裏全体を刈る。刃を強く押しあてると皮膚を傷つけてしまうので、耳表をおさえる指は力を入れないように注意。

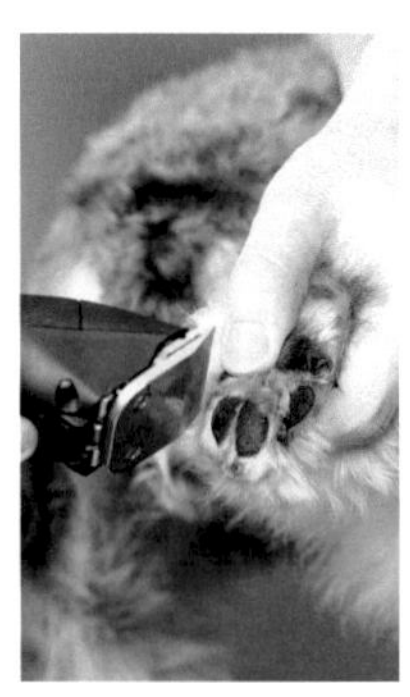

03

足裏のパッド周りとパッドのあいだから出ている毛を、刃の向きを変えながら刈る。ほかの足裏も同様に。肢の関節の可動域以上にあげたり曲げたりしないように注意。刈りづらい場合はミニバリカンでもOK。

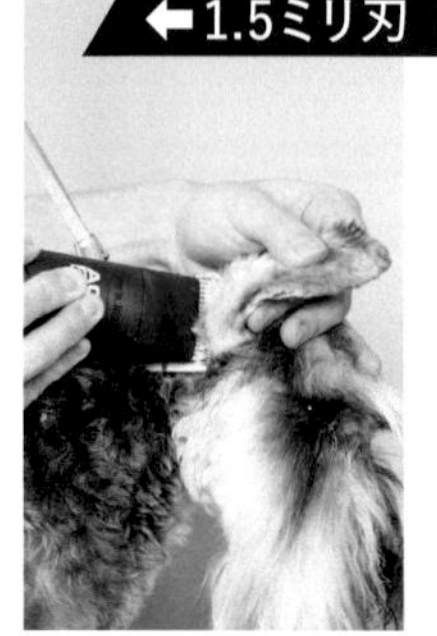

←1.5ミリ刃

04

1.5ミリ刃に付け替えて、耳表を付け根から耳縁へ向かって並剃り。1、2と同様に、刃をあてる部分の耳裏に指をあてて、刃と指で耳を挟むようにおさえて、付け根から耳縁へ同時に動かす。

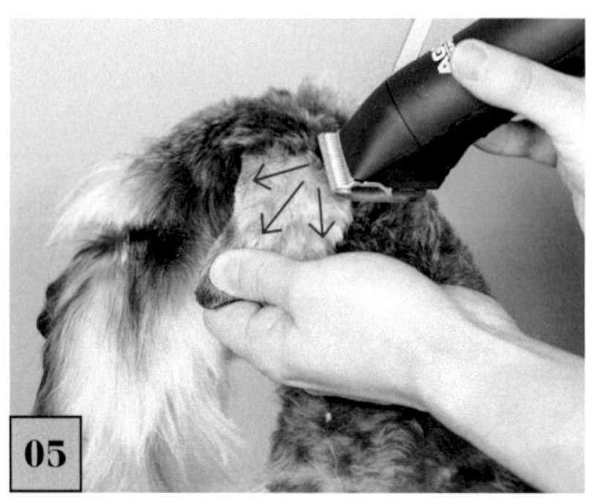

05

反対の耳表も刃と指で耳を挟むようにおさえ、耳の付け根から耳縁へ毛流に沿って耳表全体を刈る。刃を強く押しあてて皮膚を傷つけないように、耳裏をおさえる指は力を入れないように注意。

Point1

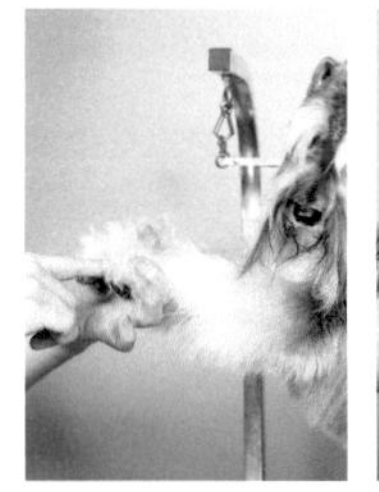
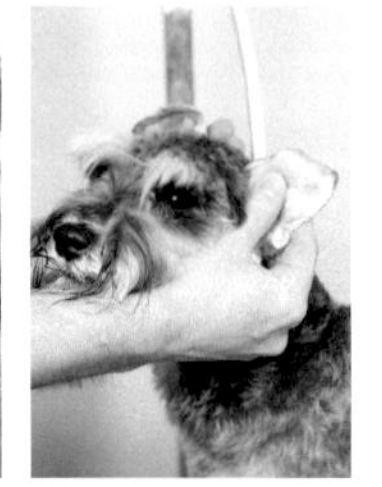

耳、顔、前足、爪、しっぽなど犬が敏感な部分や特に苦手な部分は、バリカンをあてられると嫌がることがあります。トリミング前に両手でやさしくさわり、犬がさわられても大丈夫と安心してから、トリミングします。

Point2

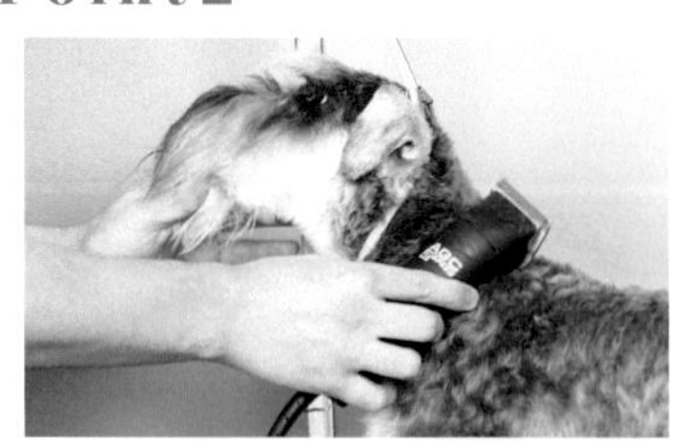

バリカンを嫌がるコには、トリミングの前にバリカンの音と振動に慣らします。スイッチを入れた状態で体にバリカンの持ち手をあてて、痛くないことがわかれば、過剰に嫌がらなくなります。

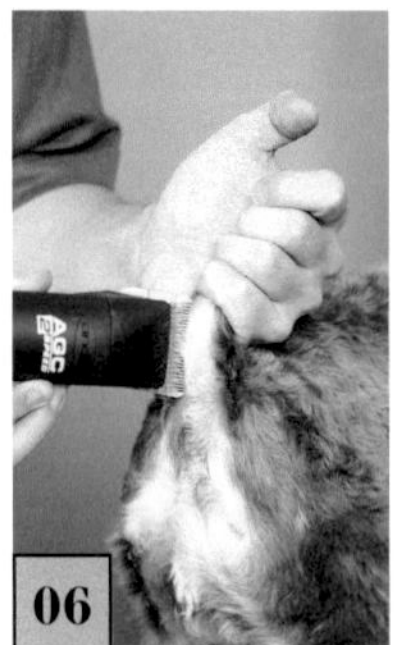
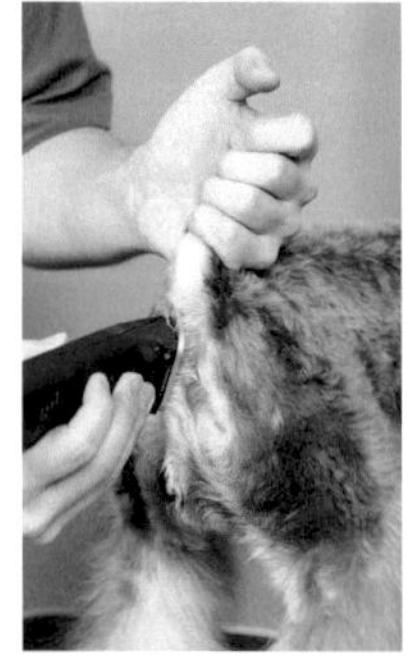

06

後望のお尻としっぽ裏の付け根を逆剃り。まずは肛門周りとしっぽ裏を逆剃り。肛門周りは毛流が同じ方向ではないので、刃の向きを変えながら刈る。

Point3

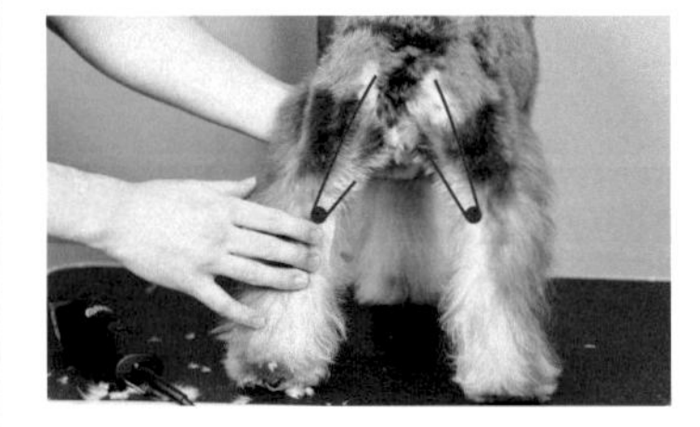

スタンダードなシュナのスタイルは、お尻の筋肉の内側を刈るので、これを目安にします。飛節から指3～4本程度上からがお尻の筋肉なので、この目安から後肢の内側を逆剃りします。

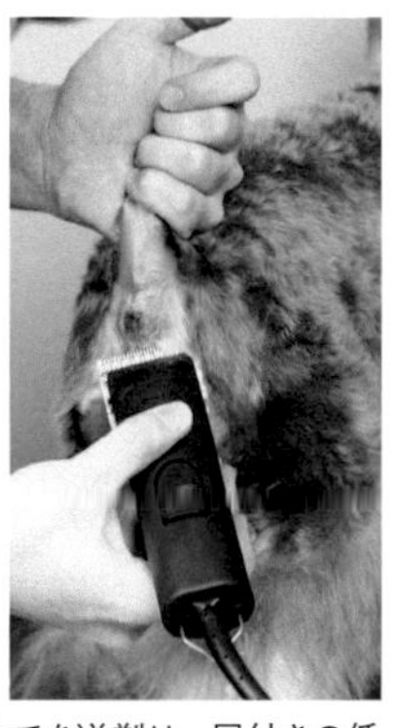

しっぽ裏の付け根から先までを逆剃り。尾付きの低いコは、しっぽをあげると痛がることがあるので、様子を見ながら無理のない範囲でおこなう。

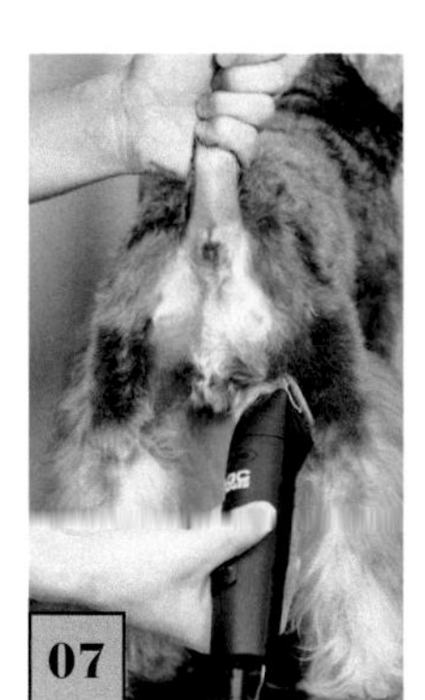

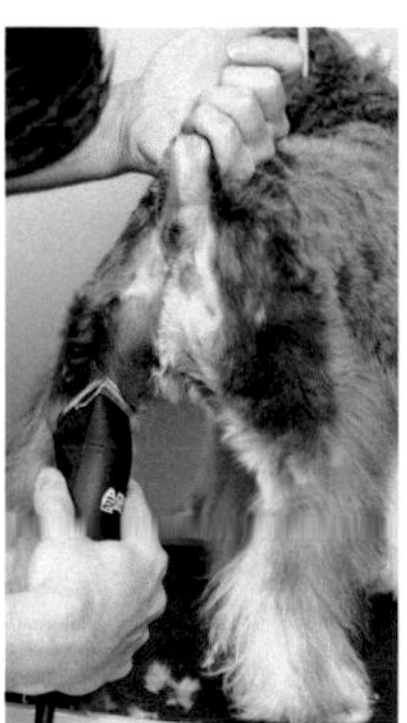
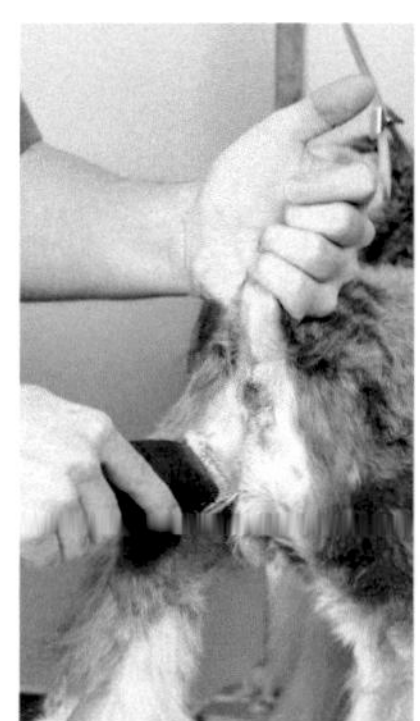
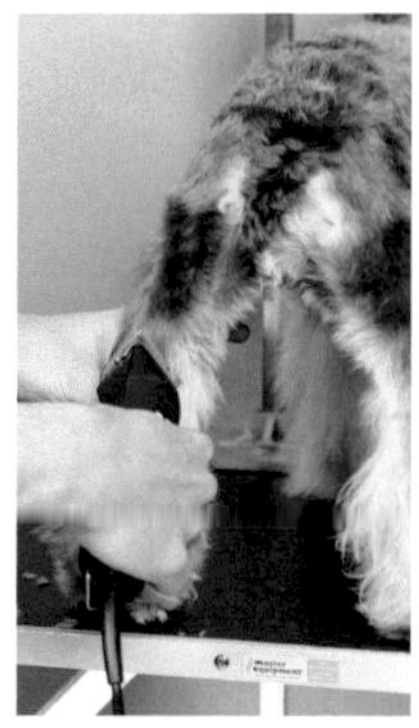

飛節から指３～４本上の目安から、後肢のお尻の筋肉の内側を逆剃り。後肢まん中から外側は残しておく。反対側の後肢も同様に逆剃り。

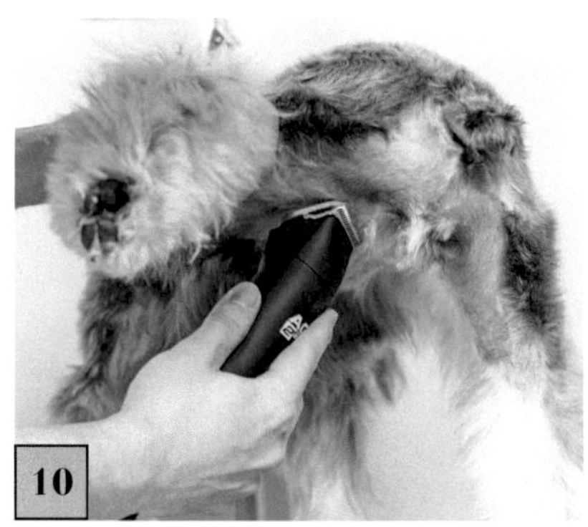

片方の後肢を持ちあげて付け根から陰部周りを逆剃り。

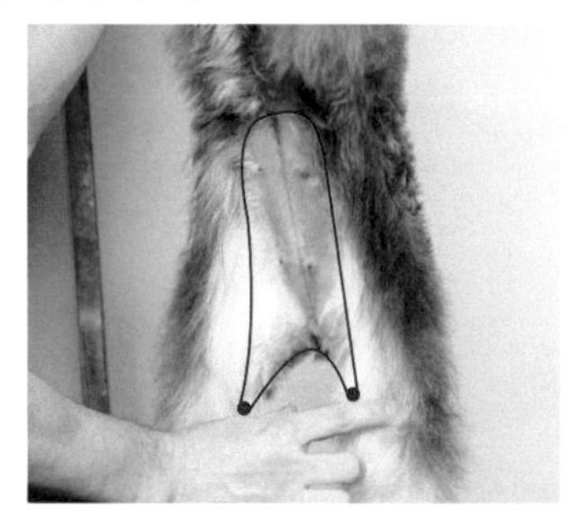

お腹の下面はお腹の飾り毛の内側を、へそから後肢の内側の筋肉の下までを刈ります。

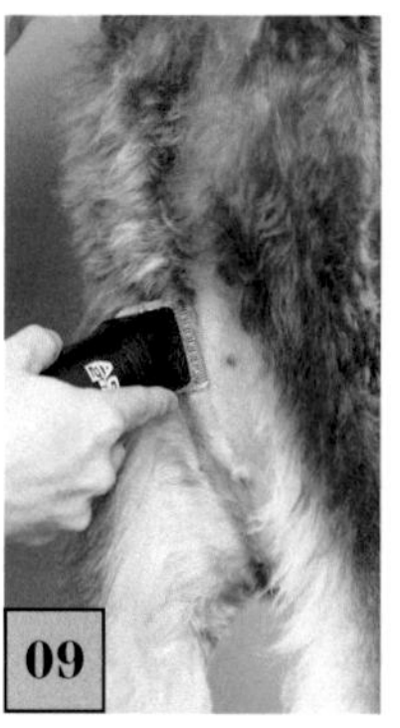

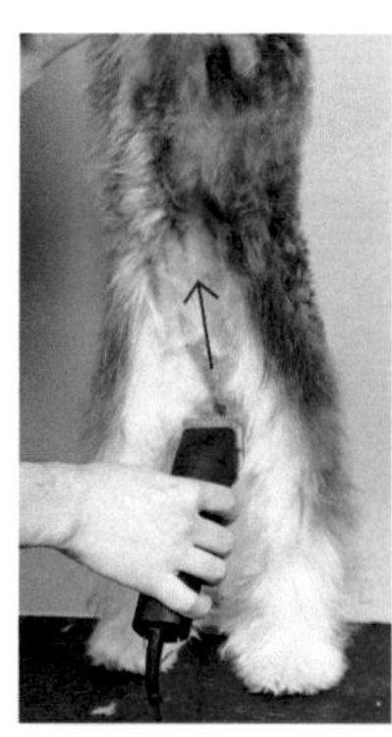

お腹の下面を逆剃り。前肢を持ちあげて、お腹の飾り毛の内側を先に刈った後肢の筋肉の内側とつながるように刈る。後肢付け根からへそまで、刃の向きを変えながら乳首をよけて刈る。

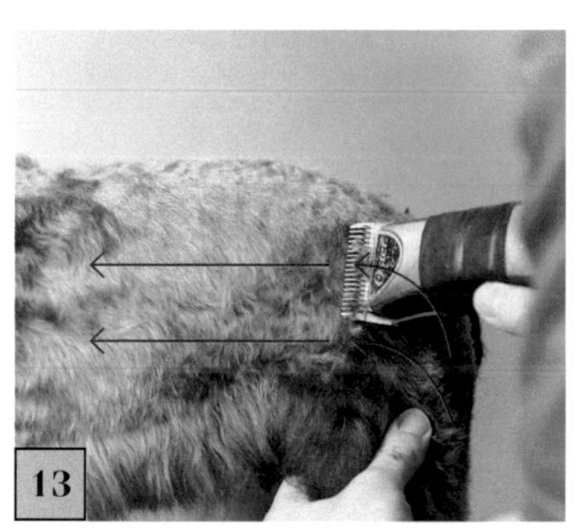

お尻の側面からお腹の側面、キ甲のラインへ向かって逆剃り。お腹の下は飾り毛を作るために刈らずに残しておく。

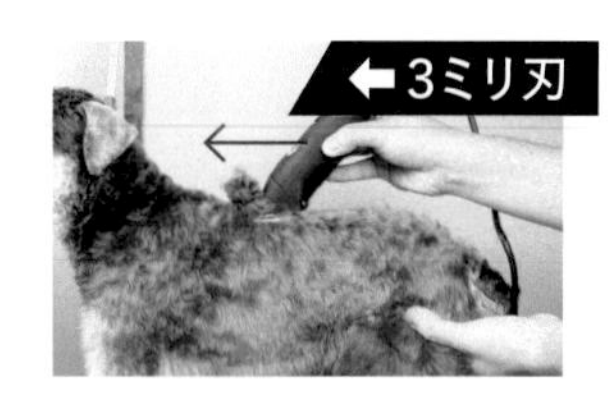

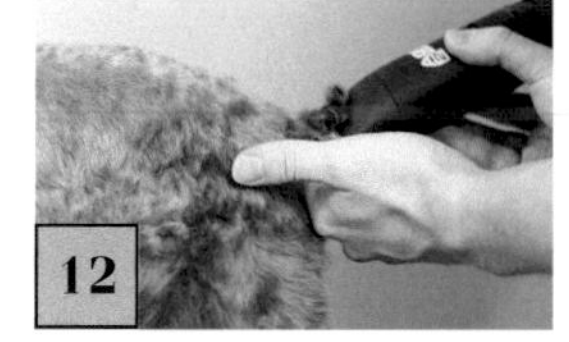

３ミリ刃に付け替えて、背中をしっぽの付け根からキ甲へ向かって並剃り。しっぽの表をしっぽの先から付け根へ逆剃り。

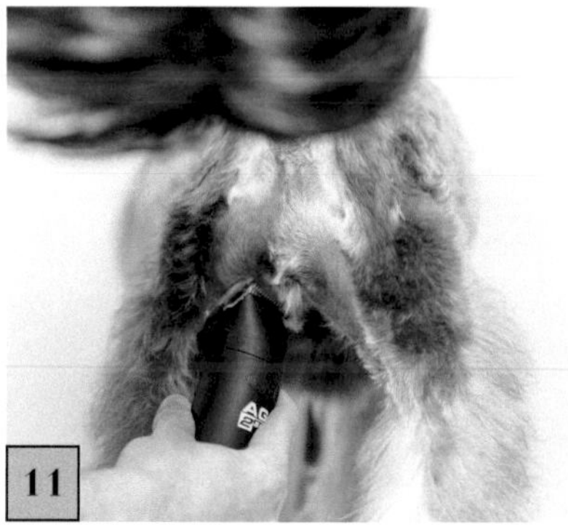

陰部周りは汚れが付きやすいのでしっかり短く刈る。

Point5

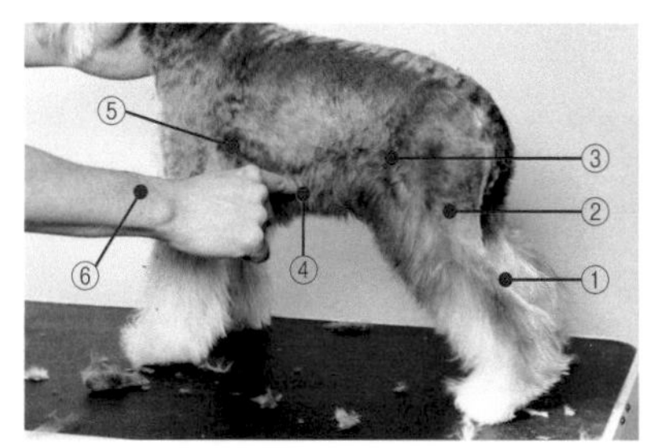

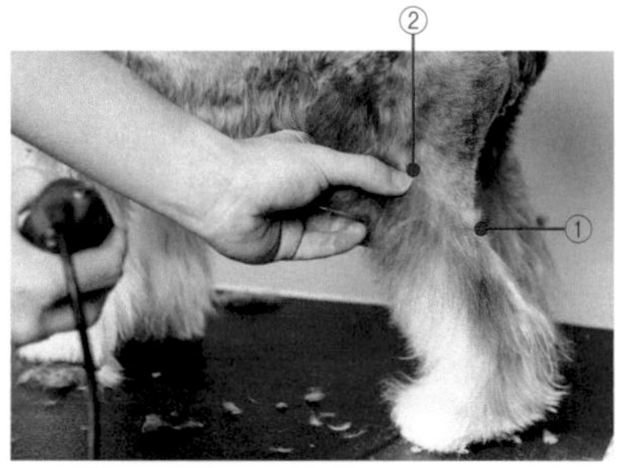

後肢の飛節から指３～４本上①と、腓骨の上端②を斜めのラインでつなげる。次に、タックアップの上③までを後肢の筋肉に沿ってつなげる。次に、③と肘頭の後ろ⑤を半円のラインでつなげて、③と⑤の半円のラインの最下点④は前肢付け根⑥の高さにします。

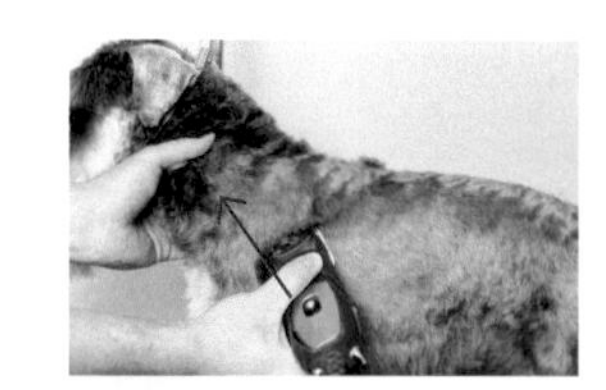
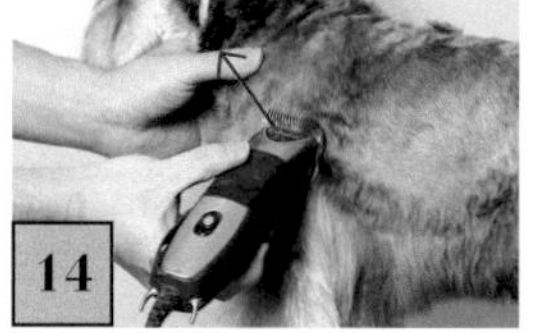

お腹の側面をキ甲のライン上から肩、前肢外側付け根から肩へ向かって逆剃り。体の側面が一通り刈れたら、後肢とお腹の下の飾り毛との境目のラインを刈っていく。

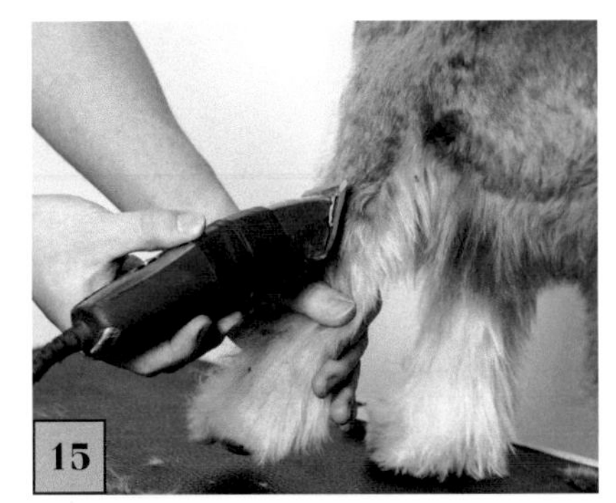

15
飾り毛の境目のラインがくっきり出るように、後肢から肘頭の後ろまで逆剃りしますが、ラインの終点の目安になる前肢を先に刈る。前肢は付け根(上腕骨の上端)から下の毛で形を作るので、ここから肩を逆剃り。

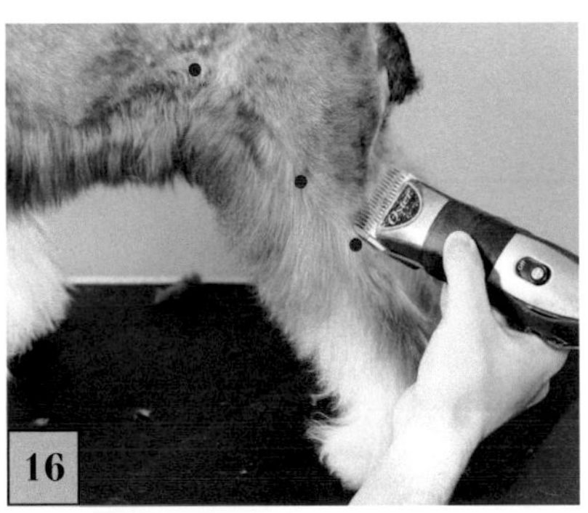

16
後肢の飛節から指3～4本上①と、腓骨の上端②までを斜めのラインで逆剃り。次に、タックアップの上③までを後肢の筋肉に沿って逆剃り。

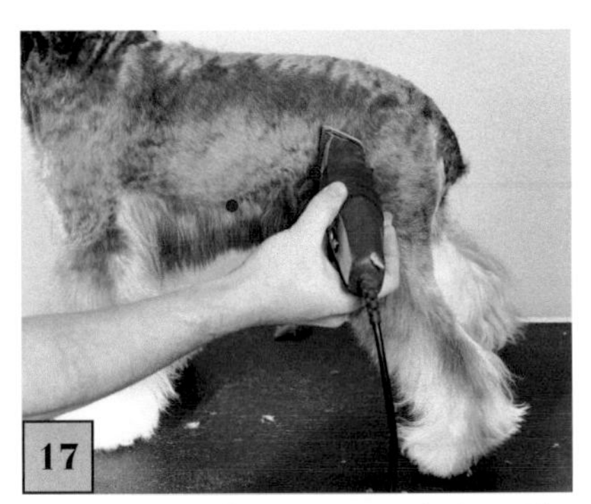

17
タックアップの上③と、タックアップの上から肘頭の後ろを半円でつなぐラインの最下点④まで半円のラインで逆剃り。

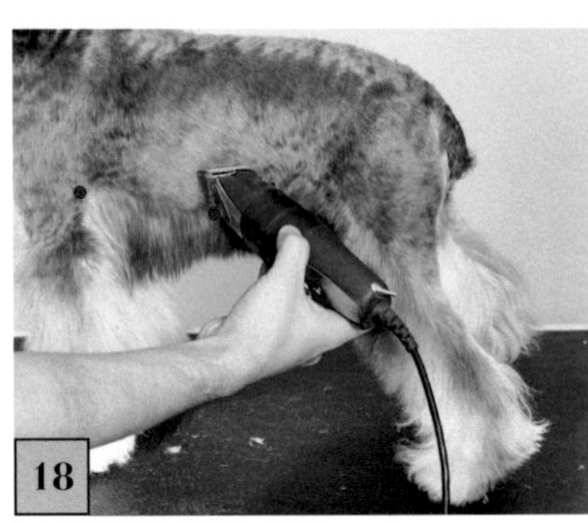

18
タックアップの上から肘頭の後ろを半円でつなぐラインの最下点④から、肘頭の後ろ⑤までを17からつながる半円のラインで逆剃り。ラインが刈れたら、前肢の脇の毛も刈る。

Point6

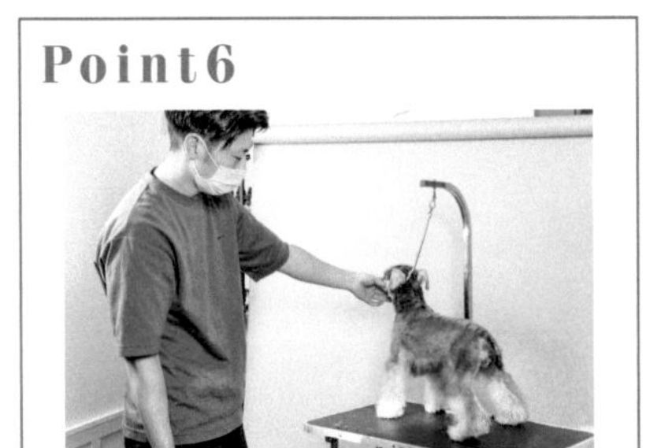

トリミング中は、トリマーと犬の距離が近くなりやすいですが、ラインを刈るときは、目安の位置や全体のラインを整えるために、犬から離れてラインを確認するのが大切です。

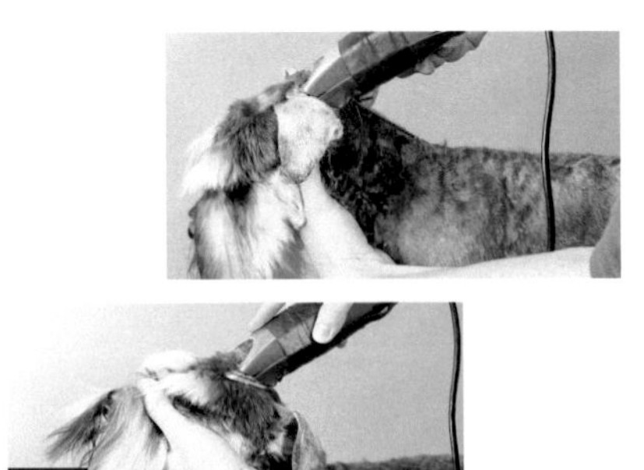

19
キ甲から首、後頭部、頭を逆剃り。頭は眉毛の上まで刈り、耳の前の付け根から眉毛の上も逆剃り。眉毛は長く残すのでよけて、眉毛の上は平らになるようにしっかり刈る。

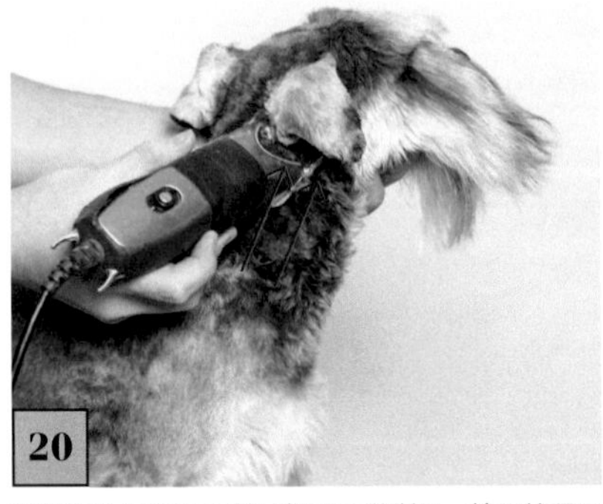

20
首側面も耳の下の付け根まで逆剃り。首の前面はあとで刈る。

Point7

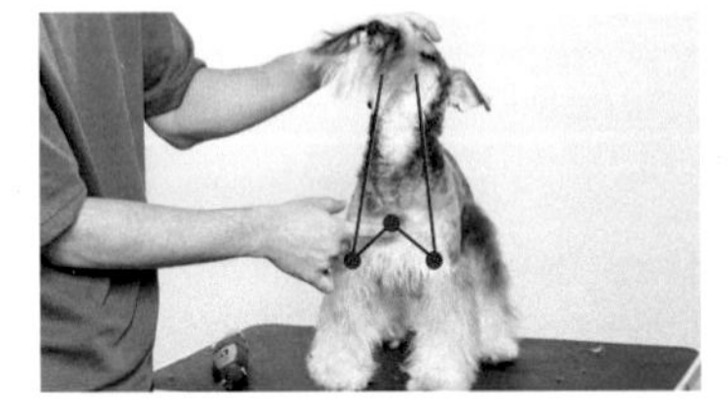

前胸から顎下は、左右の前肢付け根のまん中のあいだを、胸骨端の指1本下から顎下の触毛まで刈ります。前胸の飾り毛を作るので、左右の前肢の付け根まん中から胸骨端の指1本下までを斜めに刈り、飾り毛を残します。

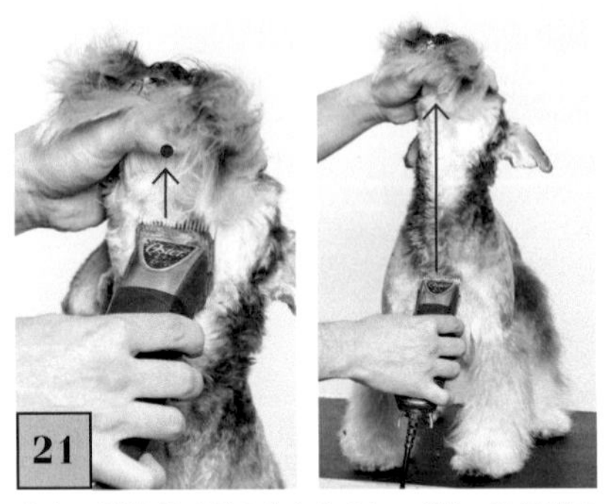

21
左右の前肢付け根のまん中のあいだを、胸骨端の指1本下から顎下の触毛まで逆剃り。

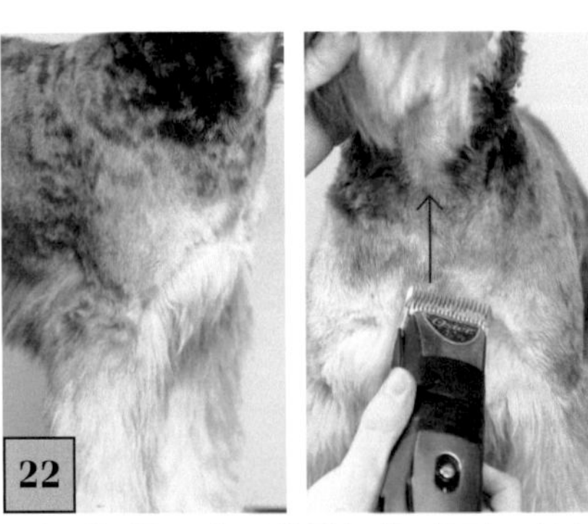

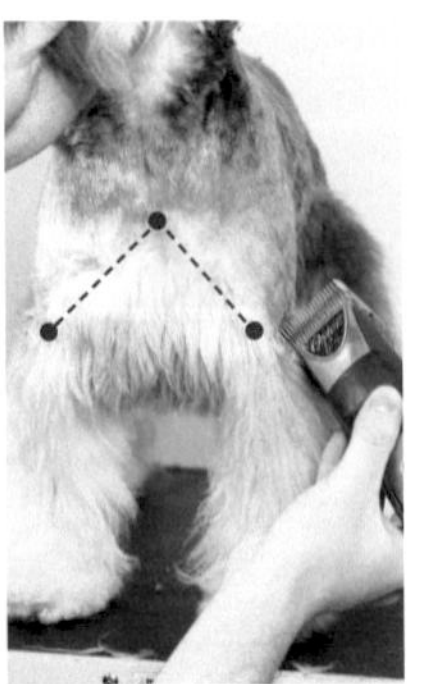

22
前肢の付け根まん中から胸骨端の指1本下までを刃の片側で斜めに刈り、反対側も同様に刈ると、自然に前胸の飾り毛が残る。斜めに刈った三角のラインより上を逆剃りし、21で刈った前胸とつなげる。胸骨端の指1本下を目安にすることで、側望で胸が出っ張らず、平らにまっすぐ仕上がる。

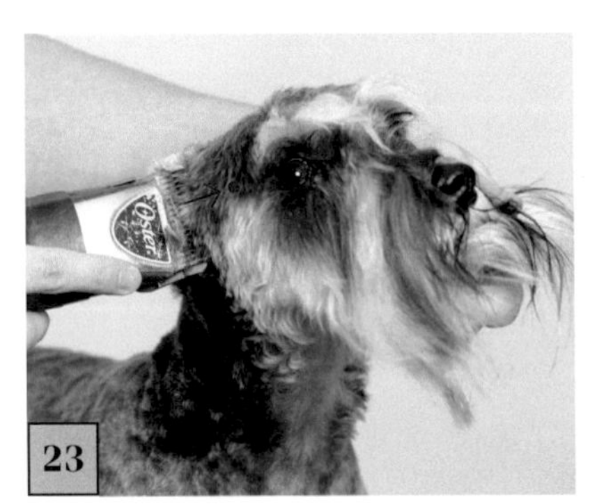

23
顔周りを刈る。スタンダード風スタイルなので、前望で顔全体が長方形になるように作る。耳の付け根の前から、目尻から指1本外側(顔の骨が出っ張っているところ)までを刈る。

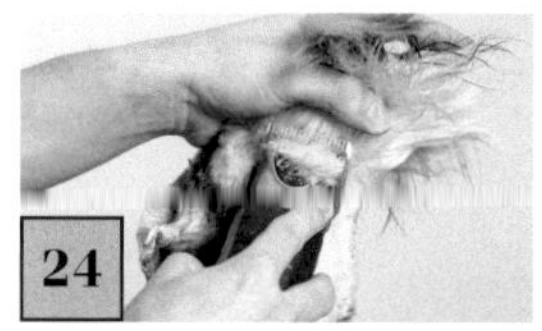

24

目尻から指1本外側から顎下の端の触毛、顎下のまん中の触毛まで刈る。反対側も同様に刈る。バリカンで刈る部分を一通り刈ったら、刈りムラや残っている毛を確認し、あれば刈る。

Point8

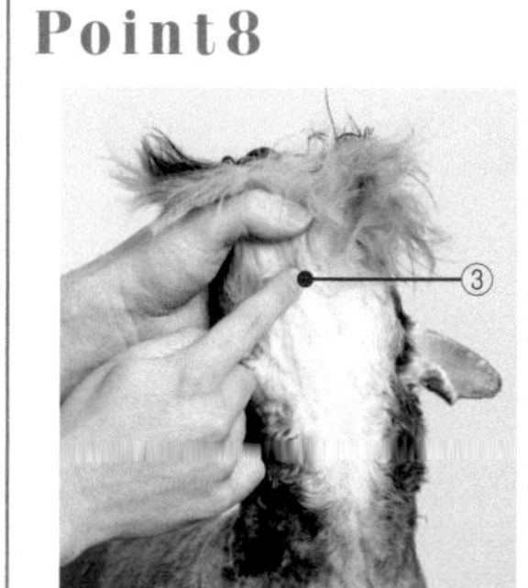

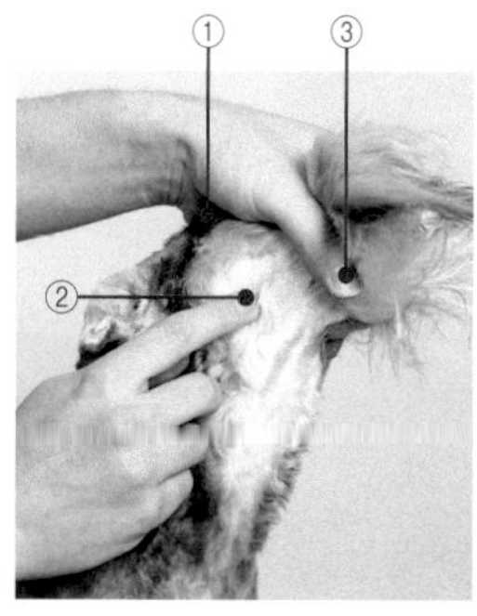

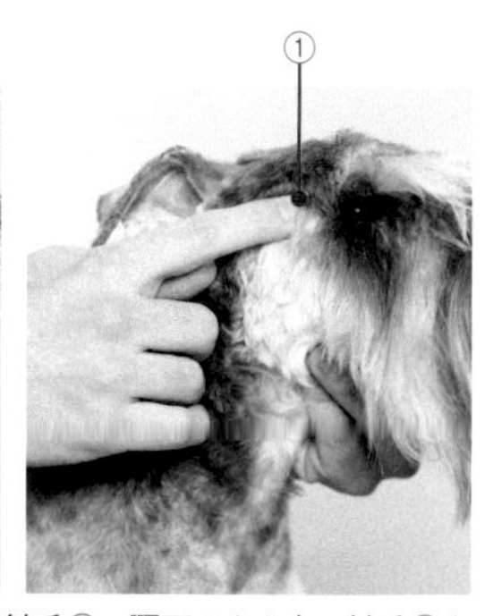

顔周りを刈る目安は、目尻から指1本外側①と、顎下の左右の端の触毛②、顎下のまん中の触毛③をつないだラインです。

⬅ ハサミ

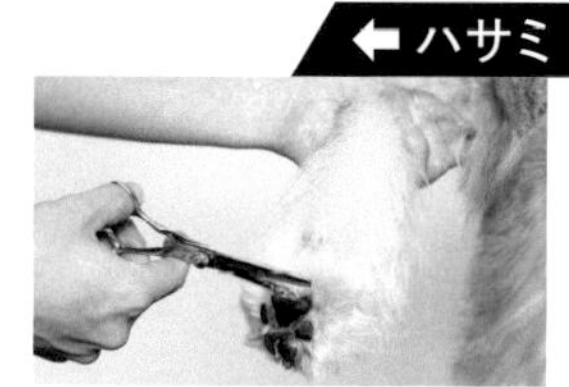

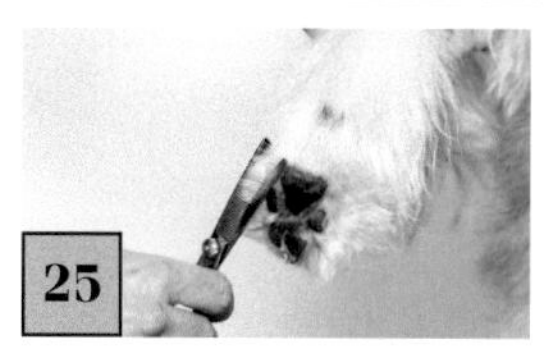

25

ここから、今回はスキバサミを使いますが、使いやすいハサミを使用してOK。足の後ろ側をパッドの高さでカットし、側面と前側も同様にカット。ほかの足も同様にカット。

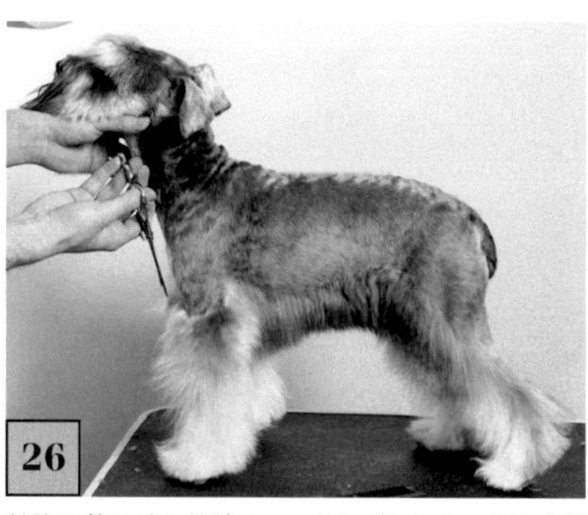

26

前胸の飾り毛と前肢をコーミングしたら、前胸を側望し、出っ張っている飾り毛をカットし、前胸を平らにまっすぐにする。

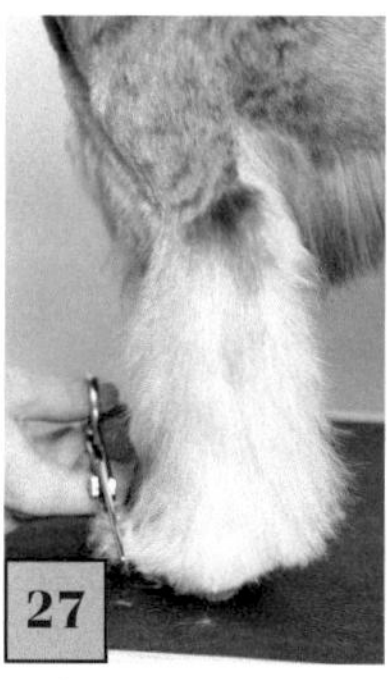

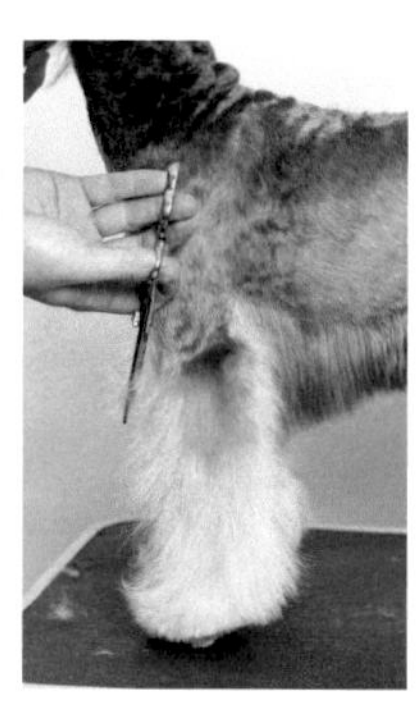

27

前肢前側をまっすぐに爪先へ向かってカットし、足周をカット。今回は足先を少し広げて、後ろを切りあげる。毛先を真横に切るとラインが入ることがあるので注意。

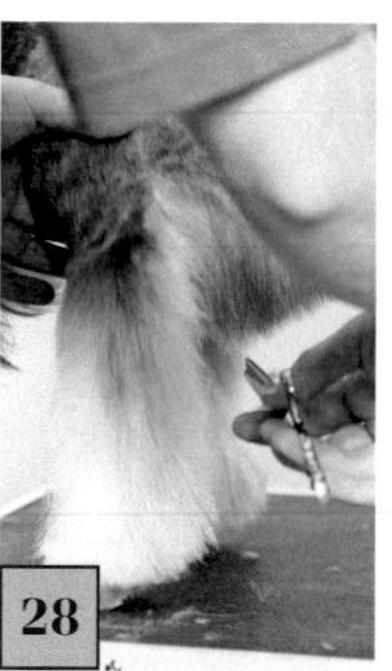

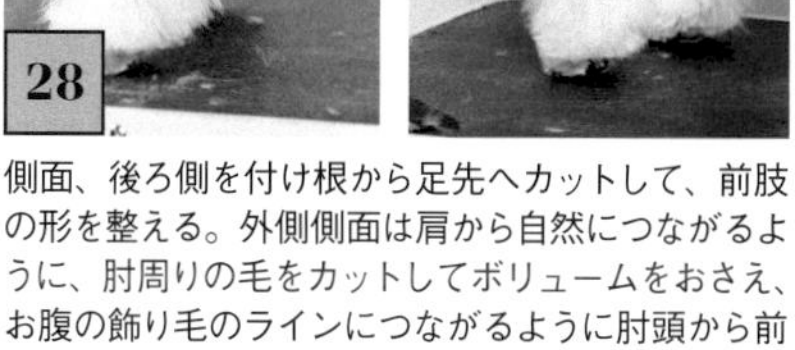

28

側面、後ろ側を付け根から足先へカットして、前肢の形を整える。外側側面は肩から自然につながるように、肘周りの毛をカットしてボリュームをおさえ、お腹の飾り毛のラインにつながるように肘頭から前肢前側の付け根のラインをカット。

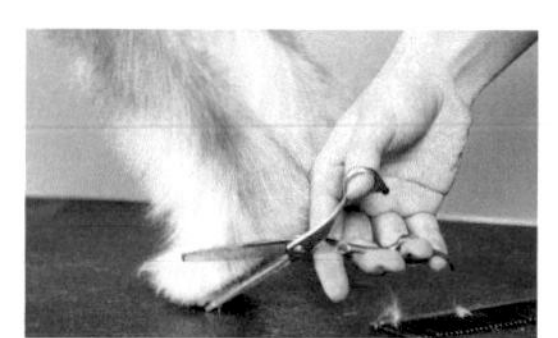

29

今回は後肢の毛が伸びていないので、飾り毛も足周りも今の長さを活かして作る。後ろ側は切りあげ、前側を爪先でカットし、ここから後肢の飾り毛の毛先がタックアップへ斜めにまっすぐつながるようにカット。

Point9

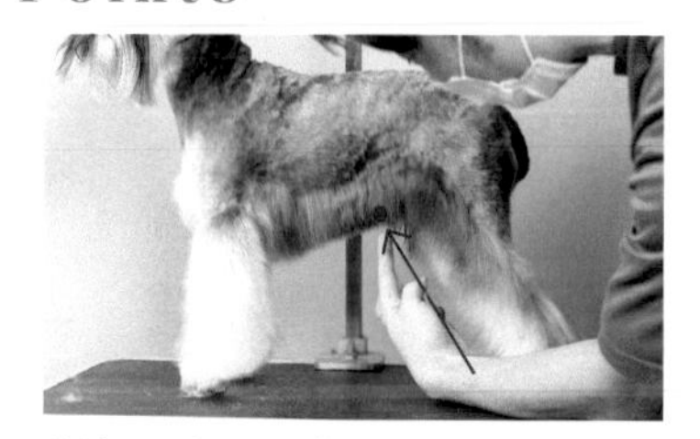

後肢とお腹の下の飾り毛を切るときは、犬を正しい姿勢で立たせて、後ろから前へ向かってカットします。お腹の下の飾り毛の頂点は、前から2列目の乳首の位置(オスは陰茎の先の位置)なので、後ろ足の前側からこの位置を斜めにつなげます。

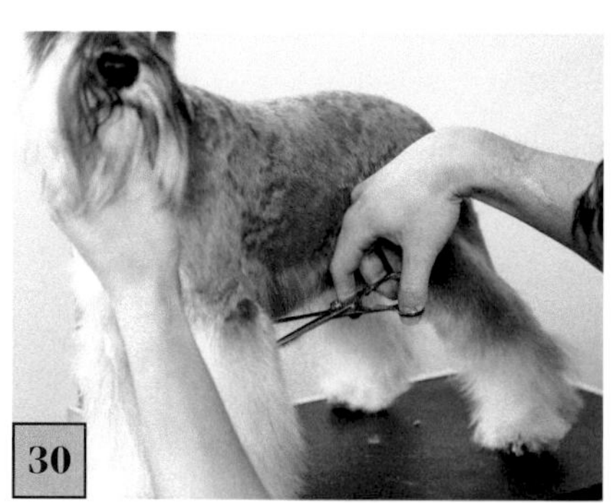

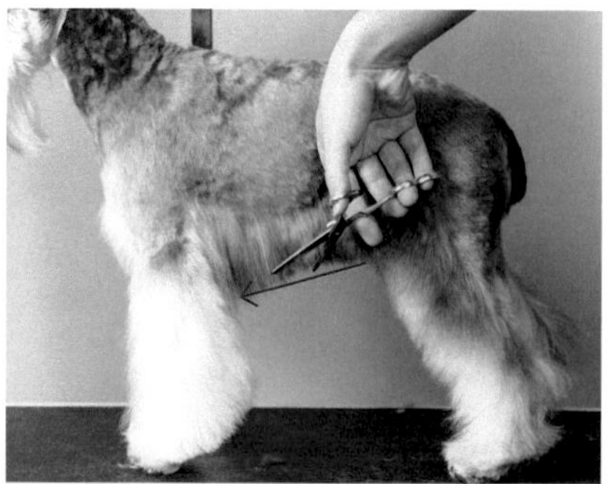

30

今回は後肢の飾り毛が伸びていないので、お腹の下の毛の頂点をタックアップの位置にして、ここから前肢の肘下の後ろへつながるように斜めにカット。このとき、飾り毛の外側の毛のみをカット。側望を確認しながら、カットした外側の毛に合わせて内側の毛をカット。最後に内側の毛を外側の毛よりも、やや短くカット。

Point10

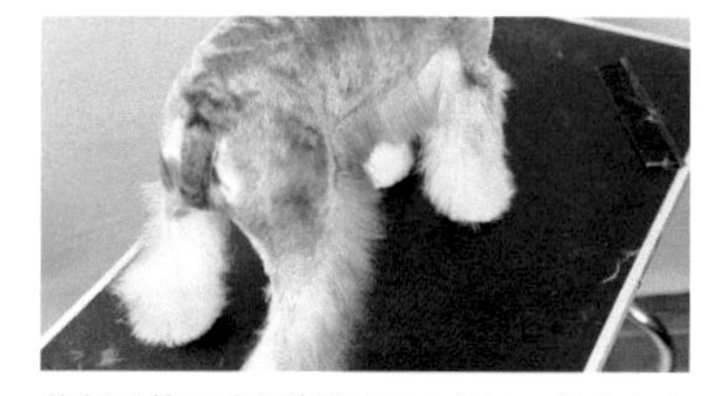

後望で飾り毛を確認するときは、斜め上からライン確認します。斜め上から見ることで、後肢、お腹の下の飾り毛の毛先が揃っているかどうかがわかります。写真は揃っていない状態。側望も大事ですが、飼い主がよく見る目線で確認することも大切です。

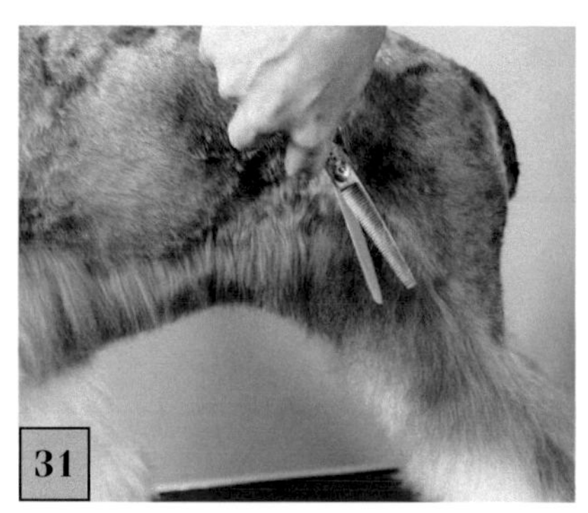

31

後肢とお腹の下の飾り毛を一通りカットしたら、15～18で刈った飾り毛のラインの境目をカット。境目に短い毛を作ると、歩いたときに飾り毛が上にあがるのをおさえることができる。

Point 11

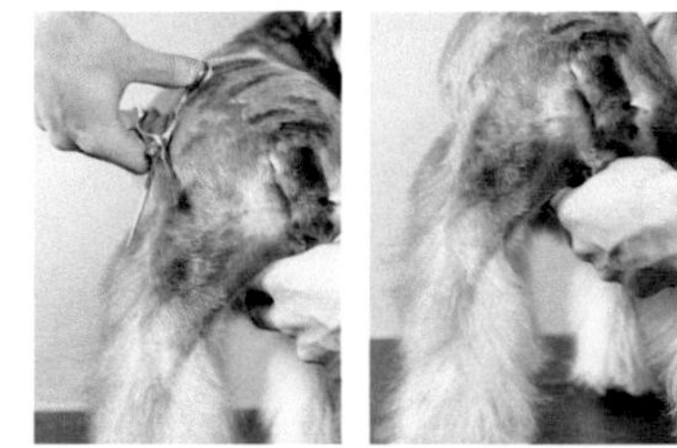

飾り毛のラインの境目は、後肢は後望、お腹は前望で、飾り毛の根元が膨らんで盛りあがっている所をカットします。体から飛び出ている毛を自然につながるようになじませます。

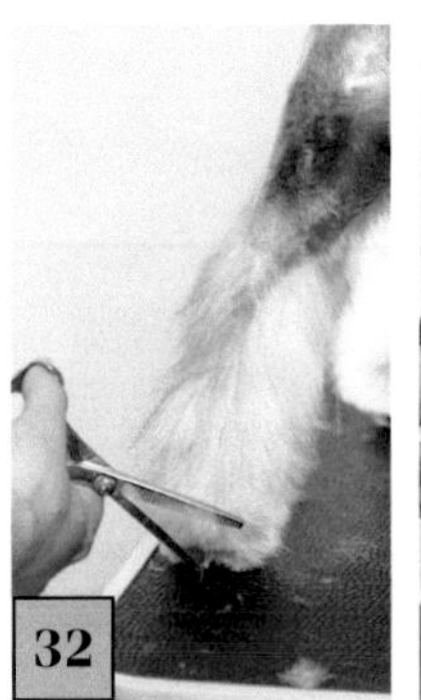
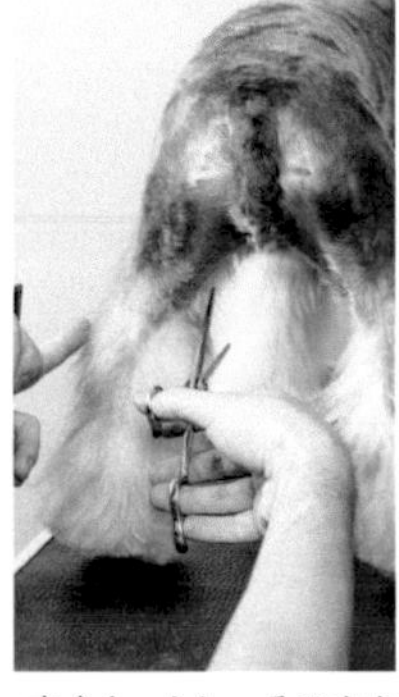

32

後肢内側を上から下へまっすぐカットし、そのまま足周りにつながるようにカット。足先後ろ側の切りあげ、内側から前へのつながりなどをカットする。

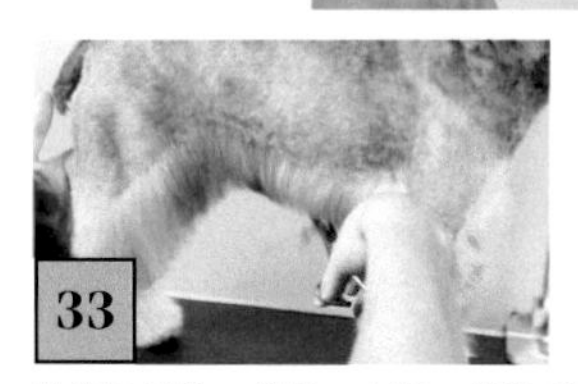

33

片側の前胸、前肢、お腹、後肢がカットできたら、反対側の後肢、お腹、前肢、前胸を同様にカットしていく。後肢とお腹の下の飾り毛は、先にカットした反対側に長さを合せてカット。

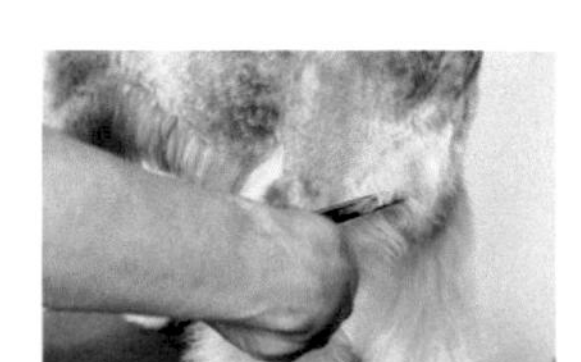
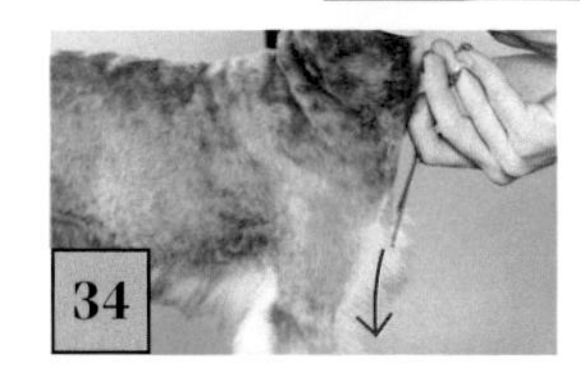

34

前肢外側までカットしたら、前胸の飾り毛を側望で平らでまっすぐになるようにカットし、そのままつながるように前肢前側をまっすぐ下へカット。

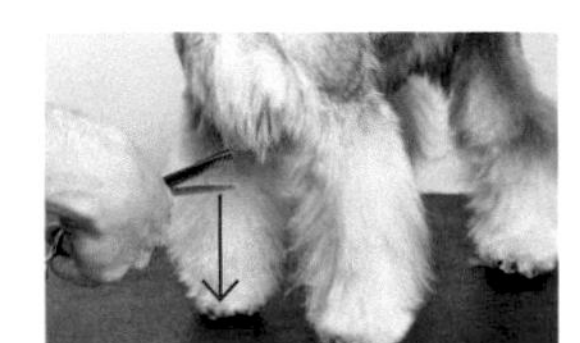
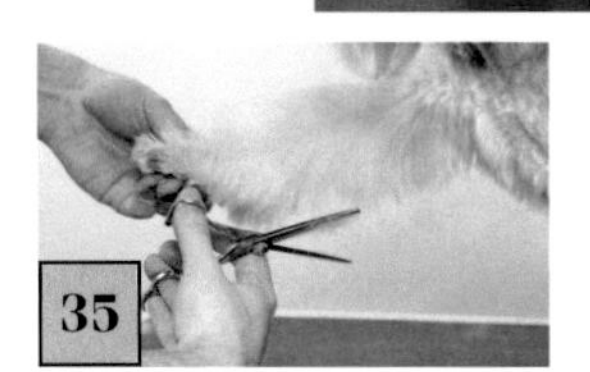

35

前肢内側を付け根から足先へまっすぐ下へカットし、前側から内側の角をカット。前足を持ちあげて、後ろ側を足の後ろから付け根へ向かってまっすぐにカット。反対側の前肢も同様にカット。

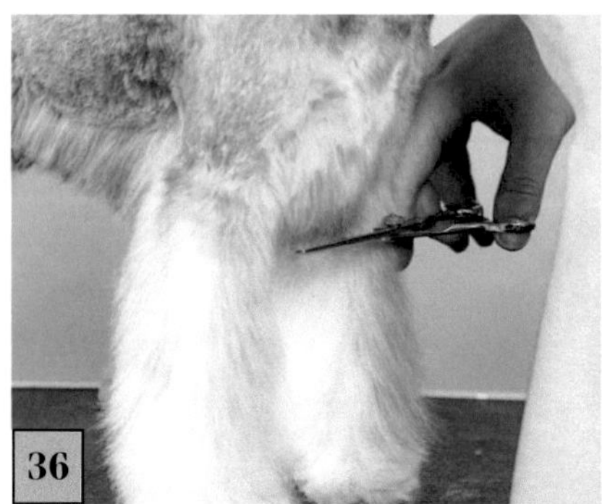
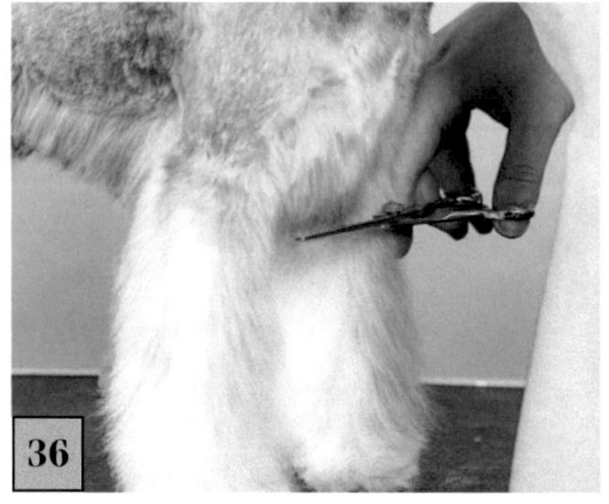

36

お腹の下から前胸の飾り毛を確認して、お腹の下の飾り毛の長さに合せてカット。お腹の下からカットしたら、前胸の下からお腹の下の毛を確認して、長さが合っていない毛をカットし、飾り毛をつなげる。

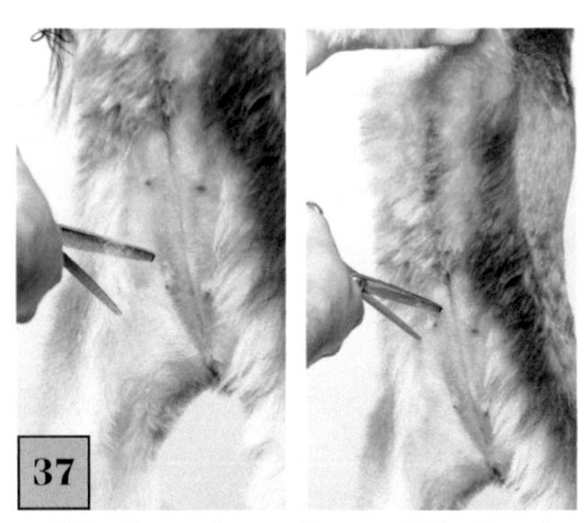

37

両前足を持ちあげて、お腹の下と後肢の飾り毛の内側が外側より短くなるように、ハサミを内側から外側へ斜めに構えてカット。

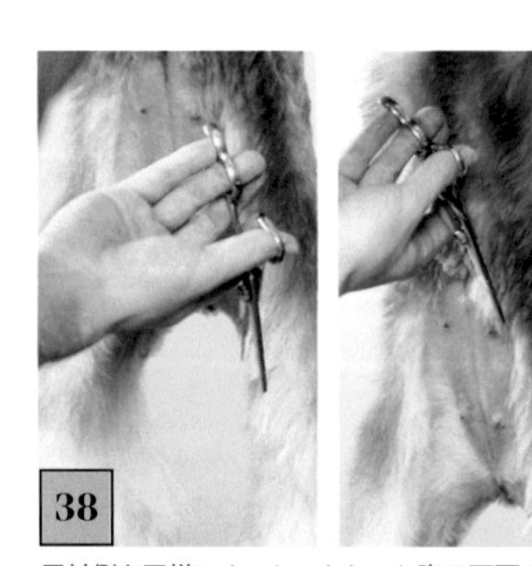

38

反対側も同様にカット。また、お腹の下面のバリカンで刈った所と飾り毛の境目も、自然につながるようにカットしてなじませる。

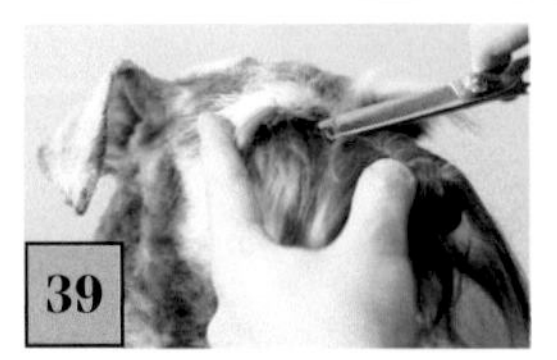

39

眉毛をよけて目頭と左右の目頭のあいだをカット。ひげを長くする場合は、ストップの上のひげが少なくなると痩せこけた印象になるので、目頭だけをカットしてひげを残す。

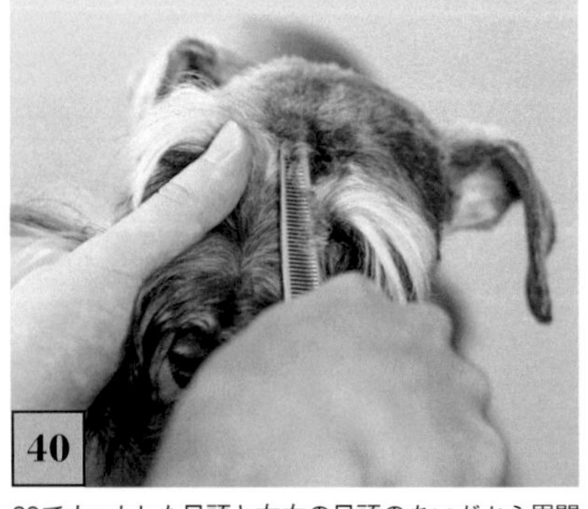

40

39でカットした目頭と左右の目頭のあいだから眉間を眉毛の上まで(目の周りの骨の上まで)カット。ここは、バリカンで頭を刈るときに刈っておくとトリミング時間を短縮できる。

Point 12

眉毛を短めにする場合は、刃先を反対側の鼻の端へ向けてカットします。頭の骨格がいいと、左眉毛、眉間、右眉毛が同じ幅になります。骨格が悪いコは、同じ幅になるようにカットで微調整します。

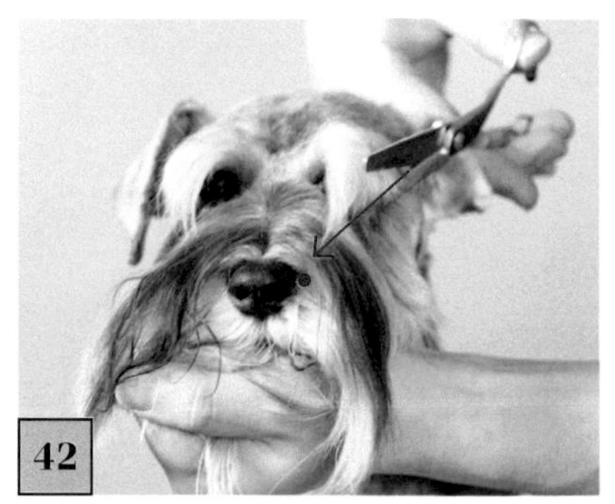

42

スタンダード風の長い眉毛は犬の後ろからカットする。眉毛の横幅の起点を目尻にして、刃先をカットする眉毛側の鼻の端へ向け、まっすぐカット。今回はまつ毛も一緒にカット。まつ毛を残す場合はよけておさえておく。

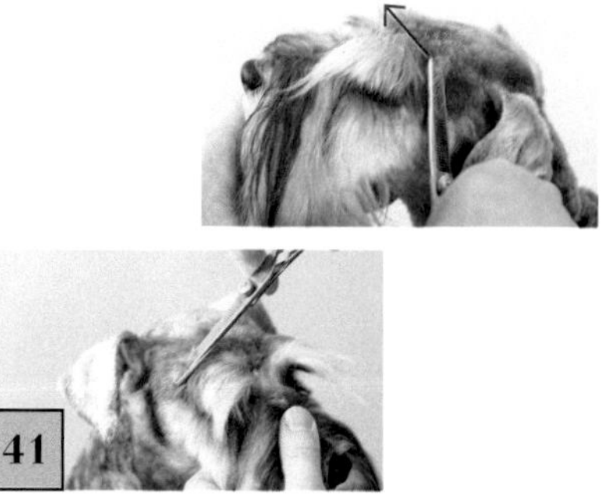

41

目尻の指1本外側から、眉毛の上を反対側の目尻の指1本外側までカット。19でバリカンで刈った眉毛の上と眉毛の境目をカットしてなじませる。

45

前望で顔とひげを確認し、左右対称になるようにカット。ひげは今の長さを活かし、揃えすぎず自然に仕上げる。毛先を適度にすいて、前望で左右の毛先がやや内側へ入るようにカット。

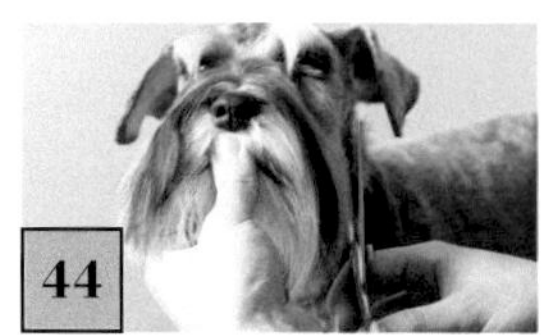

44

前望でフェイスラインが長方形になるように、目尻の指1本外側から下へまっすぐカットし、顔とひげをわける。フェイスラインは目の下の毛で作り、マズルの毛はひげにする。ひげは側望でアウトラインが長方形になるようにカット。

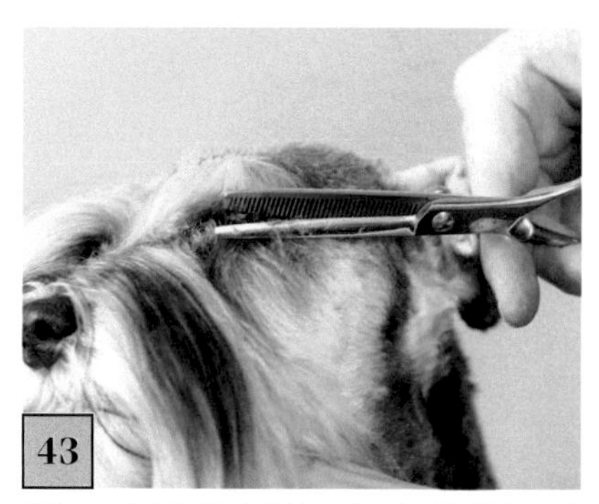

43

眉毛の毛先の外側(上側)を長く、内側(下側)を短くするために、ハサミを横に構えて毛先を斜めにカット。こうすると毛がボサボサ出にくくなる。反対側も同様にカットしたら、前望を確認し左右対称に整える。

After

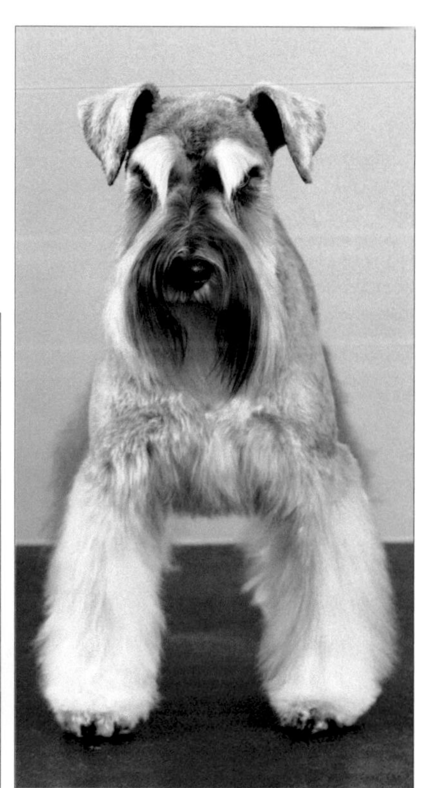
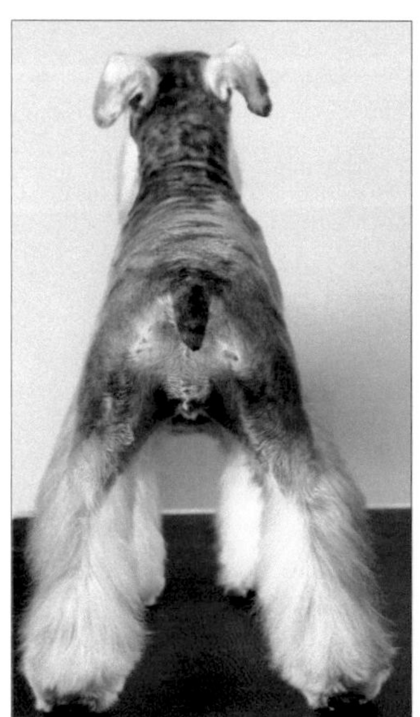

Before

モデル犬：ルーク（オス／4歳／ S&P ／前回のトリミング3週間前）

Style2
すっきり短め ボーイッシュスタイル

体と四肢はStyle 1を参照。ただし、お腹の飾り毛は残さず、体の側面と一緒に刈ります。ここでは、顔のカットを中心に解説します。

← 3ミリ刃

01

耳、体、四肢や頭を眉毛の上まで刈れたら、3ミリ刃で耳の付け根の下側から目尻の指1本外側まで逆剃り。目尻に親指をあてておくと目安がわかりやすく、刈りすぎを防げる。

02

反対側も1と同様に刈ったら、目尻の指1本外側から顎下の左右の端の触毛、顎下のまん中の触毛をつないだラインまで逆剃りし、反対側の目尻までつなげる。

Point1

首から前胸は平たくまっすぐにするために、左右の目尻の指1本外側と胸骨端をつないだV字ライン内を逆剃りします。前胸の飾り毛を作らないので胸骨端の下まで逆剃りすると、前胸がへこんで見えてしまいます。

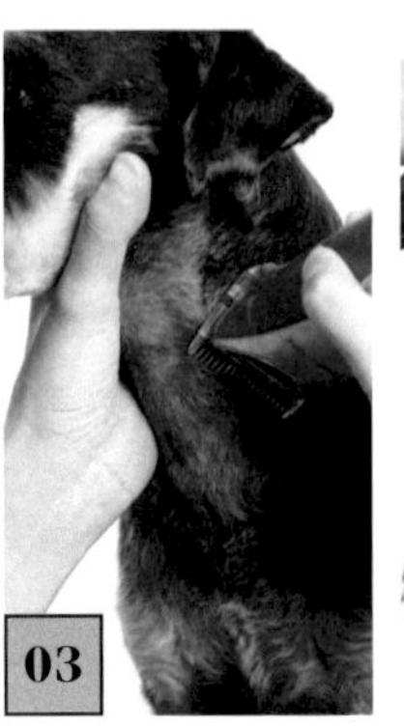

03

目安のV字ラインの内側を、前胸、首、顎下まで逆剃り。V字ラインの外側を並剃り。

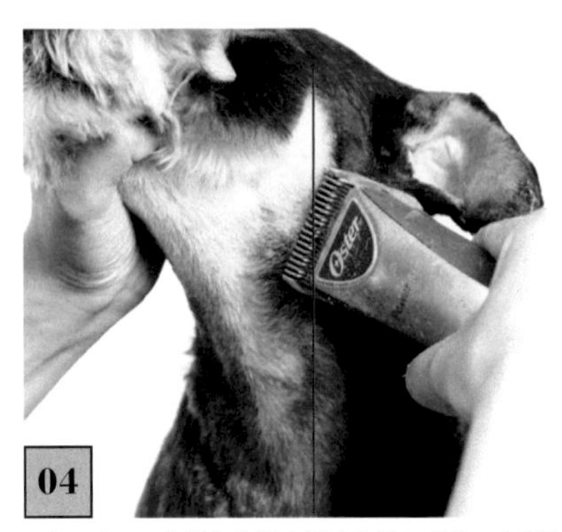

04

V字ラインの内側と外側の境目を横に刈り、内側と外側がつながるように、ぼかしてなじませる。スキバサミでなじませるイメージ。

← ハサミ

05

マズル全体をそれぞれの毛の方向へコームで出し、長さを確認して大きさを決める。今回はあまり伸びていないので、今の長さを活かした楕円にする。リップラインを鼻の幅でカット。

Point2

顔を正面から見てマズルの形を決めます。このとき、マズルが鼻を中心の楕円になるように、横幅の頂点を鼻の上の端にして、これを目安に下側からカットします。

06

マズルの白い毛はブロー時に混ざっている黒い毛をカットし、白い毛だけにしておく。楕円の下側の左右端をカットして切りあげる。

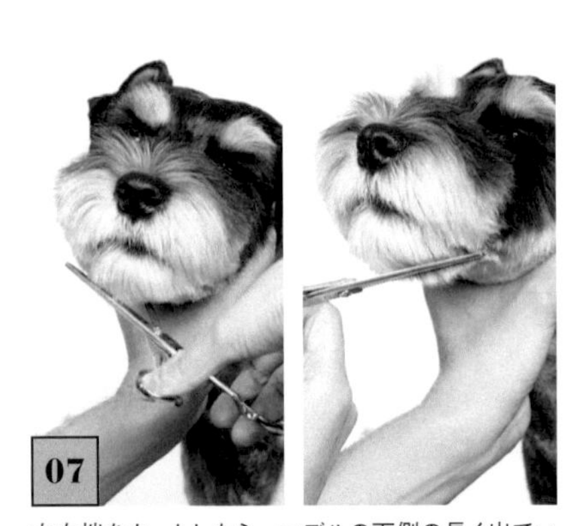

07

左右端をカットしたら、マズルの下側の長く出ている毛をカットし、下側の丸みを作る。

Point3

今回はマズルの横幅より顔の横幅を狭くし、マズルとフェイスラインを分けてカットします。顔の横幅を狭くすると目が離れてみえて、広くすると寄って見えるので、目の付き方で調整するといいでしょう。

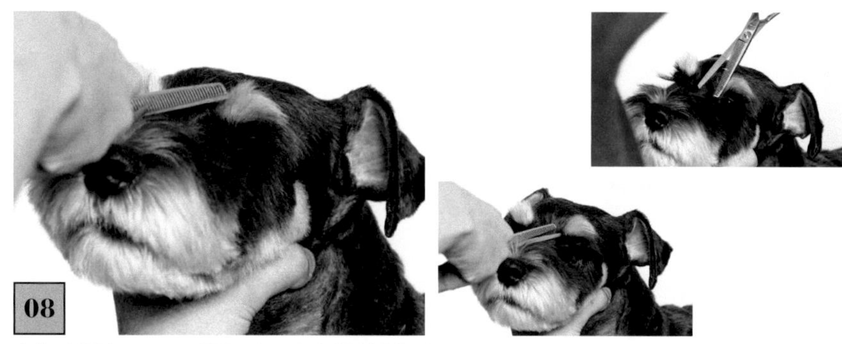

08

左右の目頭をカットし、目頭のあいだ、眉間を眉毛の上までカット。ここはバリカンで刈ってもOK。

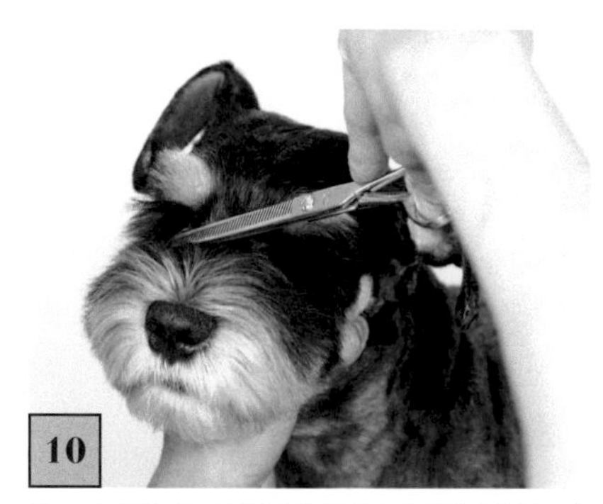

10

ストップの毛をマズルの楕円につながるように、丸みをつけてカット。

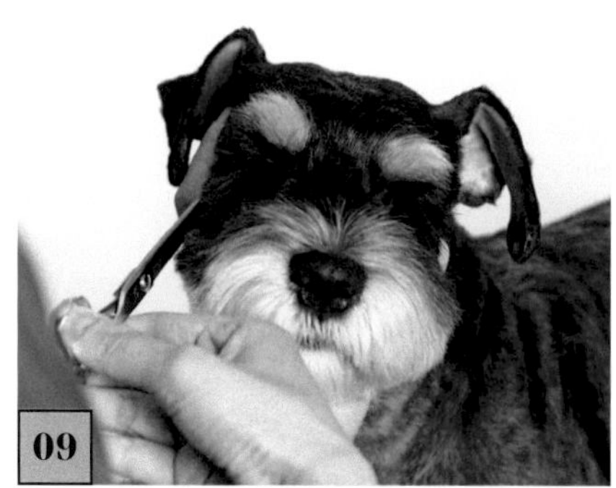

09

フェイスラインからマズルの前面までラインをつなげると顔が長く見えるので、側望の目頭の位置でマズルとフェイスラインを分けてカットする。目頭の位置でマズルの横幅のやや内側から、目尻の指1本外側へ(バリカンで刈った所まで)カット。フェイスラインは黒い毛が目立つので、黒い毛を丁寧にカットしてラインをきれいに出す。

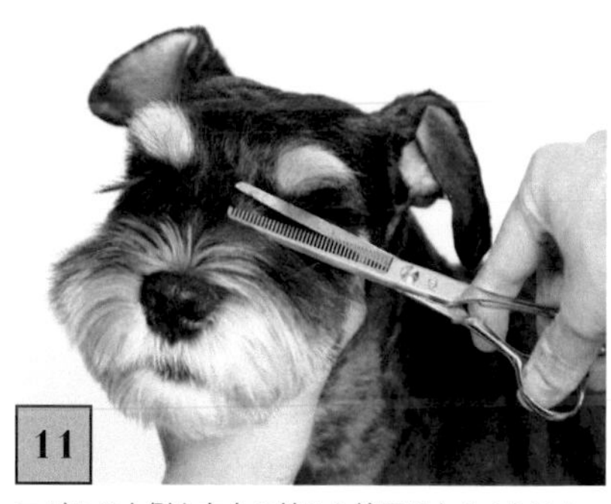

11

マズルの上側を左右の端から楕円になるようにカット。

12

鼻の上の手前の毛をコームで上にあげ、斜め後ろへ向かってすいて短い毛を作る。短い毛が支えになり、毛が手前に倒れにくくなる。

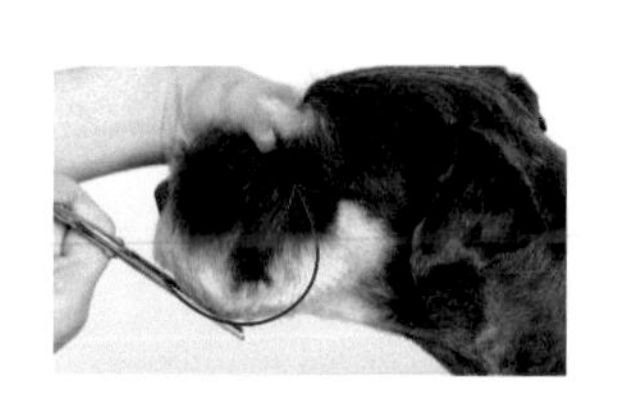

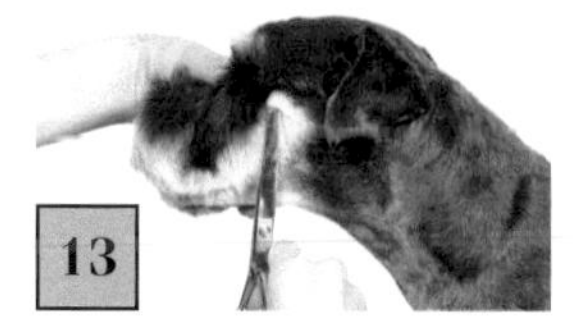

13

マズルの横を丸くカット。カットするのはラインから長く出る毛のみ。正面からマズルを楕円にカットしているので、長い毛だけにしないとマズルが小さくなってしまう。一通り切れたら、様々な角度から確認し、どこからでも丸く見えるようにカット。

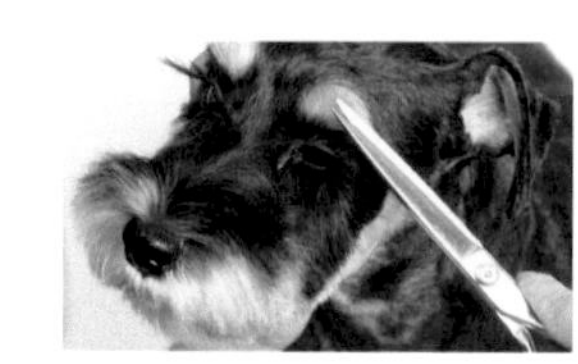

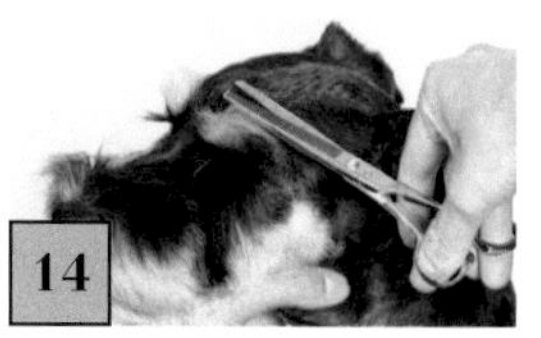

14

眉毛の白い毛に混ざる黒い毛をカットし、白い毛だけにする。今回の眉毛は半円で小さめに作る。目尻の指1本外側から眉毛の外側を目の骨に沿って眉頭までカット。

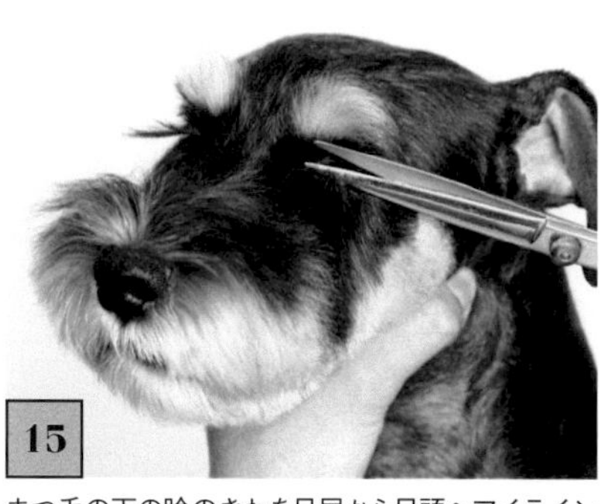

15

まつ毛の下の瞼のきわを目尻から目頭へアイラインのように細くカット。目とまつ毛のあいだにラインが入ることで、目の形がくっきりして際立つ。このとき、後頭部で頭の皮膚を下へ引き顔の皮膚を張っておくと切りやすい。

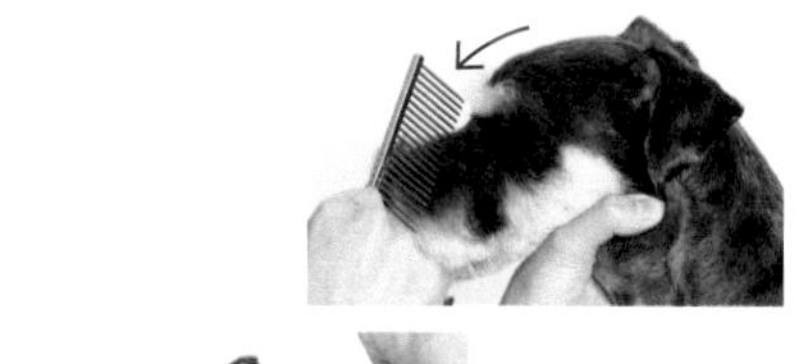

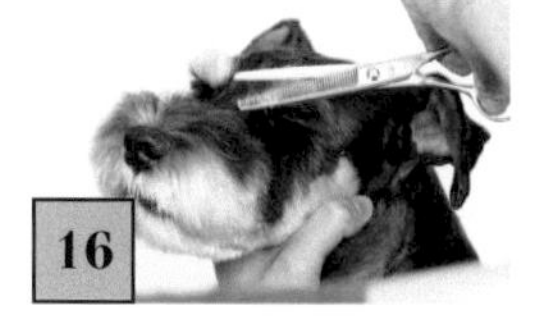

16

コームで眉毛全体を手前へ出し、手前側だけを短くカット。眉尻へ向かってなだらかな山にするようなイメージでカットする。

Column

毛流が渦巻いている場合

お尻や前胸などで渦を巻いたような毛流がある場合、バリカンで逆剃りする部分では渦の向きと逆方向に、並剃りする部分では渦の方向に、それぞれ刈ります。写真では、渦の逆方向に逆剃りしています。

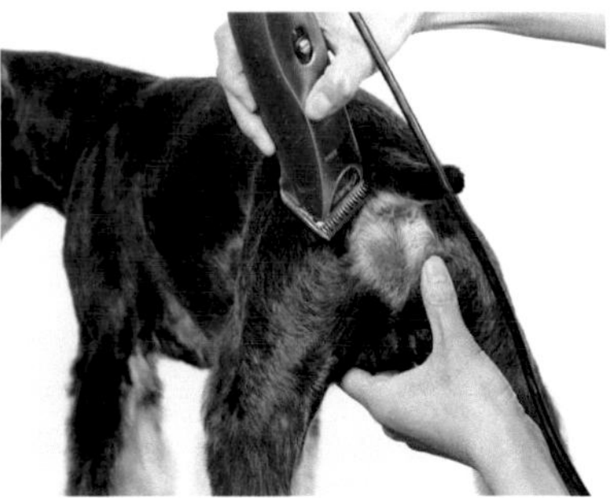

オスのバリカン

睾丸と陰茎の毛もバリカンで短く刈ります。バリカンは持ち手を短く持ち刃を安定させます。刃が熱いと犬が驚くので手で確認し、冷ましてから刈ります。ケガをさせないように皮膚を伸ばしながら全体を刈り、睾丸をよけて内股も刈ります。前肢を持ちあげて睾丸周りと陰茎周りを刈り、前肢をおろしてお腹の下から陰茎全体を刈ります。

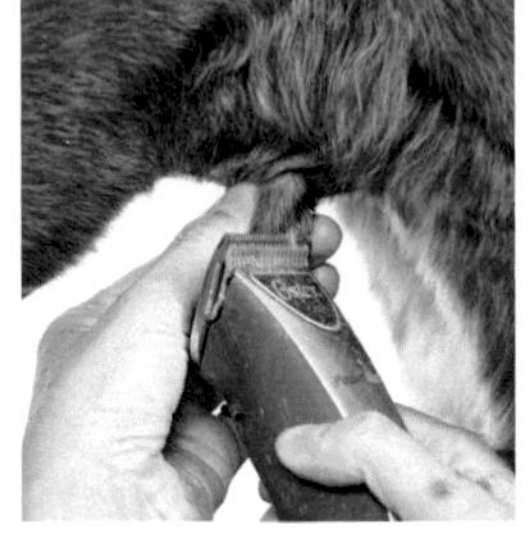
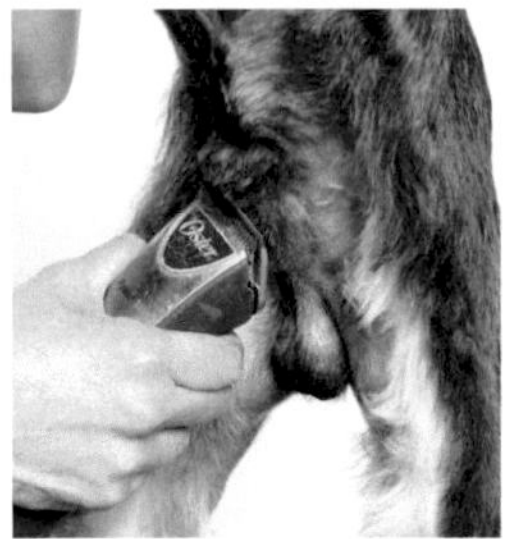
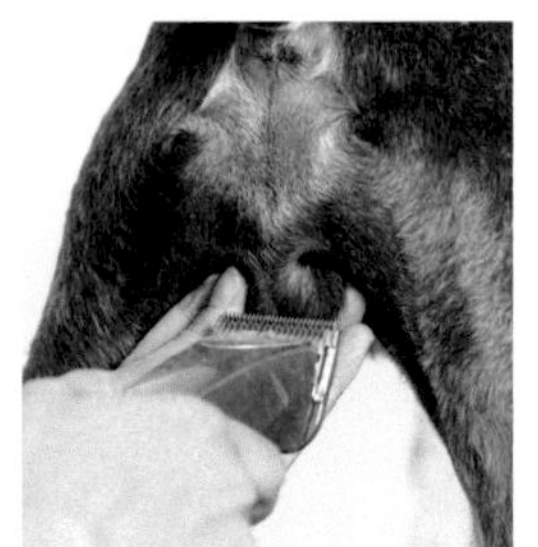

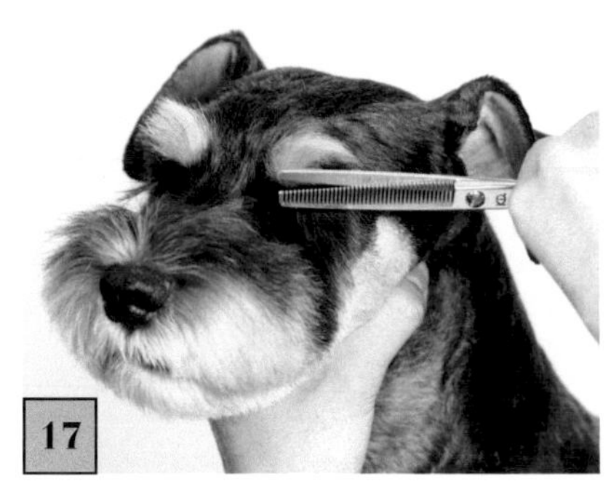

17
眉毛の形がカットできたら、白い眉毛と目の上の黒い毛のあいだをカットして、眉毛のアウトラインをくっきりさせる。

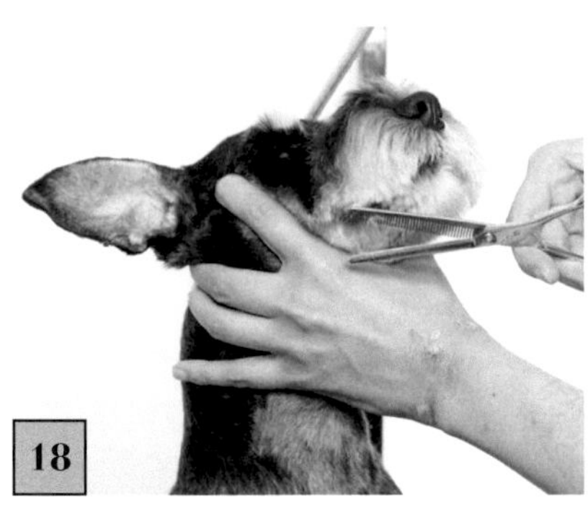

18
顎下の毛をすべてコームで手前へ出して長い毛をカット。顔全体を確認し、長い毛やラインのつながっていない所をカット。

After

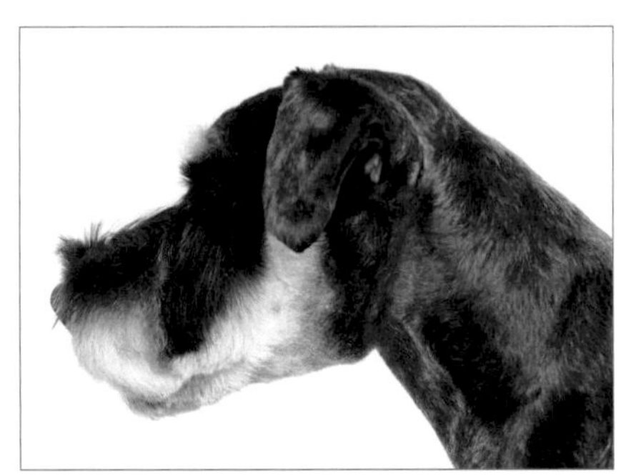

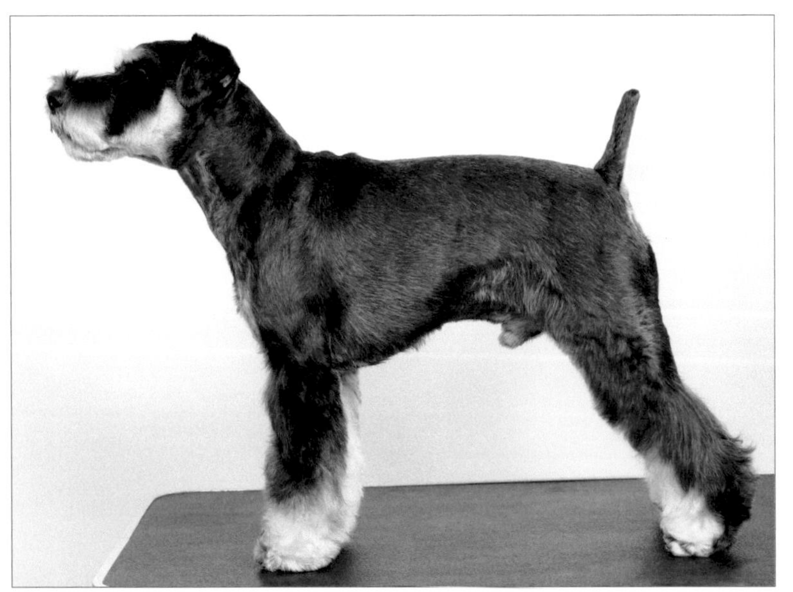

Part 2

トリミングナイフ、バリカン、ハサミで仕上げる

体をトリミングナイフで抜き、前胸などをバリカンで刈り、四肢と顔をハサミで仕上げる方法を解説します。

【レーキングとプラッキングのポイント】

P46で紹介したように、毛を抜くトリミングにもいくつかの方法がありますが、今回は一定の周期でアンダーコート(下毛)や老廃毛(死毛)を取り除くレーキングをしたあとに、オーバーコート(上毛)を一定の周期で少しずつ抜くプラッキングをして仕上げる方法を解説します。これらは、毛根からしっかり生えた毛を無理に抜くのではなく、抜けやすい毛や抜けそうになっている毛を取り除きます。ブラッシングで不要な毛を取り除くのをナイフで効率的におこなうので、上手に抜けば犬はほとんど痛みを感じません。ただし、皮膚が弱く赤くなりやすい犬やアレルギーのある犬には刺激が強い場合があります。また、一定の周期で抜かなければ毛並みを維持できないため、2週間〜1カ月に1度の頻度で飼い主が自宅でレーキングとプラッキングをするか、店へ通えるかを事前に確認してから開始しましょう。

バリカンで刈ると毛が抜けにくくなるため、開始するのは3カ月齢以上で初めてのトリミング時が理想です。また、犬が高齢になるとトリミングは負担になるので、プラッキングは10歳前後でやめてバリカンで刈るようにしましょう。

【①アンダーコートのレーキング】

レーキング、プラッキングは、アンダーコート(下毛)とオーバーコート(上毛)を見極める必要があります。見るだけで見分けるのは難しいですが、毛束を少量抜いてみると、下毛は細くて軟らかく、犬から離れて見たときの毛色よりもやや淡い(薄い)色をしています。上毛は、太くて硬く、濃い色をしています。

軟らかくて細い下毛が、硬くて太い上毛の根元を支えています。このため、下毛が多いと上毛が立ちあがりⒶ、少ないと寝た状態Ⓒになります。レーキングでしっかり下毛を抜き、毛が皮膚に張り付いたようなⒸの状態にするのが理想です。下毛が多く残っているとⒷボサボサして上毛が浮きあがった仕上がりになります。また、レーキング後のプラッキングで上毛が抜きにくいです。

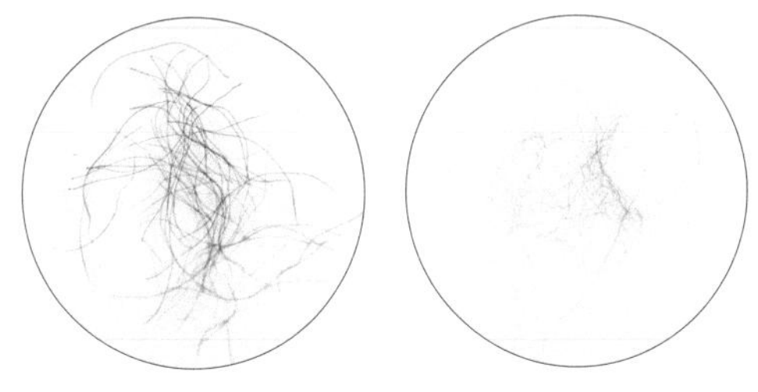

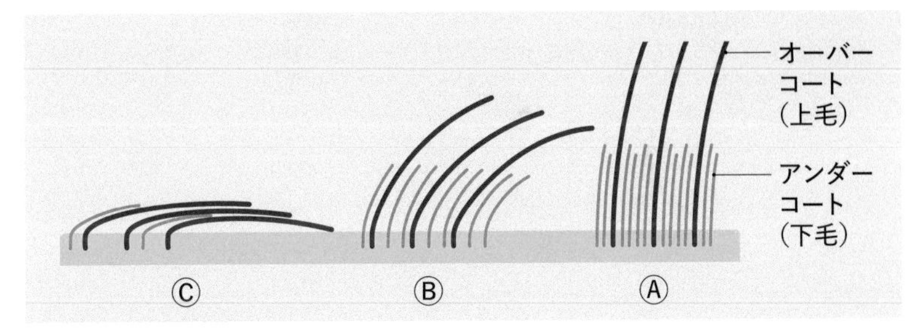

【②オーバーコートのプラッキング】

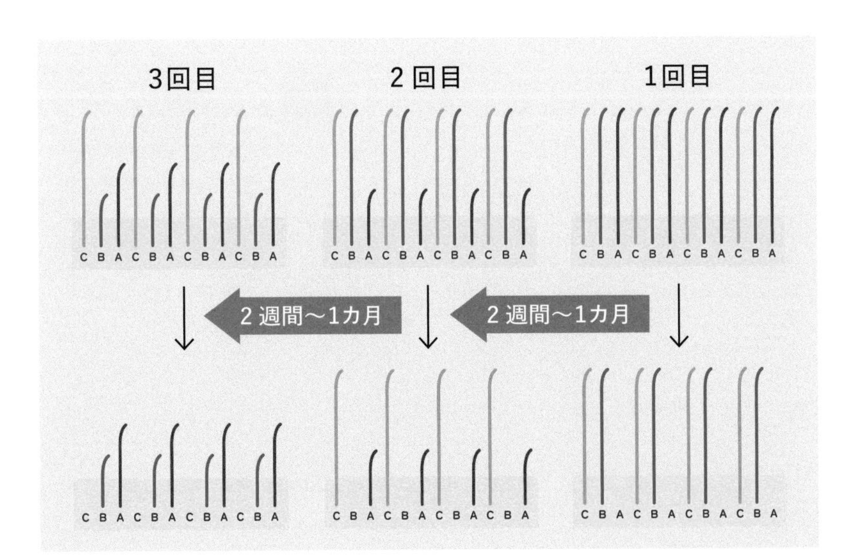

毛を抜くトリミングでは、初めに①アンダーコート(下毛)をレーキングしてから、②オーバーコート(上毛)をプラッキングします。

プラッキングは1度にすべての上毛を抜くのではなく、全体の1/3の上毛を間引きます。これを左の図のように3回に分けておこない、すべての毛を抜いていき、毛の生え替わるサイクルを1巡します。これを繰り返して、2週間〜1カ月に1度上毛の1/3を抜き、上毛が太くて硬く色が濃い状態を常に維持します。

〖 アンダーコートナイフの持ち方と構え方 〗

NG

アンダーコートナイフは、刃を寝かせて毛の根元から取り除く。そのため、刃を立てると毛が引っかかりません。

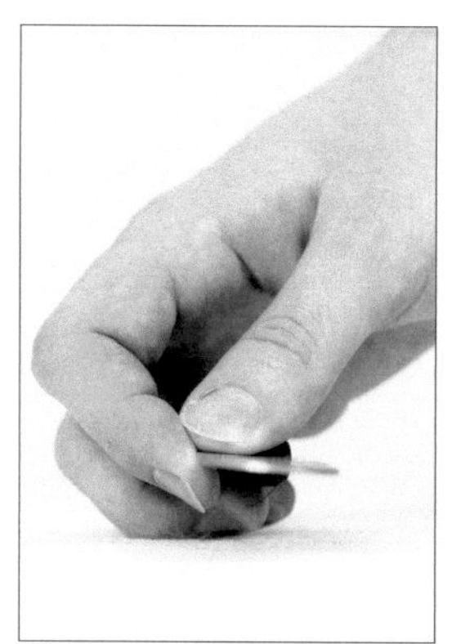

手の平を下へ向け、刃を毛に対して水平か10度くらい傾ける。毛の根元に刃を入れ、少しずつコーミングするように動かして毛を取り除く。

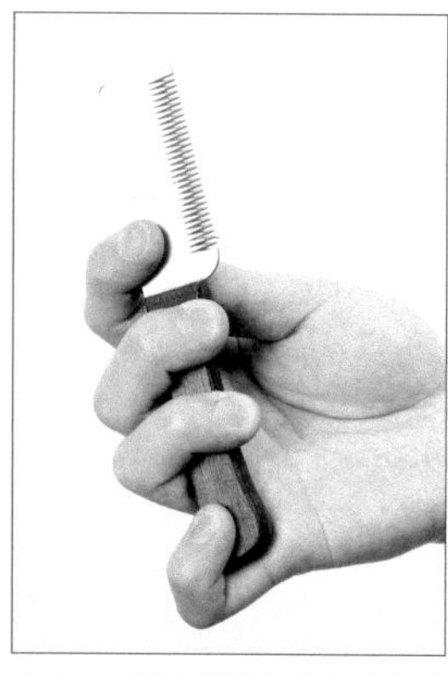

ナイフの背を親指以外の４本の指の付け根に沿わせ、刃を自分のほうへ向けて持つ。柄の下端を小指の付け根にあてて固定する。

レーキングでアンダーコートを抜くナイフには、粗目と細目があり、持ち方と構え方は同じで、刃を毛に引っかけて抜きます。体全体を粗目で抜いたあと、細目で体全体の細かい毛を抜きます。

細 目

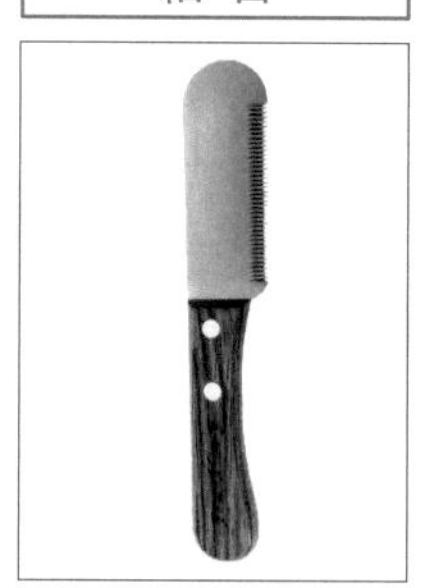

粗 目

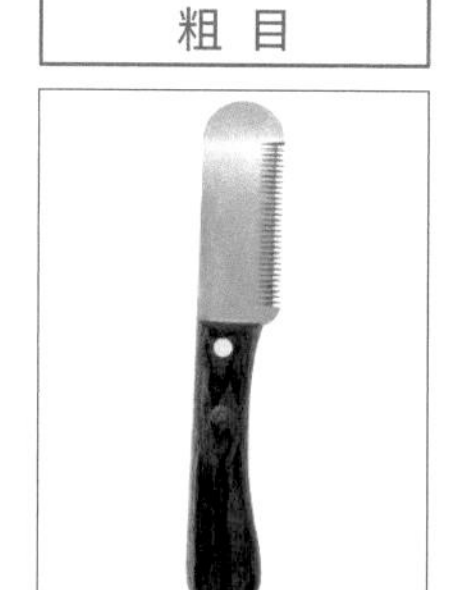

〖 オーバーコートナイフの持ち方と構え方 〗

NG

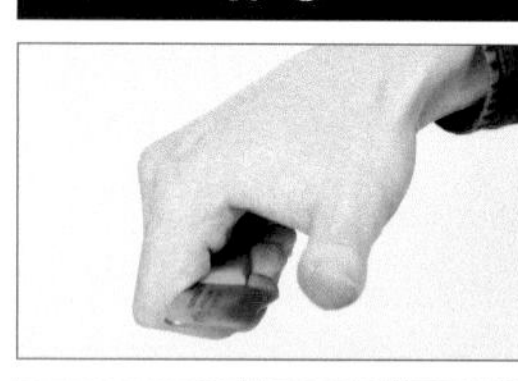

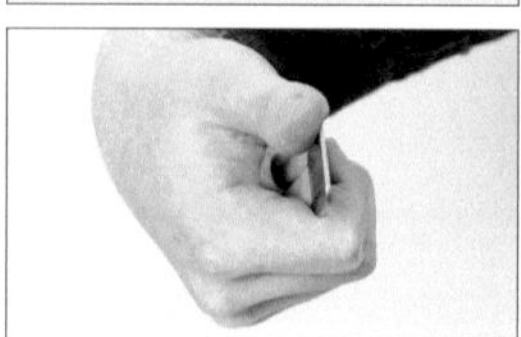

オーバーコートナイフは、刃を立たせて刃と親指で毛をつまんで抜く。そのため、刃を寝かせたり、手首を返したりして毛を引っ張ると、毛がちぎれてしまう。

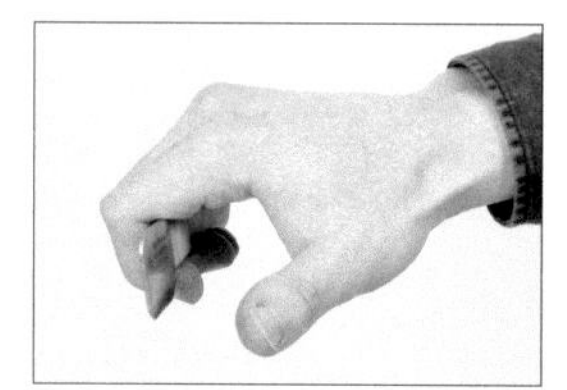

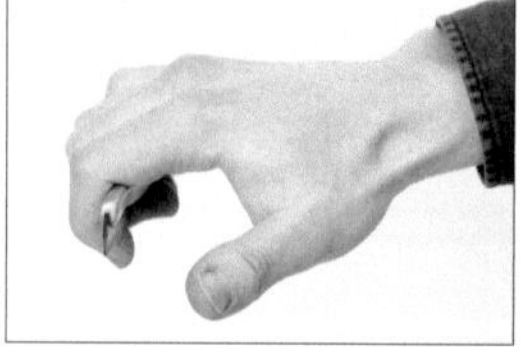

手の平を下へ向け、刃を毛に対して垂直に立てて構える。刃と親指で毛をつまみ、そのまま手前へ引いて毛を抜く。

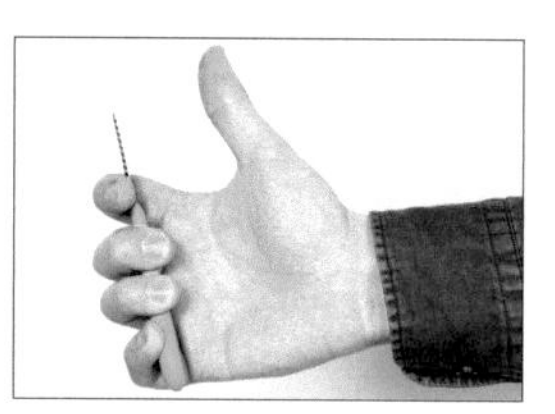

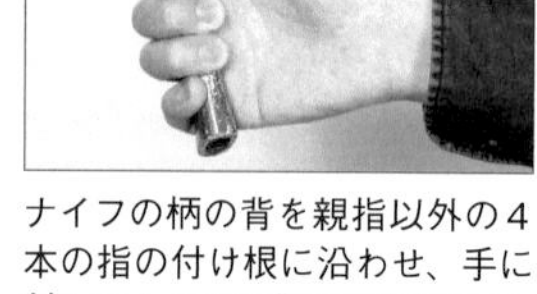

ナイフの柄の背を親指以外の４本の指の付け根に沿わせ、手に対してナイフの背を垂直に持つ。刃が人指し指の付け根で立った状態で固定する。

プラッキングでオーバーコートを抜くナイフには、持ち手が平たいタイプとペンのように丸いタイプがありますが、持ち方と構え方は同じで、刃と指で毛をつまんで抜きます。今回は広い部位を抜く粗目を使います。

ペンタイプ粗目

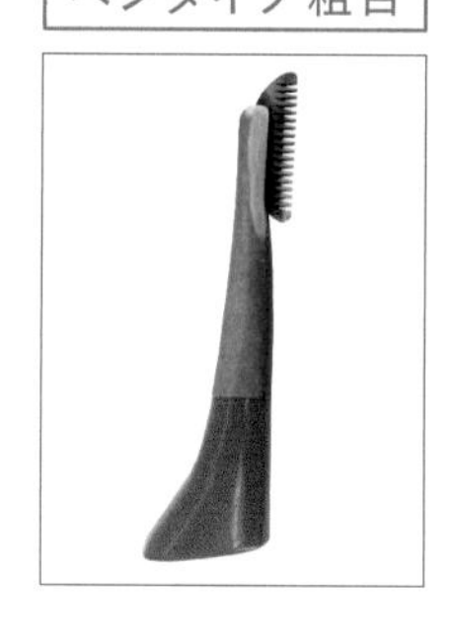

平たいタイプ粗目

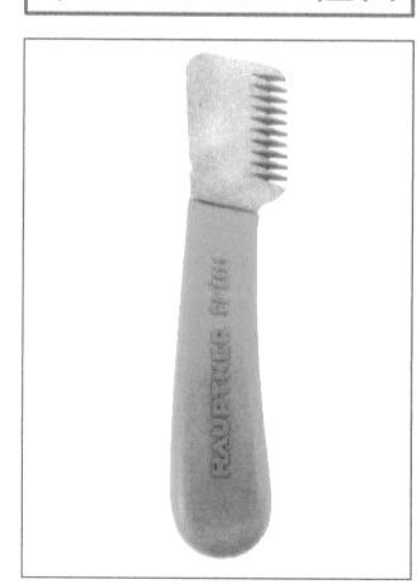

〖 シュナの毛流と毛を抜くときのポイント 〗

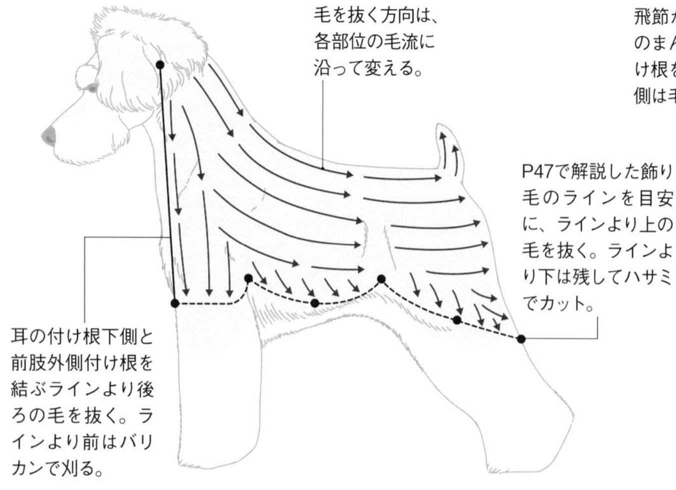

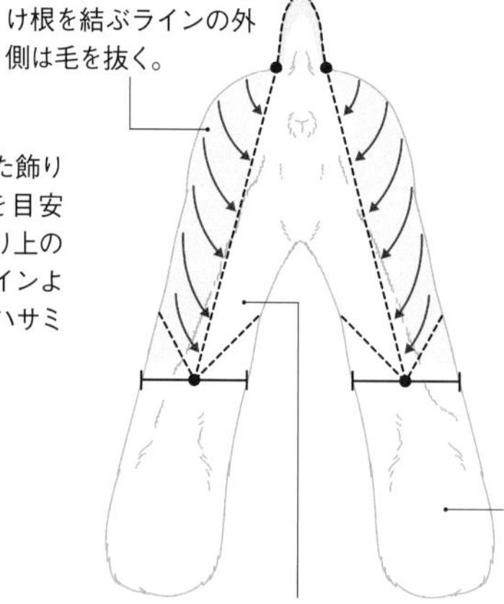

レーキングとプラッキングで一番大切なのは、毛の生えている方向(毛流)に沿って抜くことです。毛流と異なる向きに引っ張ると、犬が痛がったり、毛がちぎれて次に生えてくる毛質が悪くなったりします。

Style3
ふわっと丸みのあるガーリースタイル

Before モデル犬:天子(メス／3歳／ S&P ／前回のトリミング1カ月半前)

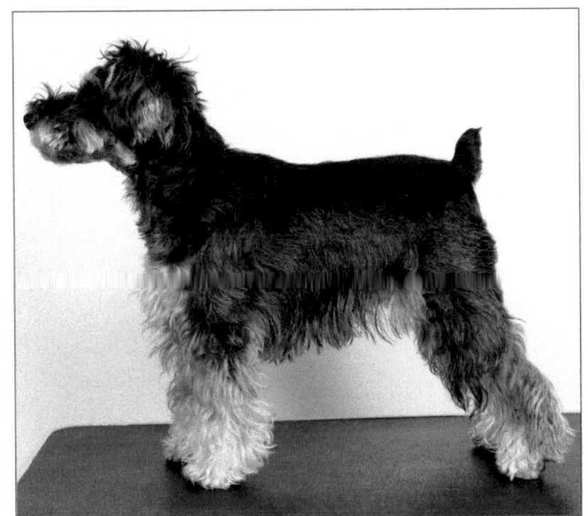
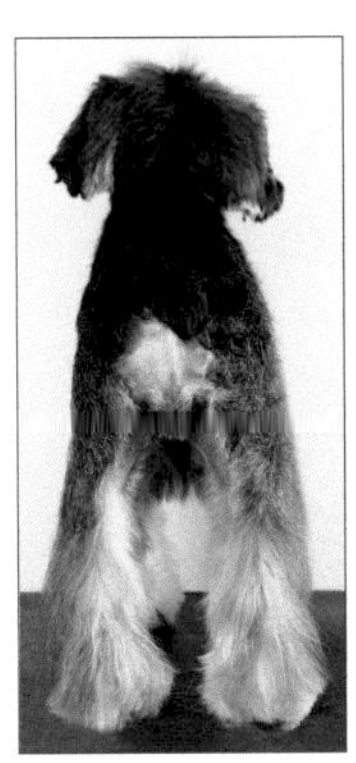

後望は向かって右側面のレーキング、左側面のレーキングとプラッキングを終えた状態。

Point1

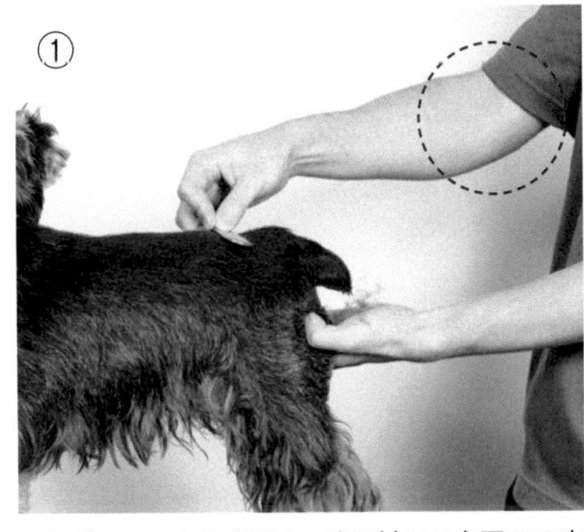

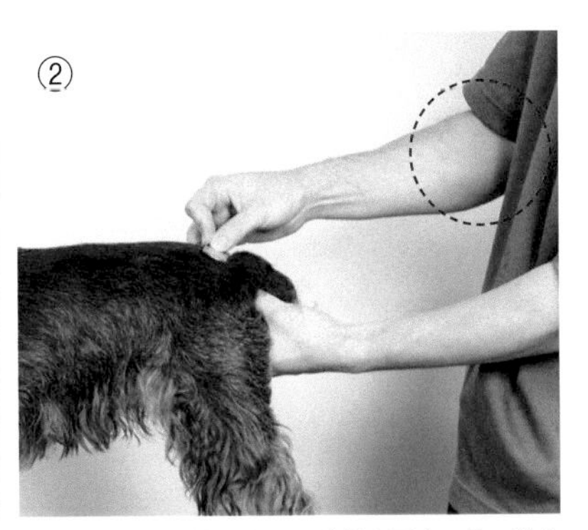

アンダーコートナイフは、毛に対して水平か10度くらい傾けて刃を差し入れて手首を固定し①、肘を引いてナイフを自分の手前へ引き②、刃に引っかかっている毛を抜ききります。手首は動かさず、肘を使って力を入れずに動かします。

← アンダーコートナイフ粗目

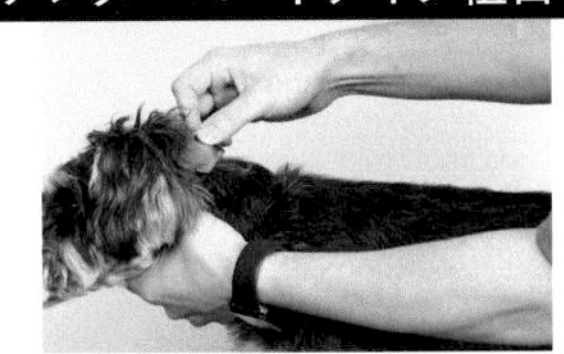
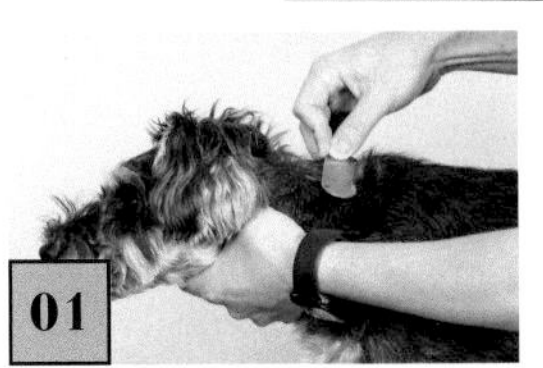

アンダーコートナイフの粗目で後頭部の下から首、背中へ向かって下毛を抜く。刃を寝かせ、毛流に沿って少しずつコームで毛をなでるように抜く。頭の上の毛を短くする場合は、眉毛の上から後頭部、首へ向かって抜いていく。

Point2

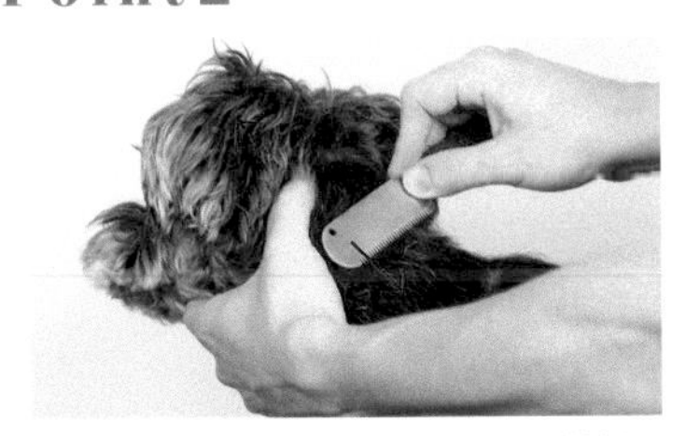

毛を抜く部分は片手で刃の向きと反対側に皮膚を伸ばし、張った状態にします。皮膚がたるんでいると抜けにくく、犬が痛みを感じます。特に、肩やお尻など骨が出ている部位は、骨のない部分まで皮膚をずらして抜きます。

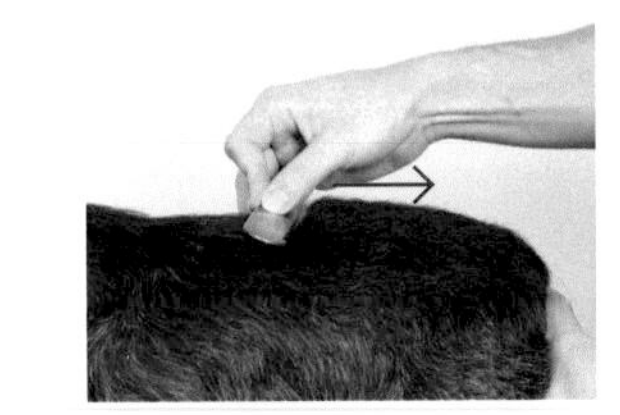
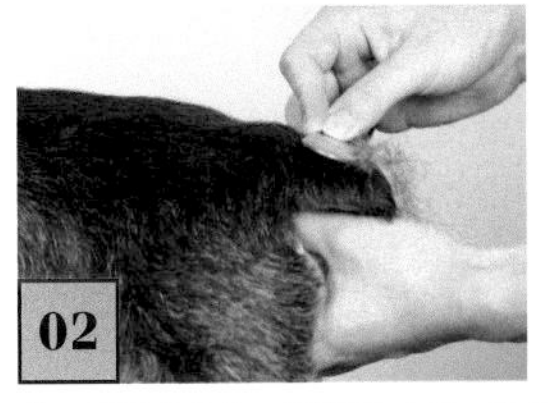

首、背中からしっぽの先まで、体の上面を毛流に沿って少しずつ下毛を抜いていく。

背中からしっぽまで体の上面を抜いたら、耳の付け根の下から首側面、前肢付け根の側面まで毛流に沿って下向きに抜く。

Point3

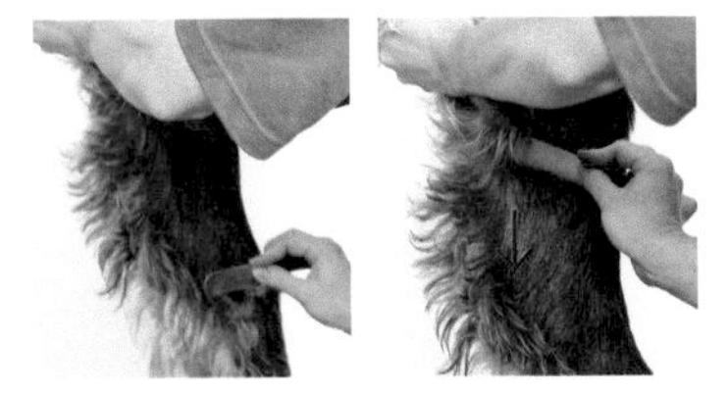

お腹側面の下側は、前肢付け根上からタックアップ(脇腹)まで毛が下向きなので、前肢を持ちあげてナイフを上から下へ動かして抜くと毛流に沿って犬に負担なく抜けます。

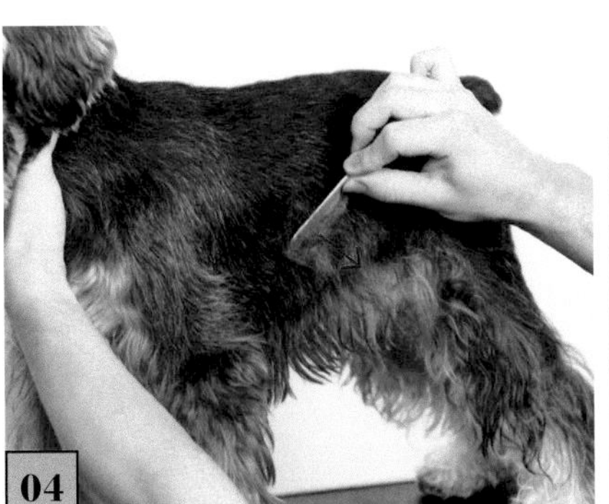

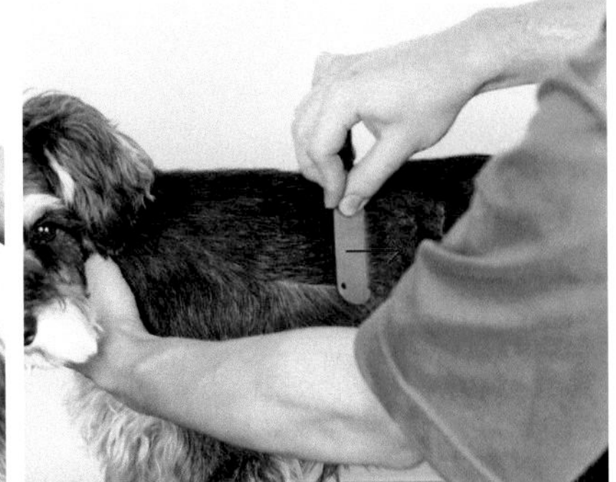

お腹側面を毛流に沿って後肢の前まで抜いていく。飾り毛のラインの上まで抜き、飾り毛は残す。

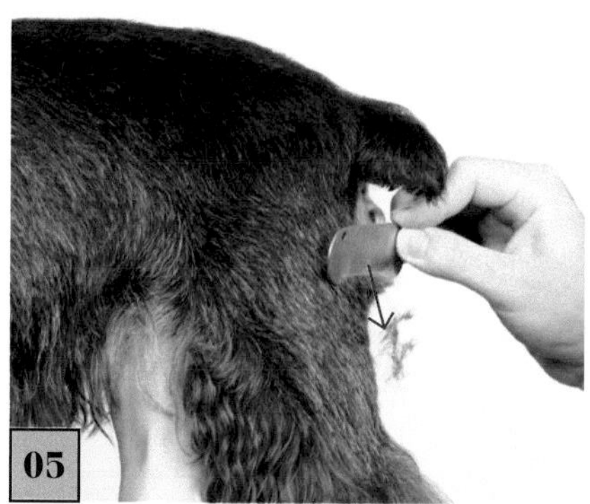

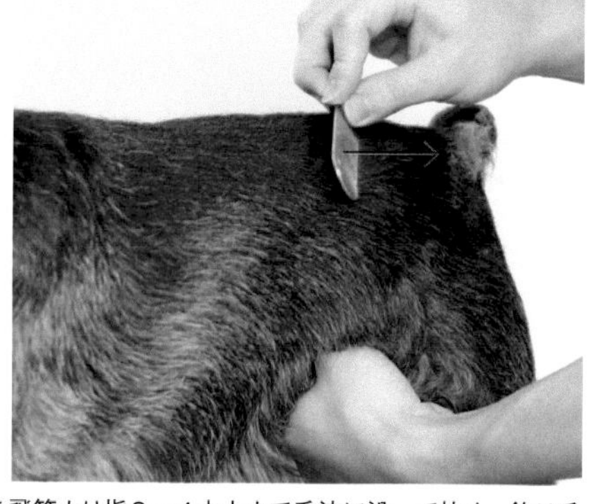

05

お尻の側面と後肢側面、お尻の後ろ面と後肢後ろ面を飛節より指3〜4本上まで毛流に沿って抜く。飾り毛のラインの上まで抜き、飾り毛は残す。反対側の側面と後ろ面の下毛を1〜5と同様に抜く。体の上面、両側面、後ろ面の下毛を一通り抜いたら、アンダーコートナイフ粗目の作業は終了。

← アンダーコートナイフ細目

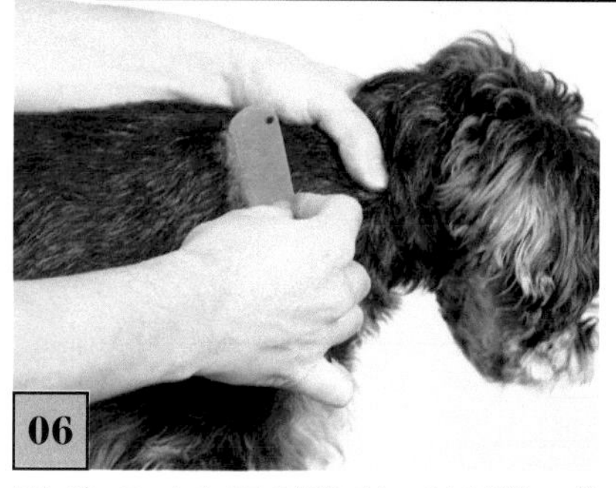

06

アンダーコートナイフの細目で1〜5と同様に、後頭部の下から毛流に沿って下毛を抜いていく。粗目では引っかからない細かい毛が細目で抜ける。

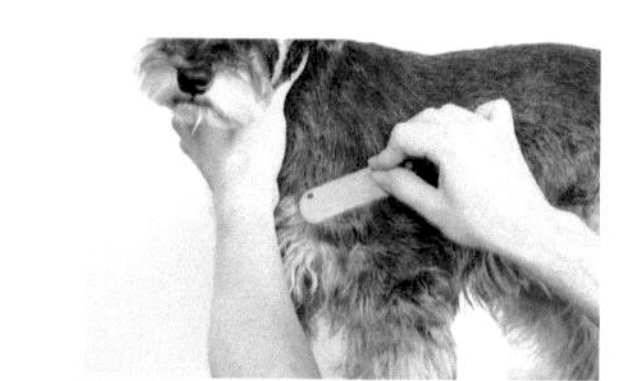

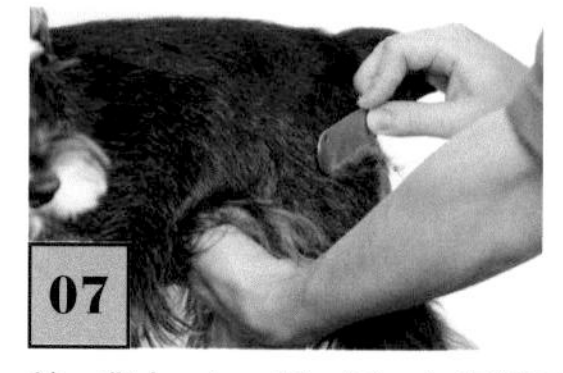

07

首、背中、しっぽ、肩、お腹側面、お尻と後肢側面と後ろ面を抜いたら、反対側も同様に抜く。体の上面、両側面、後ろ面の下毛を細目で抜いたら、アンダーコートナイフの作業は終了。

← オーバーコートナイフ

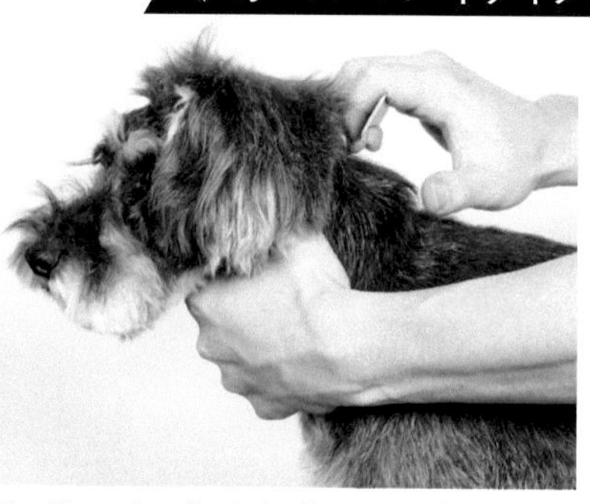

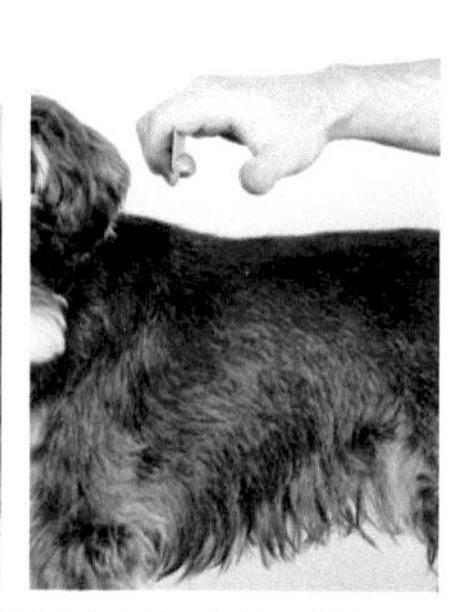

08

オーバーコートナイフで、後頭部の下から首、背中へ、毛流に沿って少しずつ上毛を抜く。トップの毛を短くする場合は、頭の毛を眉毛の上から抜き始め、後頭部へ向かって抜いていく。上毛は刃を立てて毛にあて①、刃と親指の先で毛をつまみ②、そのまま引いて毛を抜く。

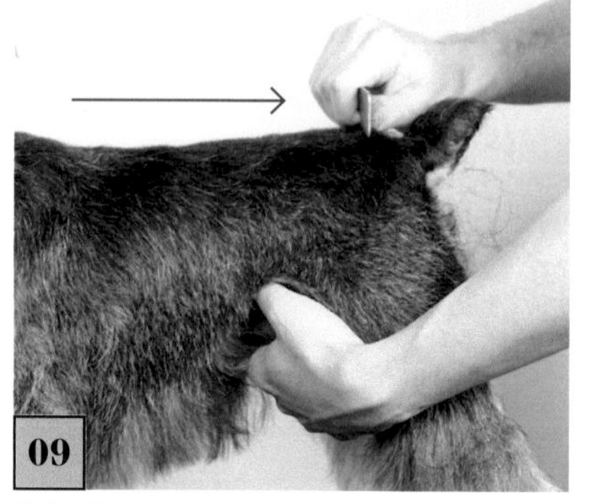

09

背中が抜けたら、しっぽの先まで、体の上面を毛流に沿って少しずつ上毛を抜く。

Point4

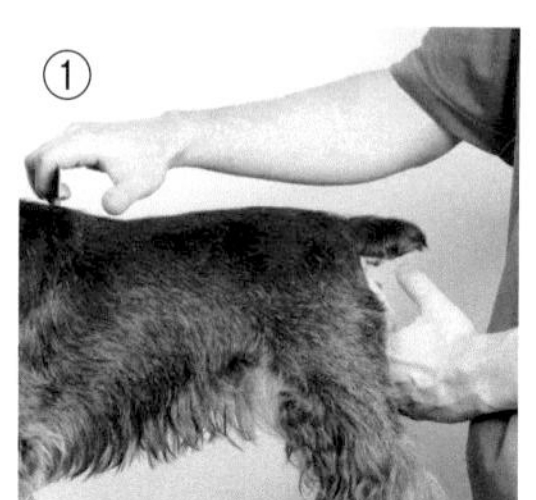

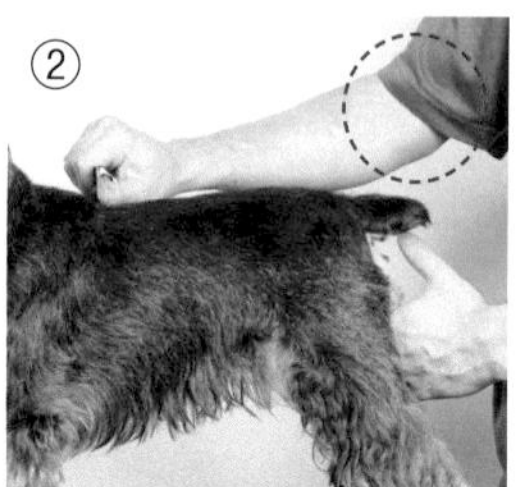

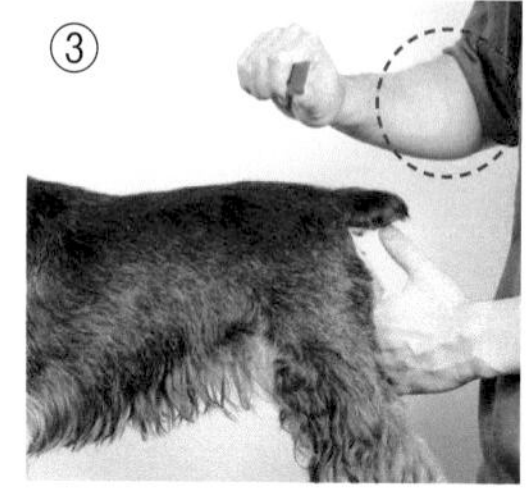

オーバーコートナイフもアンダーコートナイフと同様に、手首は使わず、肘を使って毛を抜きます。刃を立てて毛にあて①、刃と親指の先で毛をつまんだら②、手首を固定したまま肘を引いて毛を抜きます③。手首を手前にひねるなど、手首を動かして抜こうとすると、毛が根元から抜けずに途中で切れてしまいます。また、手首で抜き続けるとトリマーの手首を痛めて、腱鞘炎になってしまうこともあるので要注意。

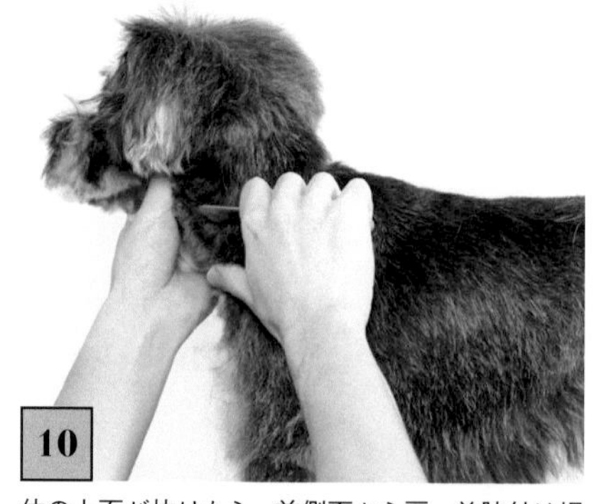

10

体の上面が抜けたら、首側面から肩、前肢付け根まで、毛流に沿って少しずつ上毛を抜く。

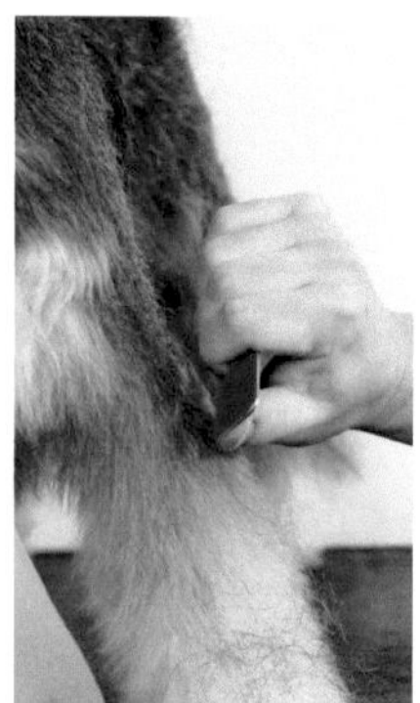

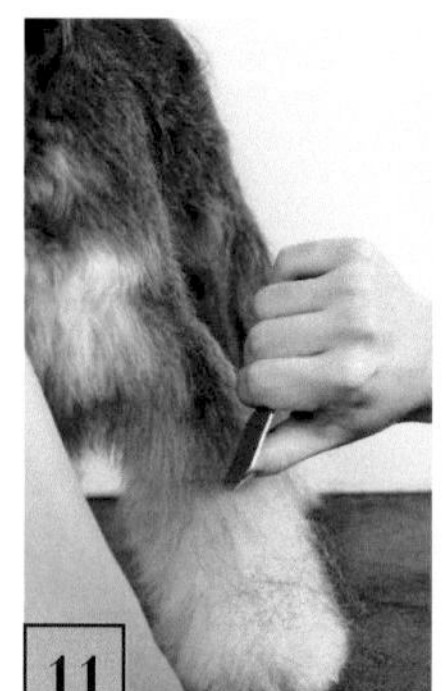

11

首側面から肩、前肢付け根は毛流が下向きなので、体に対してナイフを縦に構え、刃を下へ引いて抜く。

← バリカン0.25ミリ刃、1.5ミリ刃

13

バリカンの短い刃で刈り始める。足裏、後望のお尻、しっぽ裏、後肢内側、お腹下面を、Style 1の3、6～11と同様に刈る。今回は耳の毛の長いスタイルなので、耳は刈らない。

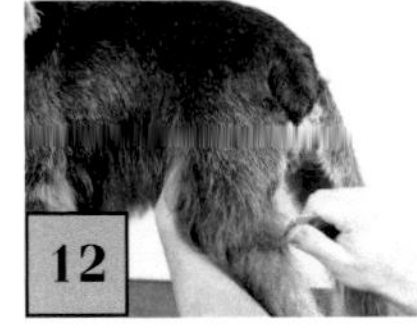

12

お腹側面、お尻と後肢側面、お尻と後肢後ろ面を毛流に沿って抜く。飾り毛のラインの上まで抜き、飾り毛は残す。反対側側面、後ろ面を8～12と同様に抜き、体の上面、両側面、後ろ面の上毛を抜いたら、オ　バーコートナイフの作業は終了。

Point5

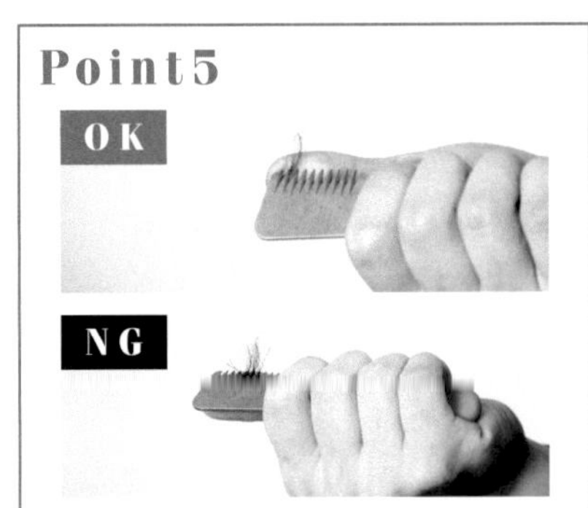

毛をつまむときは、刃先と親指の先だけを使い、少量の毛を抜きます。親指の腹を使うと一度に抜く毛の量が多くなってしまいます。

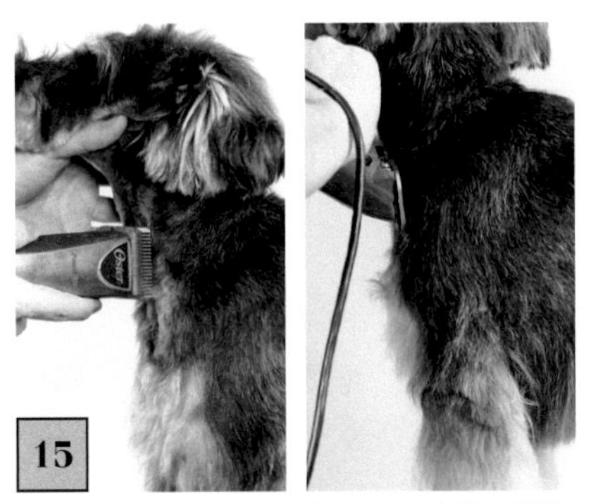

15

胸骨端から耳の付け根のV字ラインの内側を逆剃りし、外側はプラッキングした肩の毛との境目までを並剃り。内側と外側の境目のV字ラインを横に刈り、内側と外側をなじませる。

Point6

今回は前胸の飾り毛を多めに残し、側望でふわっと丸みのある仕上がりにするため、バリカンで刈るのは胸骨までにして、胸骨端と耳の付け根をつないだV字ラインの内側を逆剃りします。

← バリカン3ミリ刃

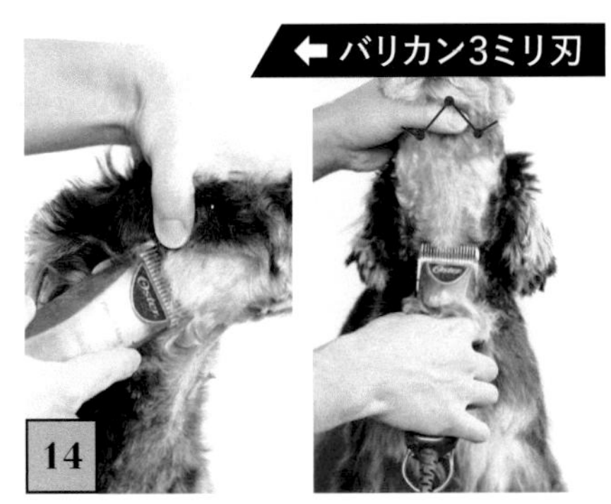

14

3ミリ刃に付け替えて、前胸、顎下、顔を刈る。顎下は目尻の指1本外、口角の下の触毛、顎下の触毛をつなぐラインまで逆剃り。顔は耳の付け根から目尻の指1本外までを刈る。

16

胸骨端から耳の付け根のV字ラインの内側を逆剃り、前望で前肢の付け根の外側と胸骨端をつなぐラインの外側を並剃り。

Point7

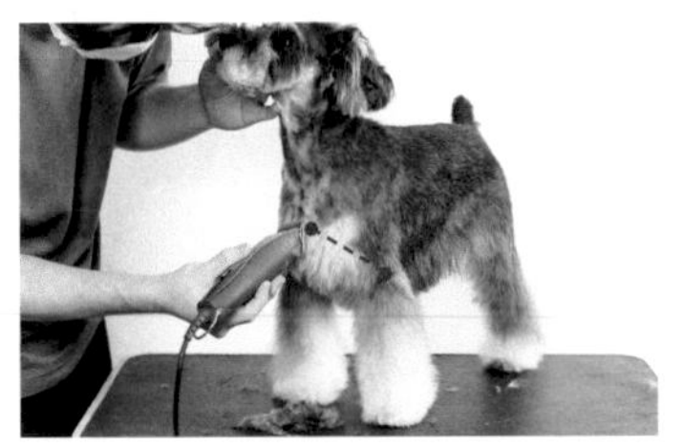

Style 1では前望で前肢の付け根のまん中と胸骨端の指1本下をつなぐラインを目安に刈りましたが、今回は前胸の飾り毛を多めに残すため、前望で前肢の付け根の外側と胸骨端をつなぐラインを目安に刈ります。

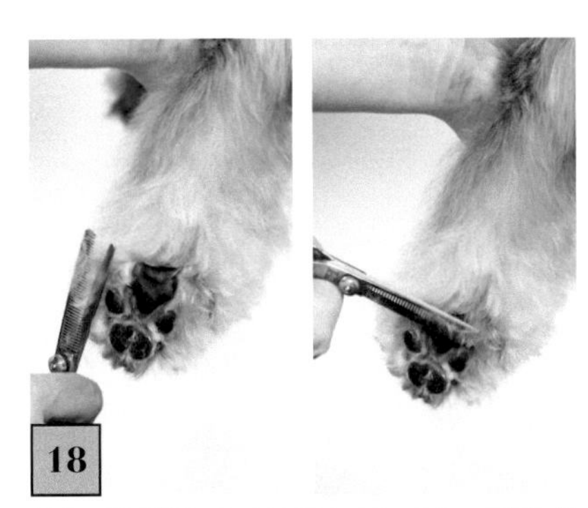

18

足裏の後ろ側をパッドの高さでカットし、側面と前側も同様にカット。今回は足周りを切りあげず、パッドの高さで揃える。ほかの足も同様にカット。

← ハサミ

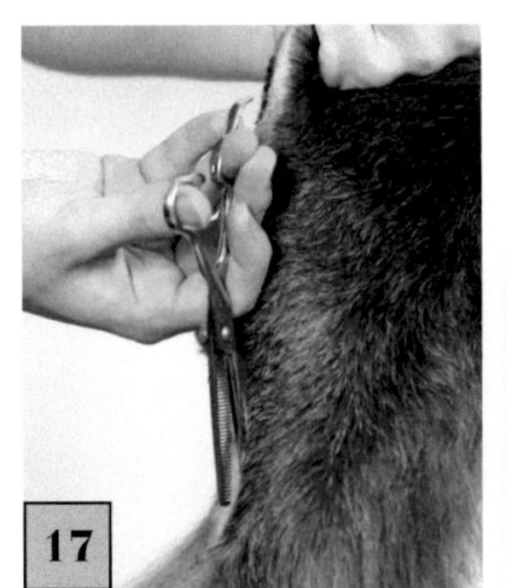

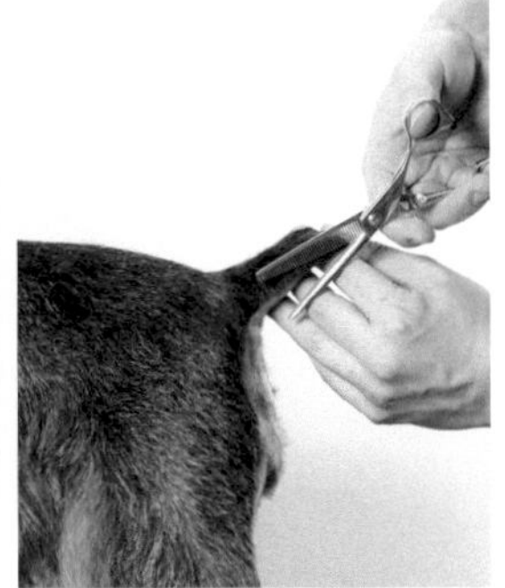

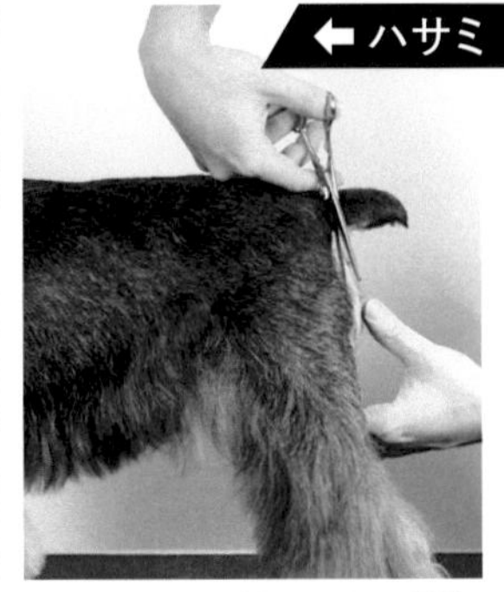

17

プラッキングした部位とバリカンで刈った部位の境目をハサミでカットしてなじませる。後望のお尻、後肢、しっぽの表と裏など境目の長く出ている毛をカット。

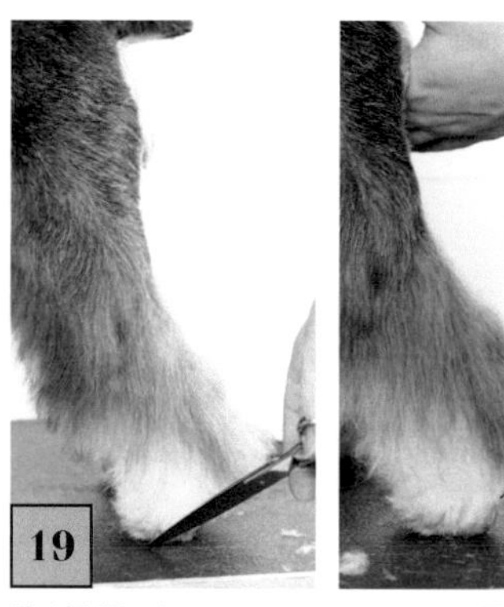

後ろ足周りをカット。18でカットした足裏からあまり切りあげず、パッドの高さで揃える程度に。前側は爪先でカット。

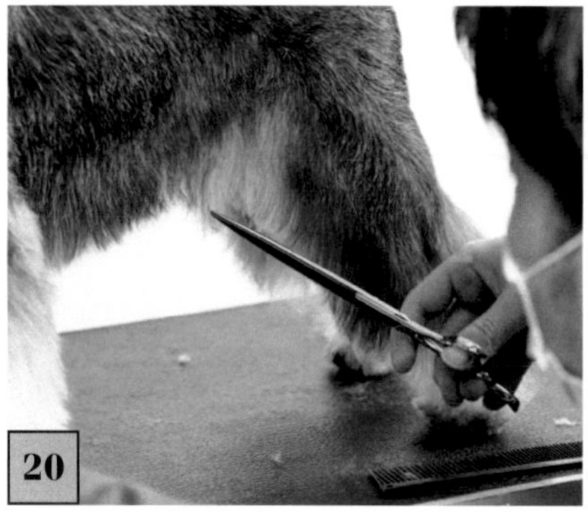

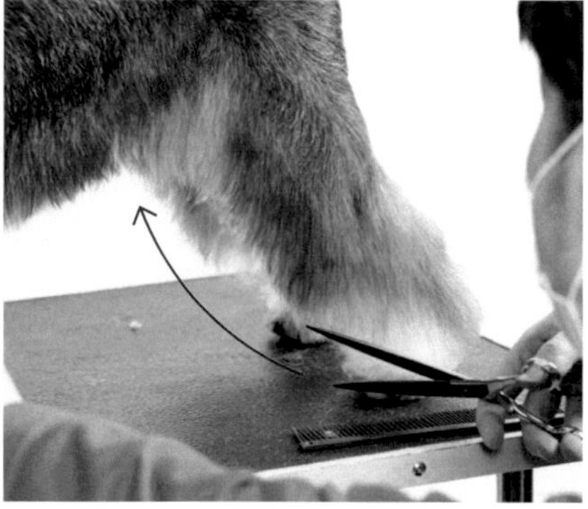

後ろ足前側の爪先から、後肢の飾り毛の毛先を前から2列目の乳首の位置へ向かってカット。今回は斜めにまっすぐのラインではなく丸みのあるラインにカット。

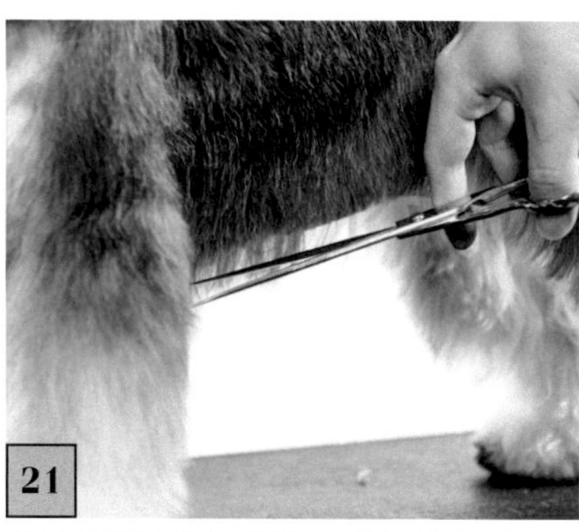

前から２列目の乳首の位置から前肢の肘下へ向かって、お腹の下の飾り毛をまっすぐカット。一度にすべてカットせず、飾り毛の外側の毛をカットしてから、外側の長さに合せて内側をカット。

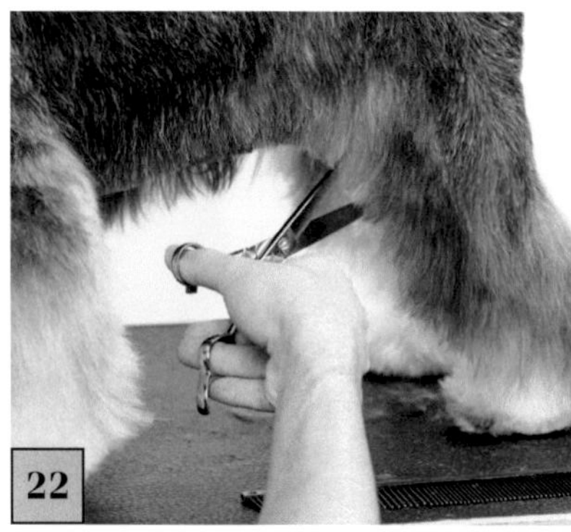

後ろ足の足先から前肢の肘下まで飾り毛をカットしたら、刃先を縦斜めに構えて飾り毛の内側を短くカット。こうすることで、飾り毛がボサボサ乱れにくくなる。

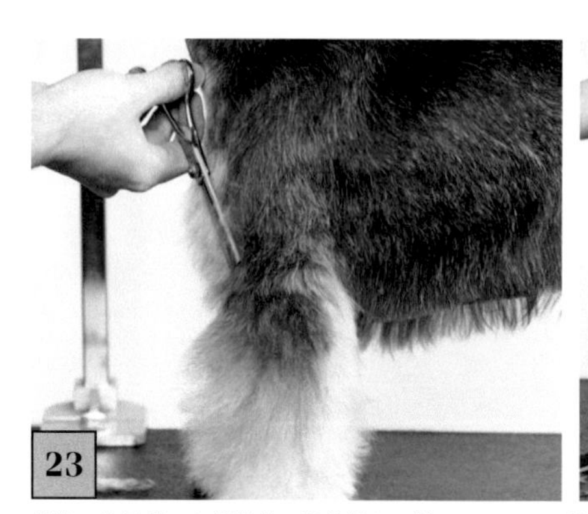

前胸の胸骨端から前肢付け根外側まで斜めにカット。飾り毛とバリカンで刈った境目をなじませる。

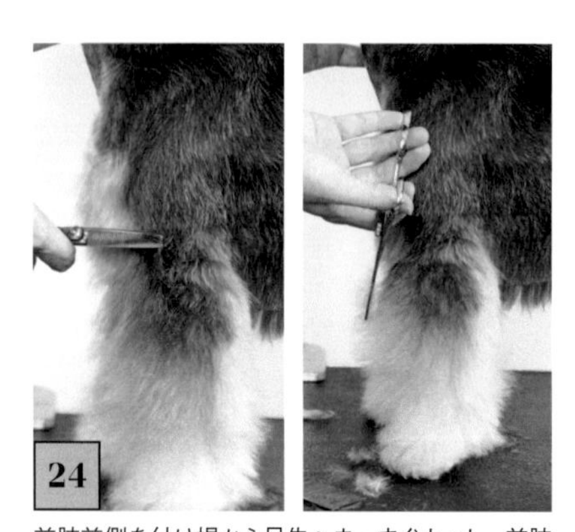

前肢前側を付け根から足先へまっすぐカット。前肢外側付け根のプラッキングした部分と、していない部分の境目をカットしてなじませる。

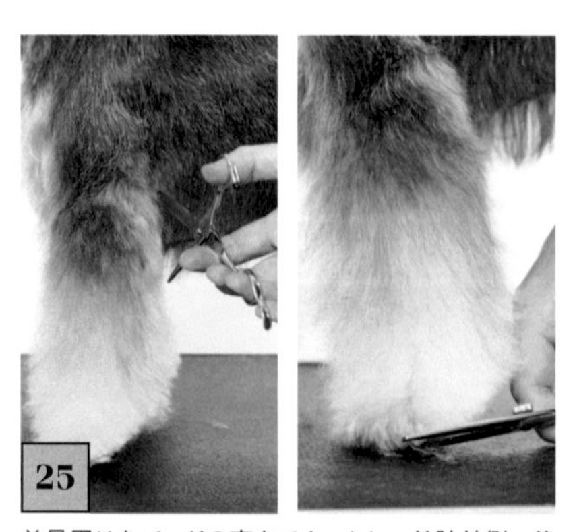

前足周りをパッドの高さでカットし、前肢外側、後ろ側をカットして、前肢を整える。

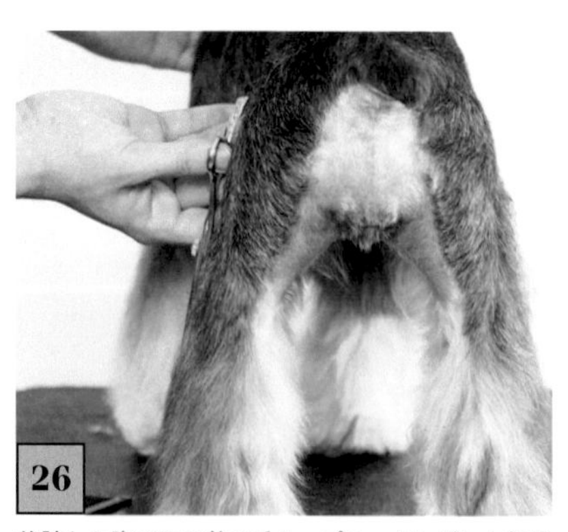

後肢とお腹の下の飾り毛と、プラッキングした部分の境目が自然につながるようにカット。飾り毛の根元が膨らまないようになじませる。

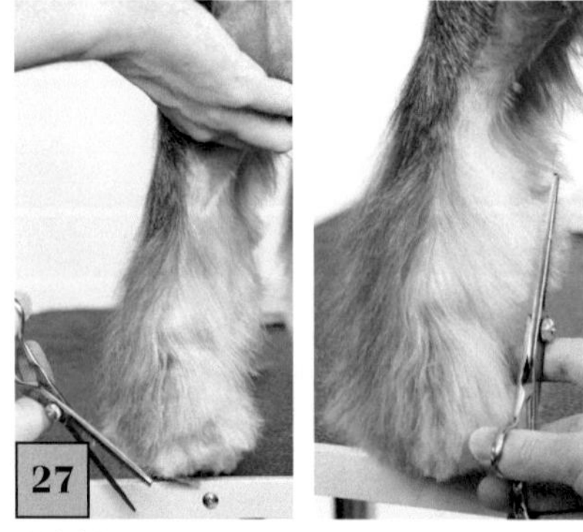

後肢内側を上から下へまっすぐカット。後ろ足周りをパッドの高さでカット。

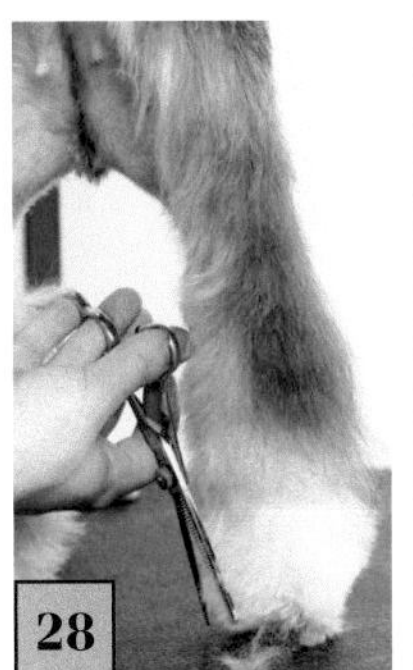

28

前足を持ちあげて後肢飾り毛の内側の毛のみをカット。先にカットした後肢の飾り毛のラインが崩れないように注意。

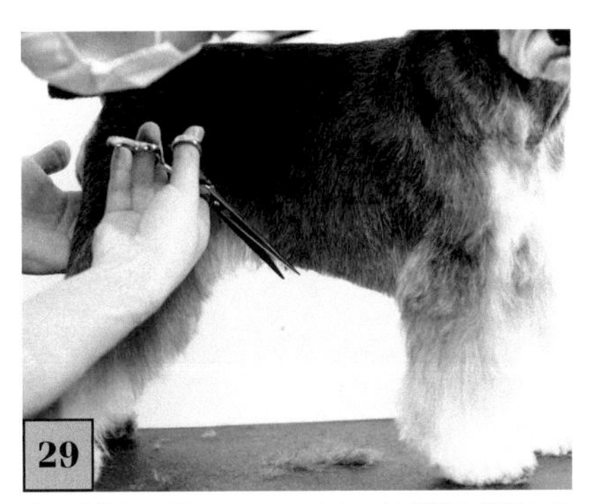

29

体の片側を一通りカットしたら、反対側を後肢から19 ～ 22と同様にカットしていく。お腹の下の飾り毛は、先にカットした側の長さに合せてカット。

Point8

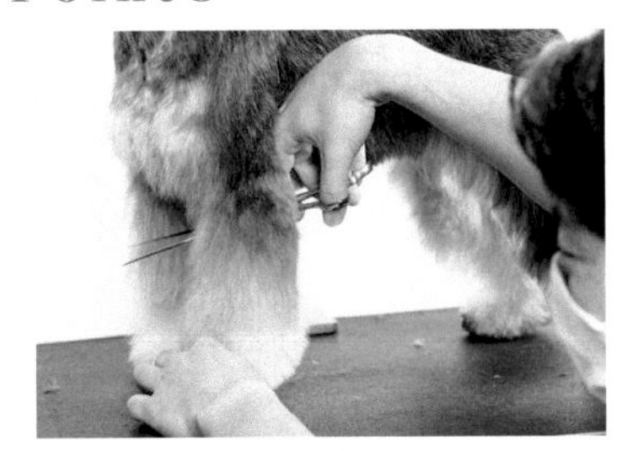

お腹の下の飾り毛の両側面をカットしたら、お腹の下から前肢のあいだへハサミを入れ、前胸の毛先をカットしてお腹の下の飾り毛と前胸の飾り毛をつなげます。

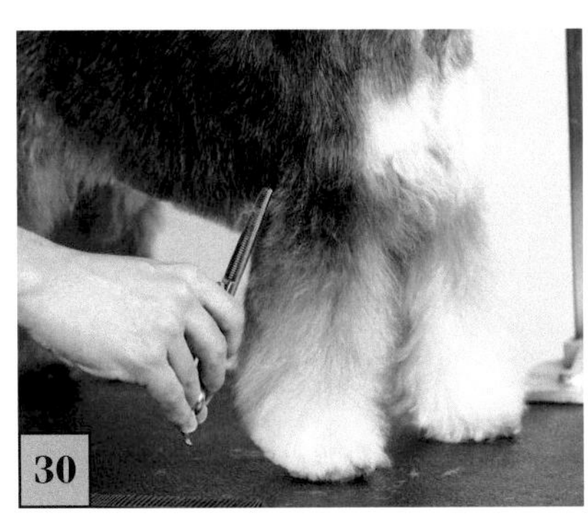

30

前肢外側付け根のプラッキングした部分と、していな部分の境目をカットしてなじませる。足先周り、前肢前側、外側、後ろ側を23～25と同様にカット。

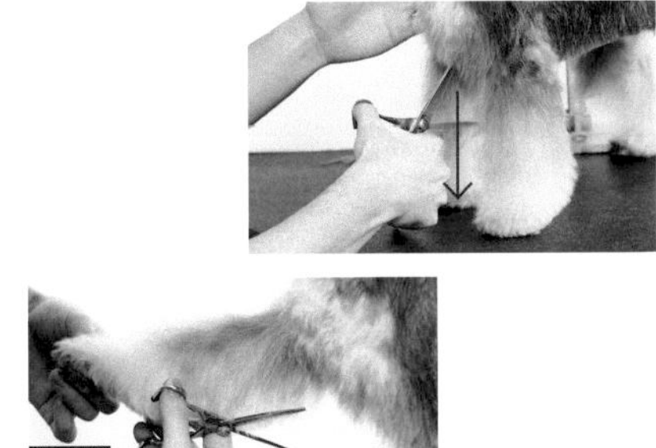

31

前望で前肢内側を付け根から足先へまっすぐカットし、前側から内側の角をカット。前足を持ちあげて、後ろ側を足の後ろから付け根へ向かってまっすぐにカット。反対側の前肢も同様にカット。

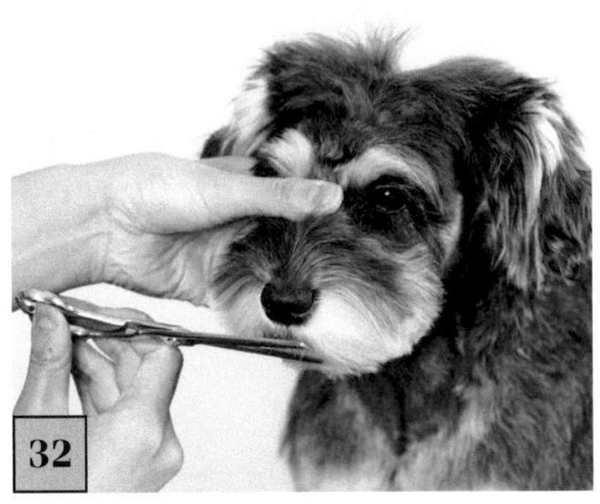

32

顔をマズルからカットしていく。リップラインを鼻の幅でカット。

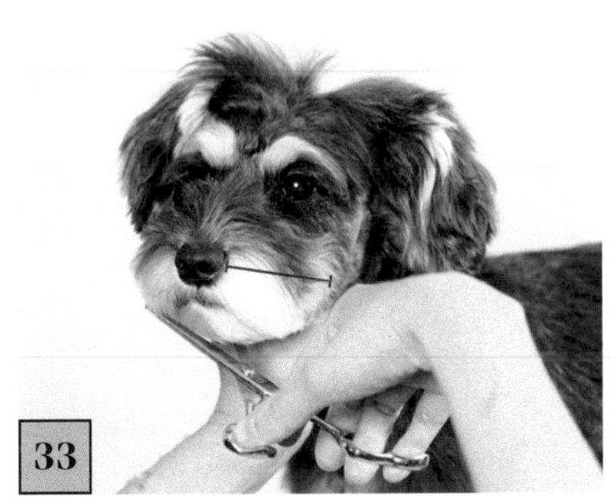

33

今回は鼻が中心の楕円にカットしていく。マズルを正面から見たときに、鼻孔の横幅が一番長くなるように下側の左右端を斜めに切りあげてから、左右の下側をカット。

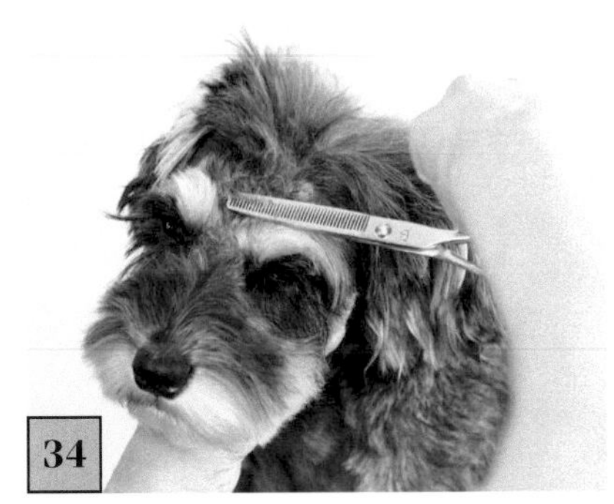

34

眉間の上を指2本分の幅でカットしてひたいを出す。幅を広くしすぎると顔のバランスが悪くなるので、眉間の上の指2本分の幅から目尻の指1本外側へつなげる。

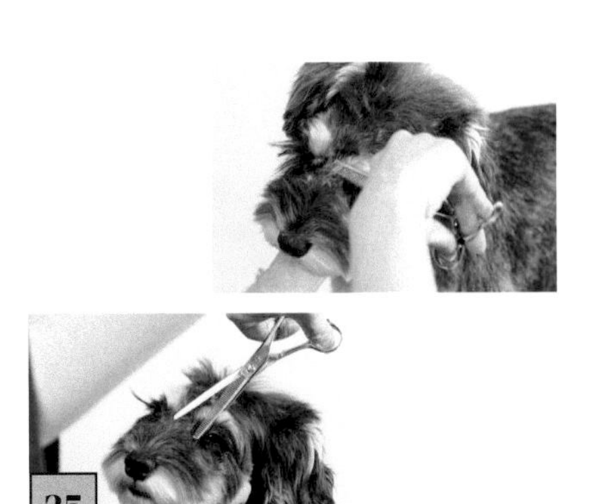

35

目頭のあいだと眉間を眉毛の上までカット。

Point9

目頭のあいだと眉間は、幅を広げすぎると目が離れて見えることがあるので、目の付き方によって幅を微調整します。

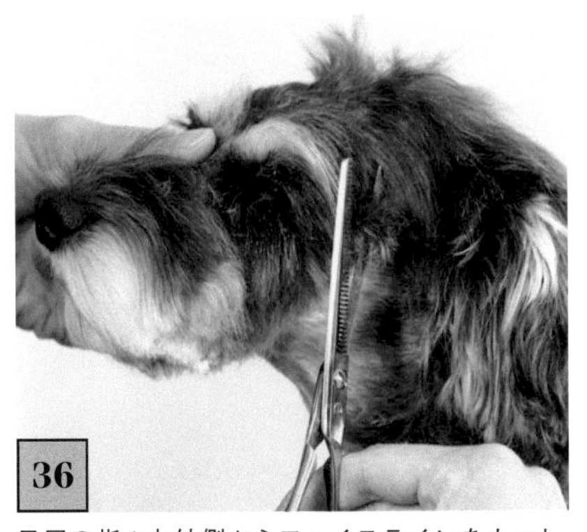

36

目尻の指1本外側からフェイスラインをカット。Style 2と同様に、顔の横幅がマズルの横幅より狭くなるようにカット。

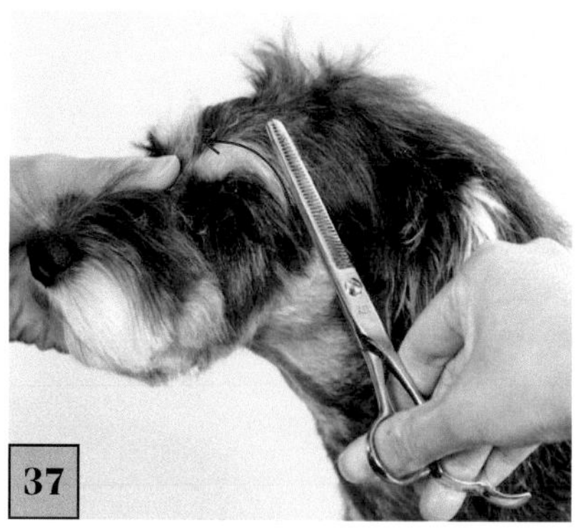

37

目尻の指1本外側から眉毛の外側を目の骨に沿って眉頭までカットし、眉毛をフェイスラインに収める。反対側も同様にカット。

38

眉毛の外側と内側を短くカットして山型にする。白い眉毛に混ざっている黒い毛は、ブロー時にカットしておく。

Point10

ひたいの幅を広くしすぎないように、フェイスラインを目尻の指1本外側からひたいをつなげるラインにして、耳の付け根の前側の毛を残し、耳のボリュームを出します。

39

まつ毛の下の瞼のきわを目頭から目尻へ1～2ミリの幅でアイラインのようにカット。目とまつ毛のあいだにラインが入り、目の形がくっきりして際立つ。顎下で顔の皮膚を下へ引いて皮膚を張っておくと切りやすい。

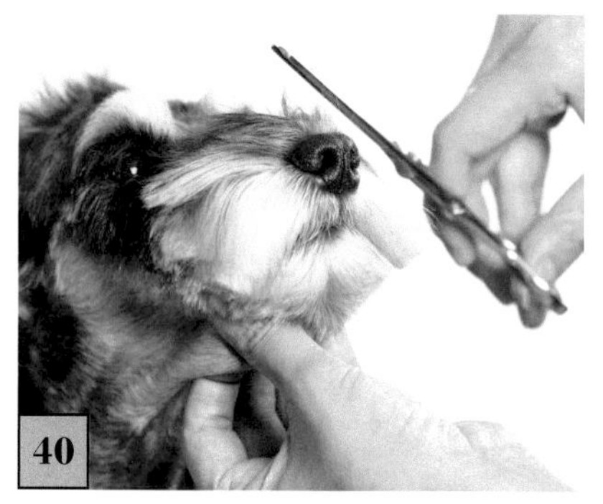

40

鼻の上の手前の毛をコームで上へ出し、手前の毛だけをすく。短い毛が支えになり、マズルの上の毛が手前へ倒れにくくなる。

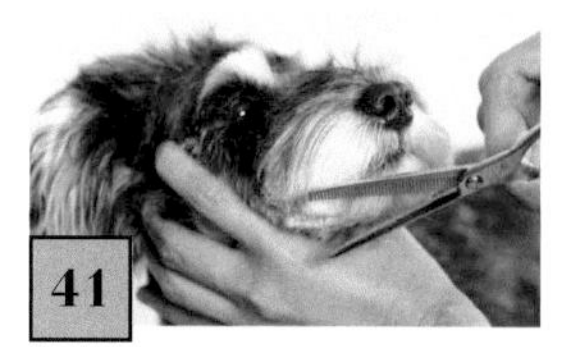

41

顔を上から見てマズルのアウトラインが丸くなるように長い毛をカット。マズルは上、下、斜めなど角度を変えて確認し、最終的にどこから見ても丸くなるようにカット。

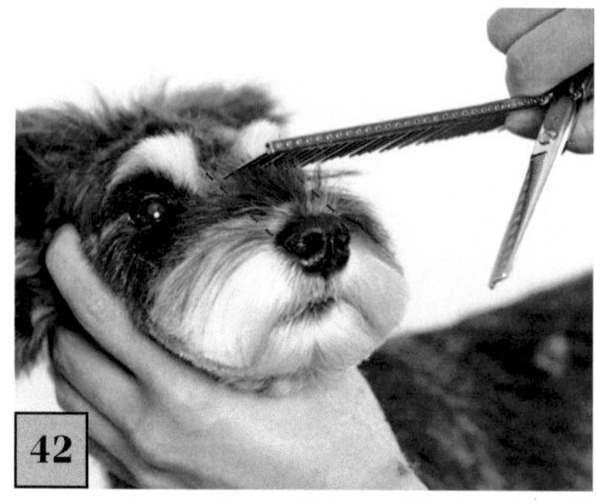

42

マズルの上の鼻幅の毛のみを後ろへ向けてコーミング。

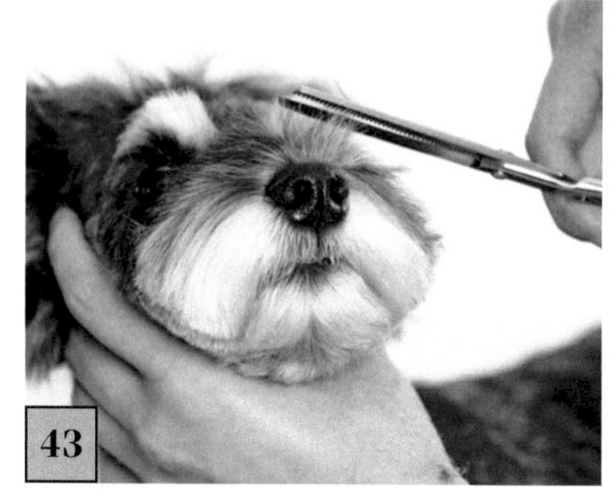

43

42で後ろへコーミングした毛を正面から見て目に被らない長さで、マズルの楕円につながるように丸みをつけてカット。鼻幅より広くコーミングするとマズルの横の毛が出て、カットするとマズルの横がへこんでしまうので注意。

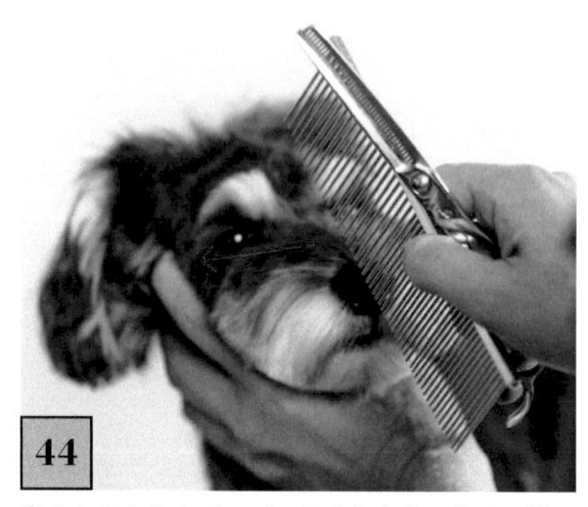

44

鼻の上のまん中でマズルの毛を左右に分けて横へ出す。

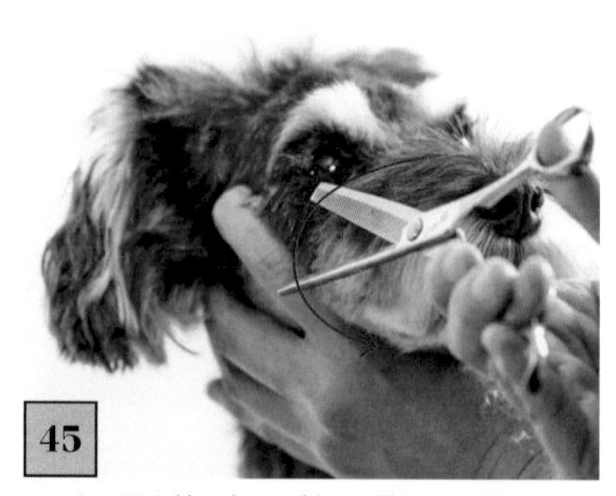

45

ハサミの刃を外へ向けて斜めに構えて、楕円の横の丸みをカット。横長の楕円になるように丸みを作る。

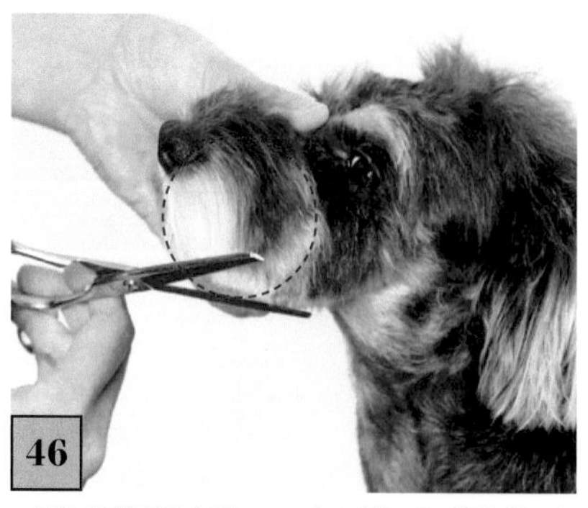

46

マズルの横の毛を下へコーミングして、顔を横から見たときにマズルが丸くなるように、アウトラインから長く出る毛をカット。

47

トップの毛を後頭部からひたいへコームで出し、頭を軽くゆらして毛を自然な状態にする。両耳の付け根を結ぶラインから前に出る毛をすく。

Point11

眉毛からトップのひたいの幅を広くしすぎると顔のバランスが悪くなるので、34でカットした眉間の上指2本分にして、それより上はトップの毛にします。

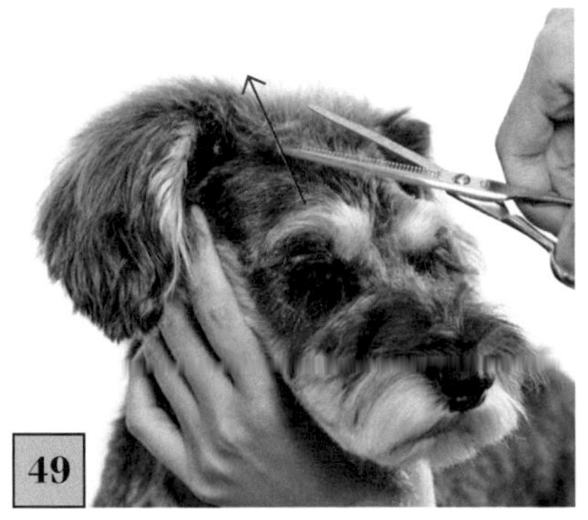

ひたいの上の毛をすいて短くし、トップへ向かって斜めのラインでカット。トップの毛が立ちあがりやすく、ボリュームが出やすくなり、短い毛を作ることでトップの毛が手前へ倒れにくくなる。

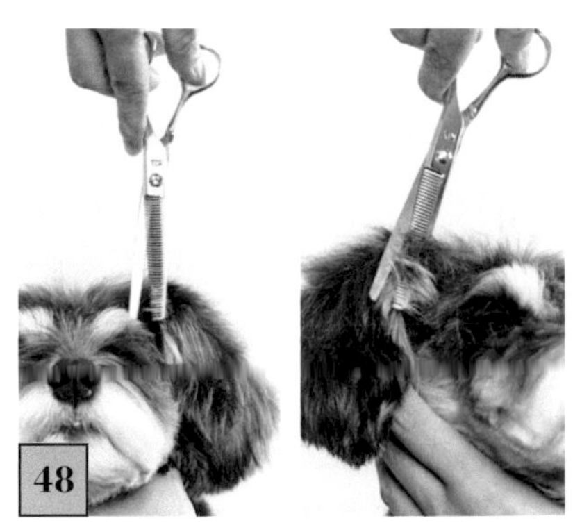

両耳の前側を47につながるようにカット。

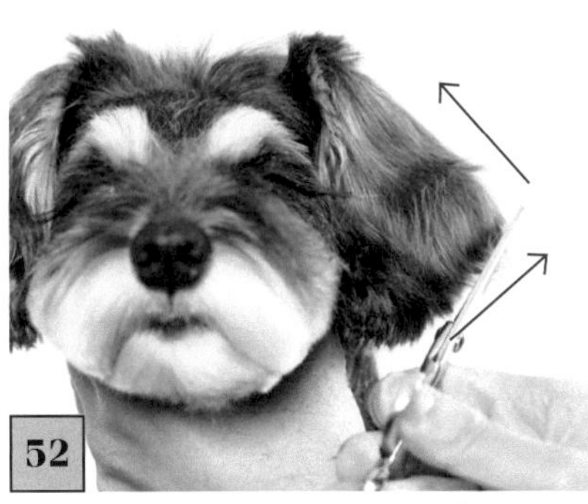

前望で耳先のラインをまっすぐ横にせず、耳先から斜めに切りあげて、切りあげた端から顔へ向かって斜めにカット。

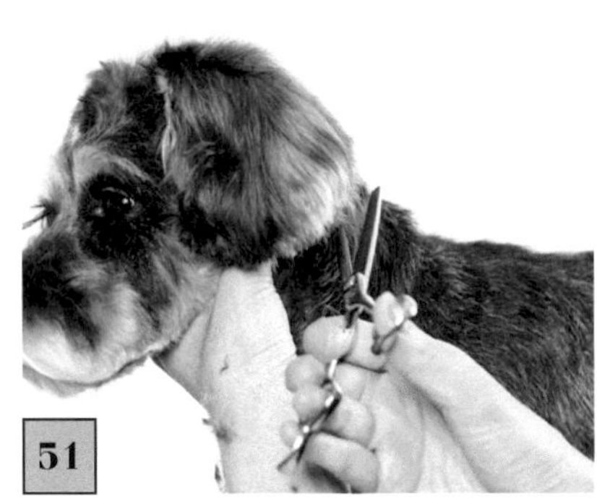

耳先からつながるように後頭部をカット。

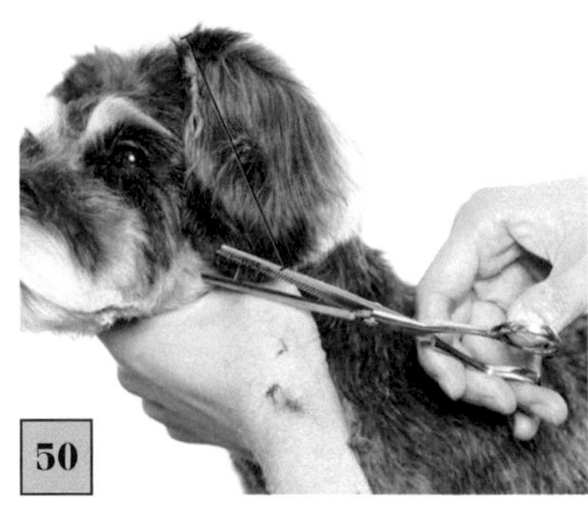

側望で耳の上の付け根からまっすぐ下へ伸ばしたラインが耳の一番長い位置になるように、耳先を丸くカット。

耳先から後頭部のラインの毛先をすいて自然な毛先に。

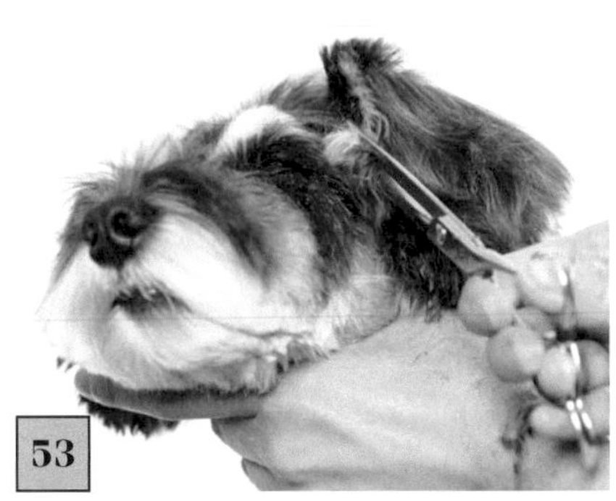

耳の前側の毛をコームで手前側へ出して長い毛をカット。頭が動いても耳の内側の毛が出にくくなり、耳のラインを出すことで、女のコっぽい甘さが強すぎないシュナらしさが加わる。

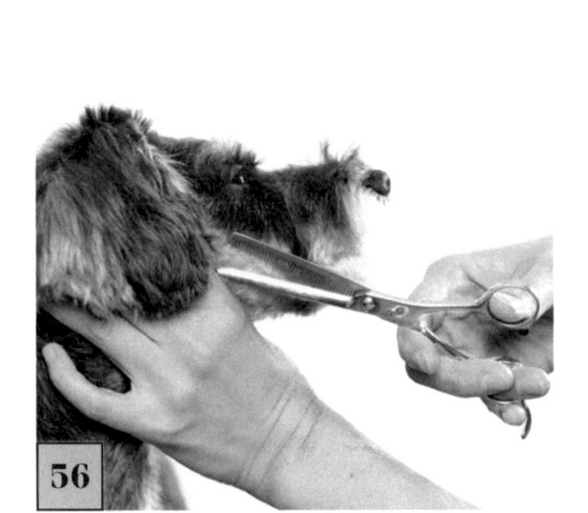

フェイスラインから出る長い毛をカット。

Point12

フェイスラインから顎下へ入るラインは、55のように横にハサミを構えてカットすると顔が短く見えます。上の写真のようにフェイスラインに対して斜めに構えると顎下の毛が長くなり、顔が長く見えます。

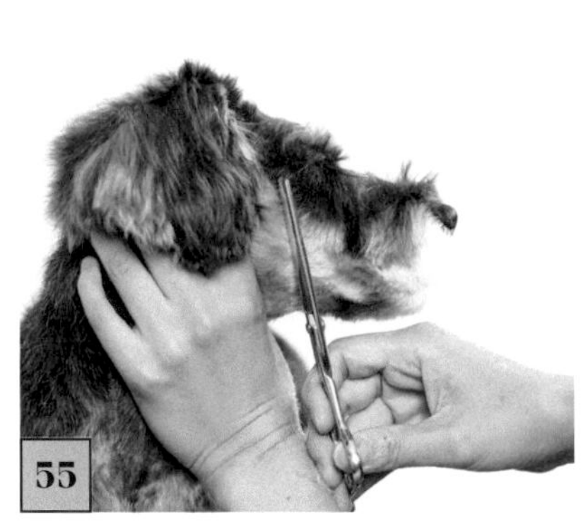

ハサミをフェイスラインに対して横に構えて、フェイスラインから顎下をカット。

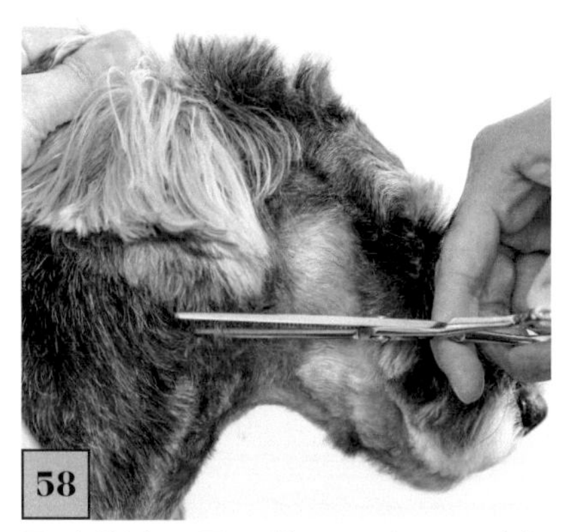

58

耳の内側を出し、耳の下側のラインをカット。全身、顔を確認し、毛を抜き足りず段差がある部分は抜き、アウトラインから出ている長い毛はカット。

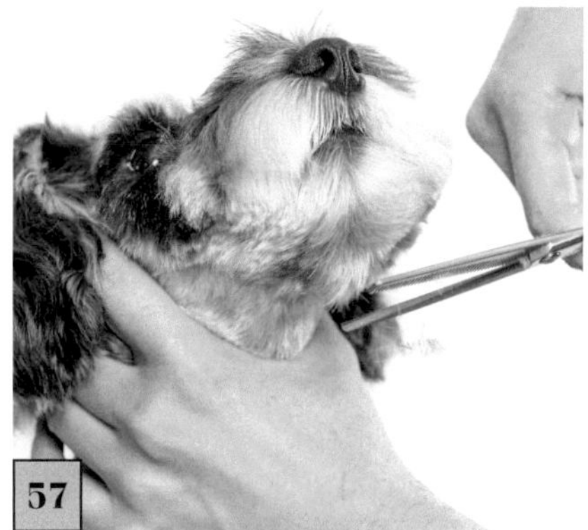

57

最後にマズルの下の毛をすべて前へ出して長い毛をカット。マズルは始めから毛を前に出してカットすると、マズルが小さくなってしまうので、最後に前に出して、長い毛だけをカット。

Column

オーバーコートナイフ 平たいタイプと ペンタイプ

オーバーコートナイフの持ち手は、使いやすいほうを選べばいいのですが、どちらが向いているか見極める目安があります。
平たいタイプ:中指と親指で毛をつまむと抜きやすい。押すより引くほうが力が入る。スキバサミでカットするのが得意。
ペンタイプ:人差し指と親指で毛をつまむと抜きやすい。引くより押すほうが力が入る。ストレートバサミでカットするのが得意。

After

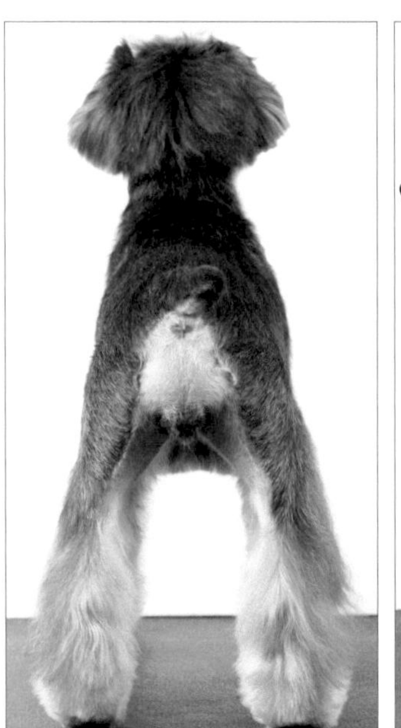

ラジカルには、根源と革新という2つの意味があります。本連載は、トリミング技術を根源(基礎)から見直して、技術を革新するためのトレーニング方法を解説します。技術の習得には、自ら“考える”ことが大切です。解説する内容をただ実践するのではなく、どうすればよりうまくカットできるのか常に考えながら、ぜひ“自分の技術”にしてください。技術の進歩に近道はありません。忍耐強く鍛錬し続けましょう。

撮影:新井隆弘　イラスト:ヨギトモコ

監修

神宮和晃 (Dog Salon Salt & Pepper、Team UTSUMI)

JKC公認トリマー教士。トリミングサロンとトリマー塾を運営しながら、海外のトリミングコンテストにも積極的に挑戦し、数々の栄誉に輝いている。
JKCトリミング競技会で3度の理事長賞(ミニチュア・シュナウザーで2度、トイ・プードルで1度)を獲得。アメリカのGROOM EXPOでも2度の総合優勝(ミニチュア・シュナウザー、トイ・プードルで1度ずつ)に輝くなど、異なる犬種や技法で世界トップレベルの技術力を誇る。

Radical training

トリミングを基礎から徹底的に学び直す

ラジカルトレーニング

第05回 犬の保定方法とトリマーの見方、立ち方

犬の保定、立たせ方、重心の調整、トリマーの見方、立ち方のポイント

今回は、安定して、正しくカットする上で欠かせない、犬の保定と立たせ方、重心の調整、トリマーの見方、立ち方を解説します。カットするときの適切な保定方法と立たせ方は、ドッグショーでの立たせ方とは若干異なり、犬の体形やカットしたいポイントに合わせて、柔軟に対応することが大切です。今回紹介する内容を踏まえて、そのコに適した方法を考えましょう。

また、カットするときのトリマーの見方、立ち方によって、効率や仕上がりの安定性に差が出ます。カットするときの自分の姿勢、犬との距離感などを見直してみてください。合わせて、シンメトリーを確認するときの見方のポイントも解説します。

【今回解説するポイント】

- 犬の保定
- 犬の立たせ方、重心の調整
- トリマーの見方、立ち方

犬の保定

保定は、犬の性格や体形などによって方法を変える必要がありますが、ここでは、トリミングに慣れた一般的な成犬を効率よくカットするための保定方法について紹介します。

顔の保定

顔をカットするときは、できる限り毛をつぶさないようにしつつ、犬が嫌がらないように安定的に、保定します。ここでは、４通りの保定方法を紹介します。そのコやカットするポイントに合わせて、保定方法を変えましょう。

◆ 下顎とストップを押さえる

下顎の骨の溝とストップを指先だけではさんで保定します。特に、口周りなどをカットするときには、下顎の骨の溝に指を入れると、舌が出づらくなるので有効です。このとき、指でマズルの上を押さえたり、強く握ったりすると、毛がつぶれてしまうので、ストップを押さえます。ストップは毛を短くカットする部位なので、指で押さえても、仕上がりに影響を与えにくいです。

◆ 指先に下顎を乗せる

大人しいコであれば、下顎の溝に指先を入れて、顎を乗せておくだけでも保定することができます。毛をほとんどつぶさないので、仕上がりに影響を与えにくいです。

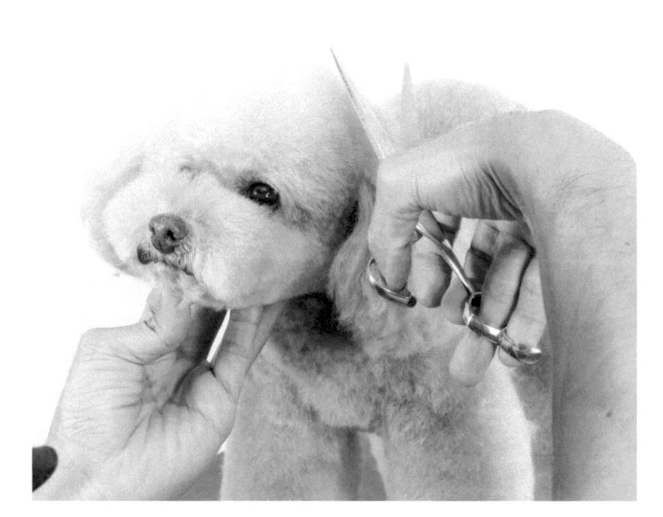

◆ 顎下の毛を持つ

顎下の毛を持って保定する方法もあります。カットには有効な持ち方ですが、顎下の毛を持たれると嫌がるコもいるので、その場合は別の方法で保定します。

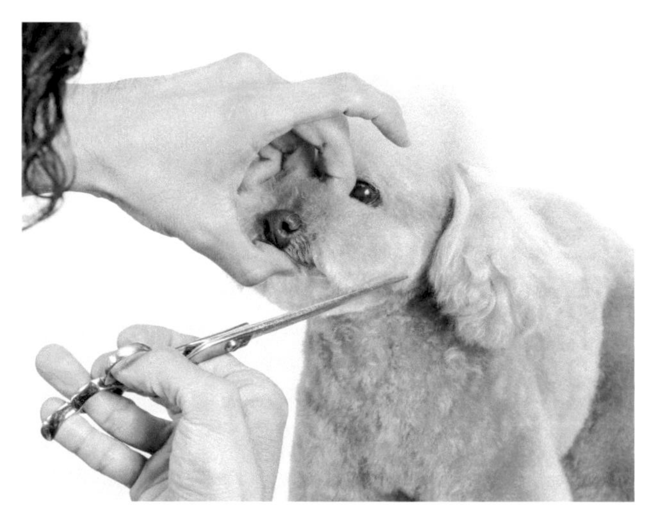

◆ 顎先とマズルの付け根を押さえる

親指で下顎の先端を支え、中指と薬指の指先で両目頭の下を押さえて保定します。下顎のアウトラインをカットするときなどに有効な保定方法です。

前肢を持ちあげるときの保定方法

お腹をバリカンで刈るときなど、前肢を持ちあげる場合は、まずハサミを持つほうの手で前肢の足先を押さえます(1)。次に、ハサミを持たないほうの手を、前肢の後ろ側から肘の上に回して、人差し指を前肢のあいだに入れて、親指と中指で外側から前肢を押さえ(2、3)、前肢を持ちあげます(4)。前肢の前側から入れて、持ちあげてもよいですが、肘の上を押さえるのがポイントで、犬が足を動かしにくくなります。

足先を掴んで持ちあげると、犬が足を動かしやすいので、保定しにくくなります。ただし、太っているコやサイズの大きいコなど、肘の上を押さえて持ちあげるのが困難な場合は、前肢の足先の手根を押さえて持ちあげます(5)。

いずれの保定方法の場合も、犬の前肢を高く持ちあげすぎると、犬がバランスを崩し、立てないことがあるので、犬に合わせた適切な位置で保定します。

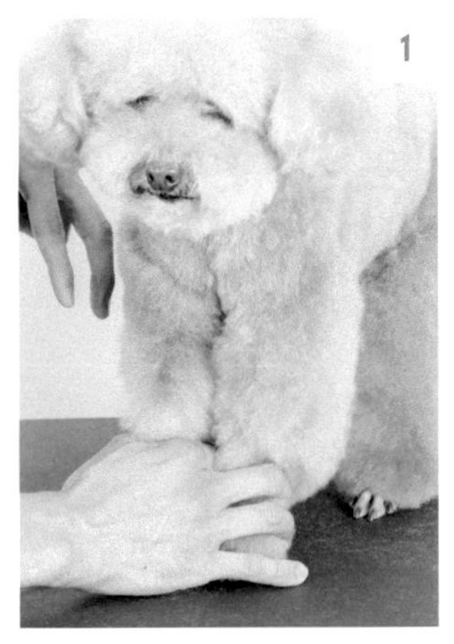
1

2

3

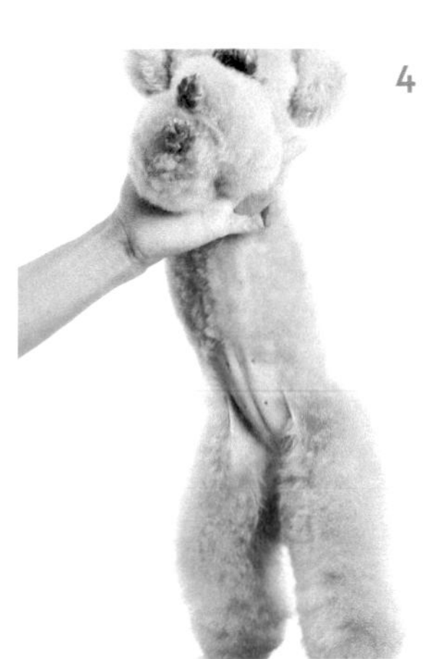
4

5

前肢の足先を切るときの保定方法

前肢の足先を切るときは、親指、人差し指、中指の指先で肘部を軽く持ちます。手の平で握ると、手汗や脂が被毛につき、よれやすくなるので注意しましょう。肘関節を伸ばして肢を軽く持ちあげるときは、肘部を握ることになりますが、その場合はカット後にコーミングで毛を整えます。

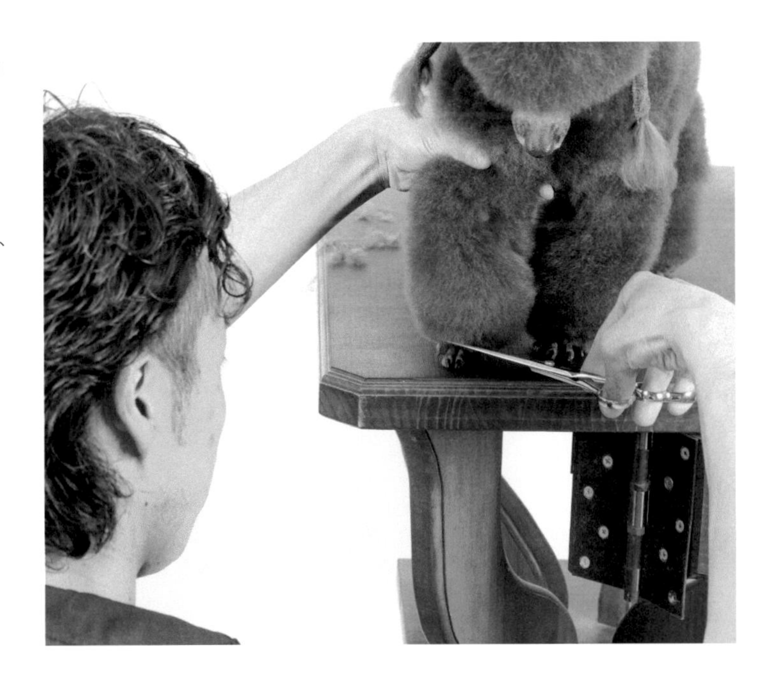

後肢の足先を切るときの保定方法

後肢の足先を切るときは、親指と人差し指のあいだを後肢の膝の上にあてて保定します。このとき前肢と同様に、手の平で被毛をつぶさず、手汗や脂を被毛につけないように注意します。ただし、膝関節を伸ばして肢を軽く持ちあげるときなどは、膝部を握る必要があります。この場合は、できる限り、短時間で済ませ、カット後にコーミングして毛を整えます。

OK

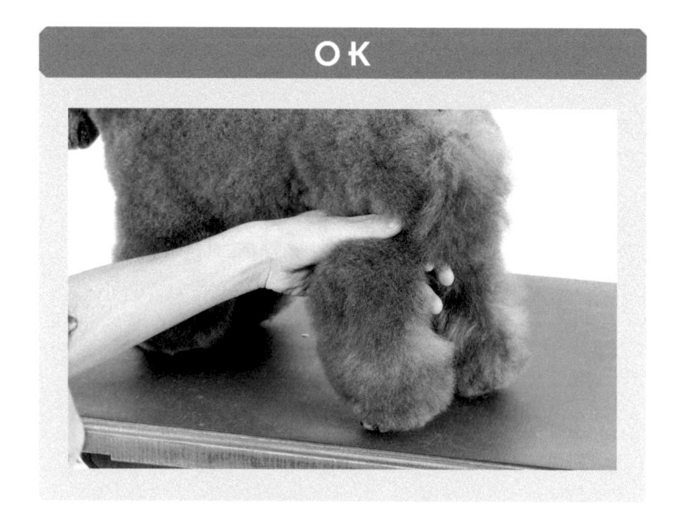

NG

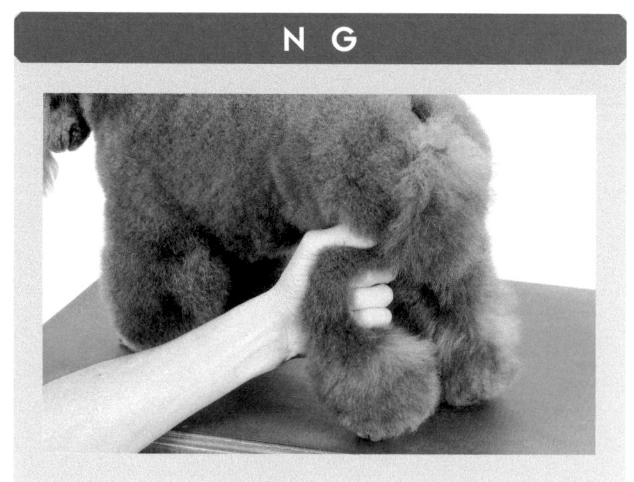

犬の立たせ方、重心の調整

カット中は、犬を自然な状態に立たせるだけでなく、場合によっては、犬の重心の調整が必要です。ここでは、カット中の犬の立たせ方と、重心移動のポイントを解説します。

犬の立ち方を意識する

基本的に、犬を自然に立たせた状態でカットします。四肢の足先の位置が揃っていなかったり、軸がずれて立ったりしている状態でカットすると、思ったラインで切ることができません。

また、犬は疲れると体の緊張がゆるみ、肘を外に開くことがあります。この状態で肘の毛をカットすると、肘の部分を切りすぎることもあるので、前肢をカットするときには、必ず肘の位置を確認します。

カットに集中していると、犬の姿勢の確認をおろそかにしがちですが、仕上がりに影響するので、犬の立ち方も意識しましょう。

◆ 前肢のあいだの空間が狭いコの場合

肩幅が狭く、前肢のあいだの空間が狭いコの場合、自然に立たせた状態では、前肢のあいだの毛をコーミングしたり、カットしたりするのが困難なため、前肢をやや外に開いて立たせます。

ただし、開いた分だけ角度がつくので、カットするときは刃の角度に注意します。先に前肢の外側を自然に立たせた状態でカットしておき、そのあとやや外に開いて立たせ、外側のラインを基準に、内側のラインを決めるなどするとよいでしょう。

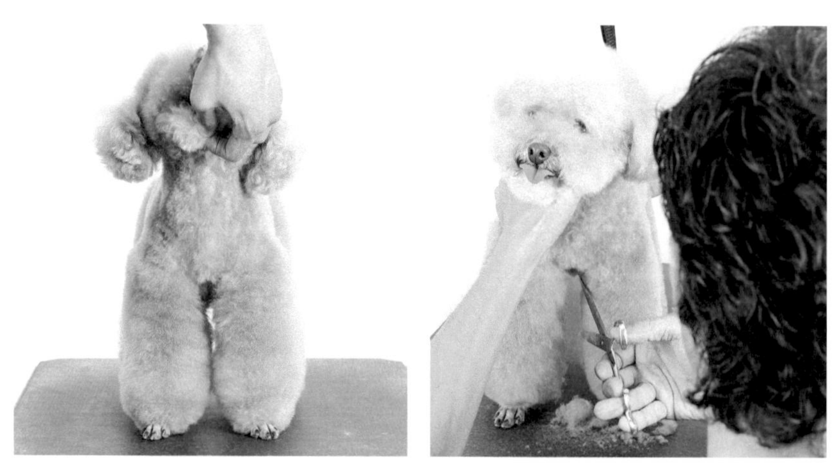

前肢のあいだの空間が狭い場合は、前肢をやや外に開いて立たせてカットします。

◆ 足先を切るときに立たせる場所

足先をカットするときは、トリミング台の縁に近づけて立たせるとカットしやすいです。犬がトリミング台の中央にいると、シザーを傾けないと足先をカットできませんが、トリミング台の縁に近づけると、シザーを傾けずにカットできます。

このとき、本誌70号の本連載『第3回シザーリング』で解説した、浅く握るシザーリングをおこなうと、手首の負担を減らすことができます。

OK

NG

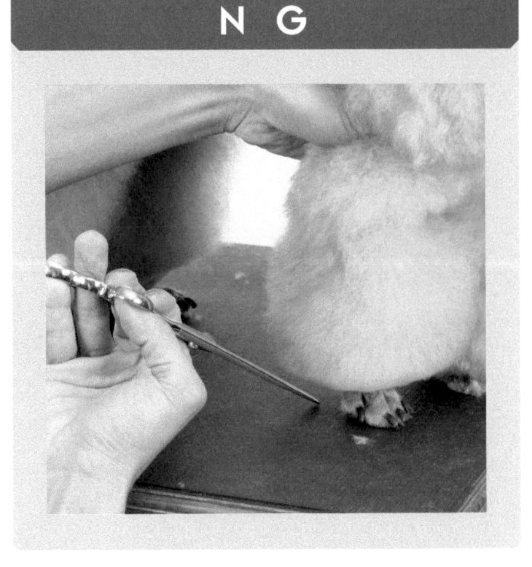

重心の確認も大切

犬を立たせるときは、重心の乗っている部位を確認することも大切です。たとえば、左前肢を切るのに、右前肢に重心が乗った状態でカットすると、重心が中心に戻ったときに形が変わってしまいます。特に、前肢のカットでは、重心の確認をしっかりおこないましょう。

前肢の重心は、頭部の位置を左右に動かすことで移します。右前肢から左前肢に移すときは、頭部を向かって右に動かします。反対に、左前肢から右前肢に重心を移すときは、頭部を向かって左に動かします。

右前肢から左前肢に重心を移す場合

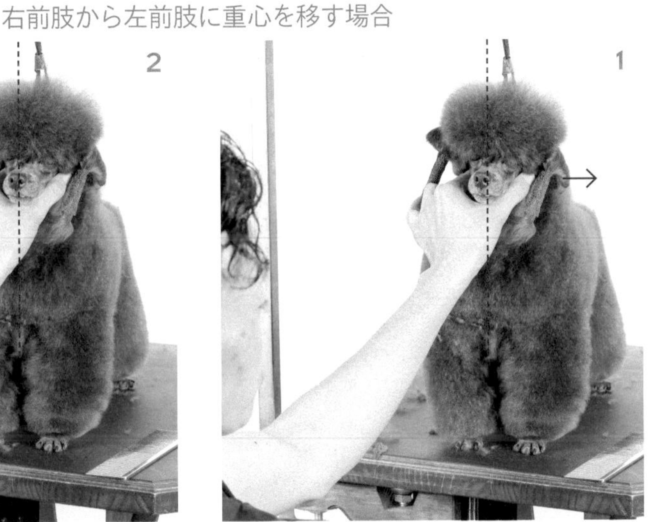

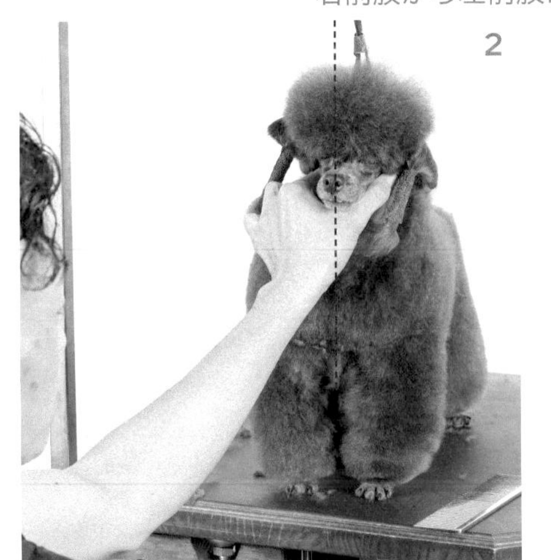

◆ 足先を切るときに動くコの場合

犬が動いてしまって、足先の毛をカットするのが難しい場合は、切りたい足先とは別の足先を持ちあげて、切りたい側に重心を移すことで、犬の動きが制御できます。動こうとする犬の動きにも反応しやすくなるので、より安全にカットできます。

トリマーの見方、立ち方

カット中の見方のポイントは、カットする部分に目線を合わせ、カットしている部分以外も視野に入れて、バランスを確認することです。そして、目線と視野を適切に保つためには、立ち方や犬との距離を意識することも必要です。手や腕だけではなく、体全体を使ってカットするように意識しましょう。また、シンメトリーを確認するための見方のポイントも解説します。

目線

形を決めるときには、カットしている部分の正面に、目の位置を合わせないと、ハサミが正しい角度で入らず、切りすぎたり、切り残したりすることがあります。アウトラインを正しく確認できるように、切る部位の正面に立って、切る部位と目の高さを合わせるように心がけましょう。

一方、立体的に丸めていくときには、立体感がつかめるように斜めの位置から見るようにします。

立体的に丸めていくときは、斜めの位置から見る

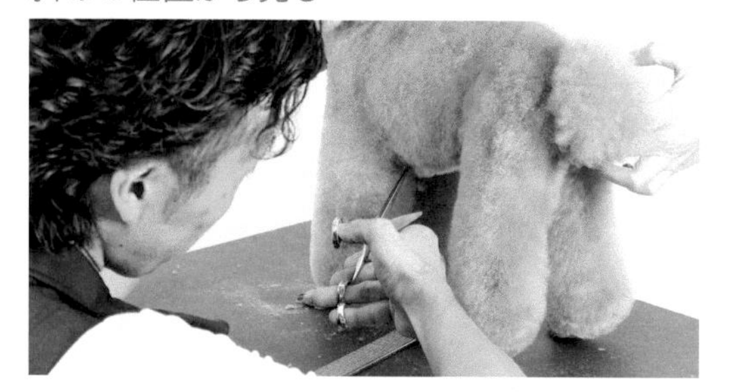

形を決めるときは、アウトラインの正面の位置に目線を合わせる

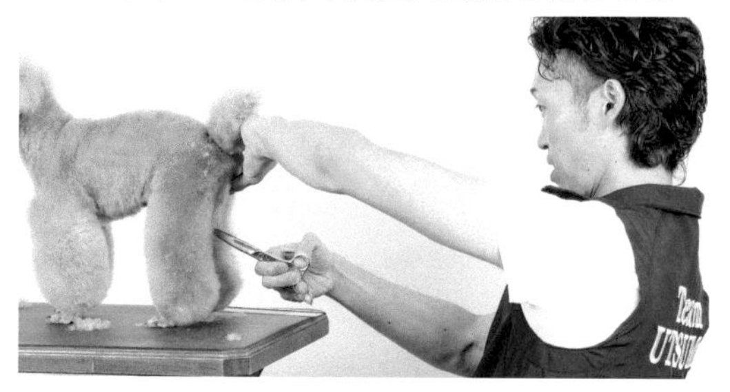

視野の範囲

犬との距離が近すぎて、カットしている部位しか見えていないと、全体的なバランスを整えづらいです。カットに集中すると、犬に近づいてしまいがちですが、常に全体が視野に入る距離を保ちましょう。

OK

NG

◆ 四肢のアウトラインをカットするとき

側望して、四肢の後ろ側や前側のアウトラインをカットするときは、覗き込んでカットすると、ハサミに角度がついて、切りすぎてしまうことがあります。この状態から、角を取って仕上げていくと細くなってしまったり、ゆがんだりするので、犬のボディーのサイドの面から目線を外さないようにしてカットします。

また、四肢の太さを揃えるために、前肢をカットするときは、後肢を視野に入れ、後肢をカットするときは前肢を視野に入れるというように、カットしながらもう一方の肢の太さを確認しながらカットすることが大切です。

OK

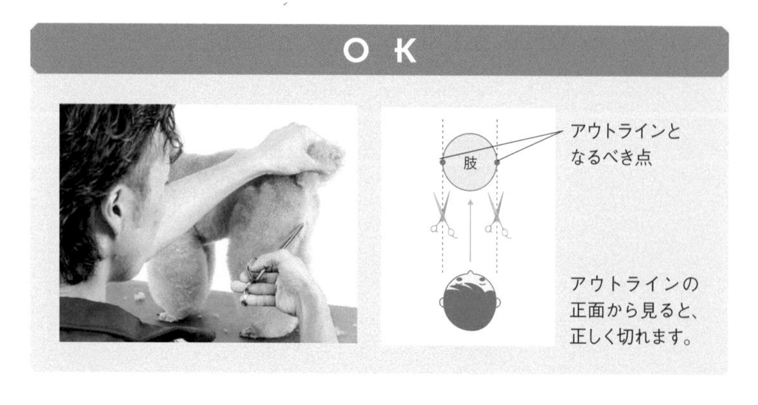

NG

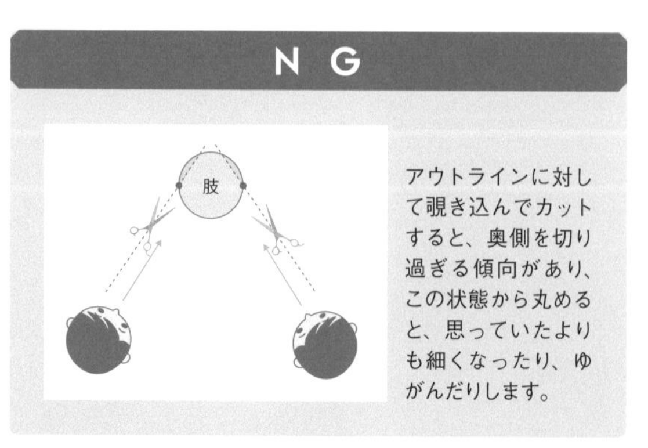

◆ アンダーラインをカットするとき

アンダーラインをカットするときは、腰を落として、やや覗き込んだらお腹の下が見えるくらいまで目の高さをさげて、形を見ながらカットします。

サイドからアンダーにかけての丸みをカットするときは、アンダーラインに対して正面から見るのではなく、斜めからお腹の下を確認して、サイドボディー、ウエストの位置を視野に入れながらカットしていくと、安定して仕上げることができます。

アンダーラインをカットするとき

サイドからアンダーをカットするとき

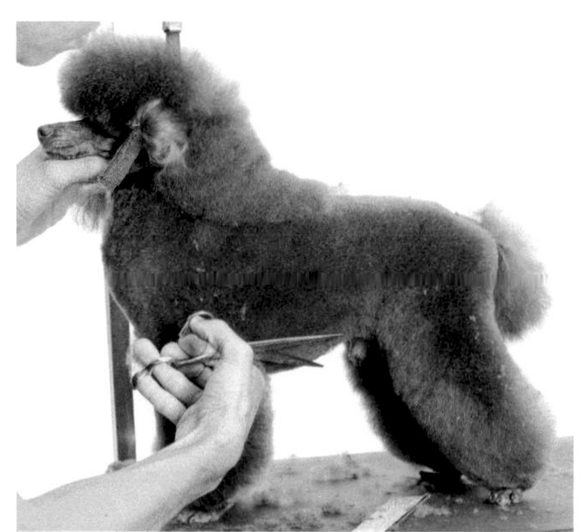

立ち方

手や腕だけを動かしてカットしようとすると、可動域が狭く不安定で、ラインがぶれやすいので、体全体を使ってカットすることを意識しましょう。

体全体を使うことで、シザーを動かす流れに沿って、スムーズに目線を変えることができます。足を肩幅と同じかやや広めに開いて、膝を柔軟に使いましょう。

NG

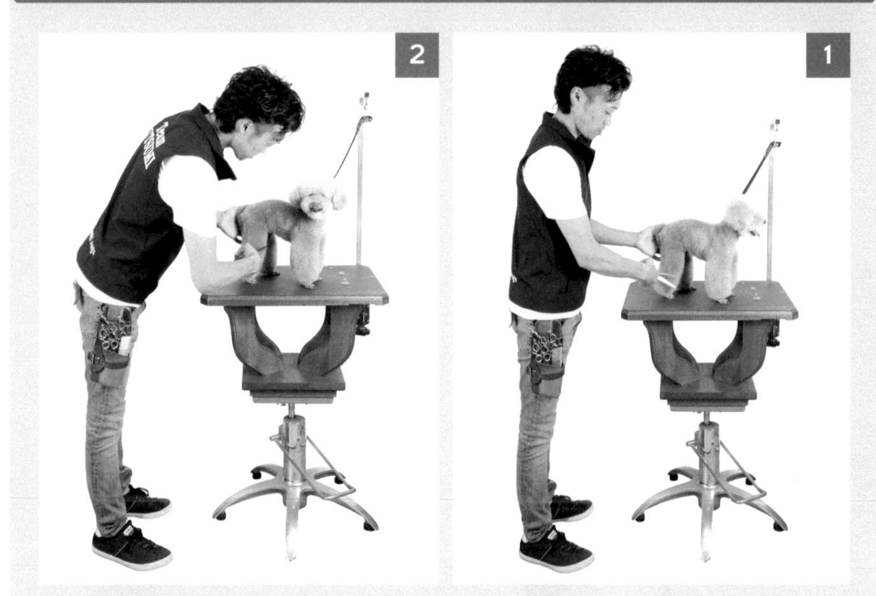

足を開く幅が狭いと重心の移動ができず、カットするポイントが移動したときに体勢が崩れるのでNGです。

OK

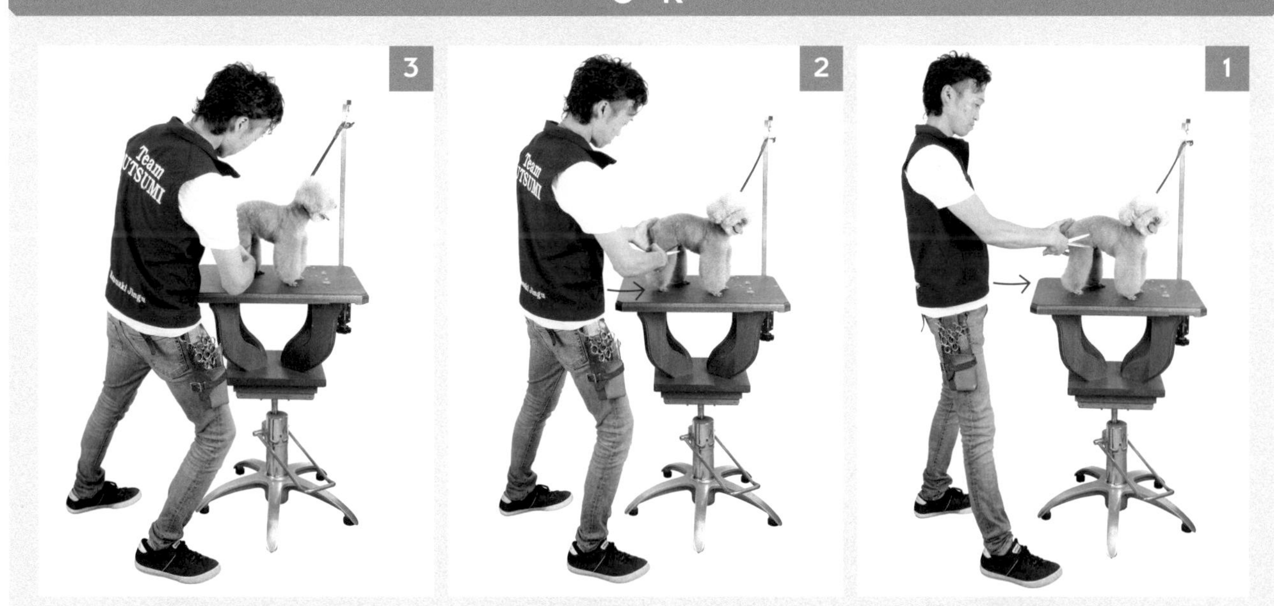

手や腕だけでなく、膝を使ってカットします。足を肩幅と同じかやや広めに開くことで、スムーズな体重移動ができます。

◆ 目の高さをさげるときの体の動かし方

正面から前肢のアウトラインをカットするときなど、目の高さをわずかにさげるときは、足を前後に開いて、後ろ足に重心をおいて膝を曲げます。こうすることで、犬との距離を保ちつつ、目の高さをさげられて、腰も痛めにくいです。

OK

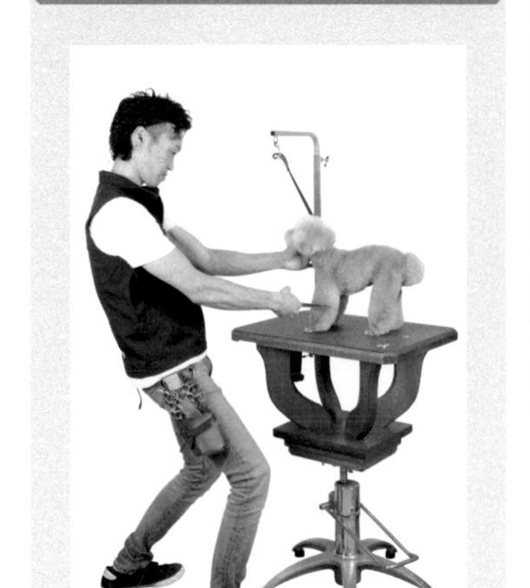

NG

目の高さをさげるときに、前かがみになると、犬との距離が近づくので視野が狭くなります。また、腰を痛めやすくなるのでNGです。

シンメトリーの確認箇所（ボディーのクリッピングライン編）

一般的なサロンワークでは、ボディーはクリッパーで仕上げることが多いと思いますが、どこを基準にシンメトリーを確認すればよいのか、迷うことはありませんか？　ここでは、シンメトリーを確認するときの見方のポイントを解説します。

◆ 後望の付け根と前肢肘側のライン

犬を正しく立たせた状態で、犬の真後ろに立ち、後望から上望へと目線を移動しながら、左右のクリッピングラインが常に一線上にあるかを確認します(1、2)。

また、上望したときには、前肢肘側のラインも左右で合っているかを確認します(3)。

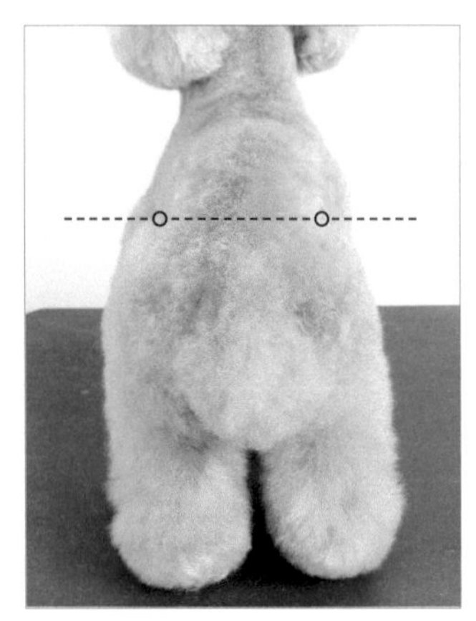

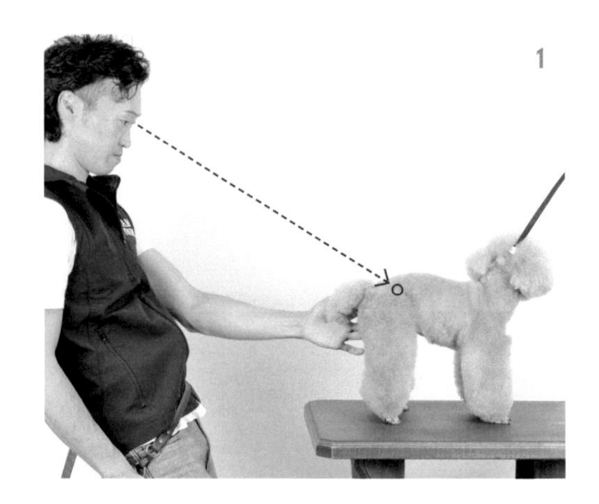

1

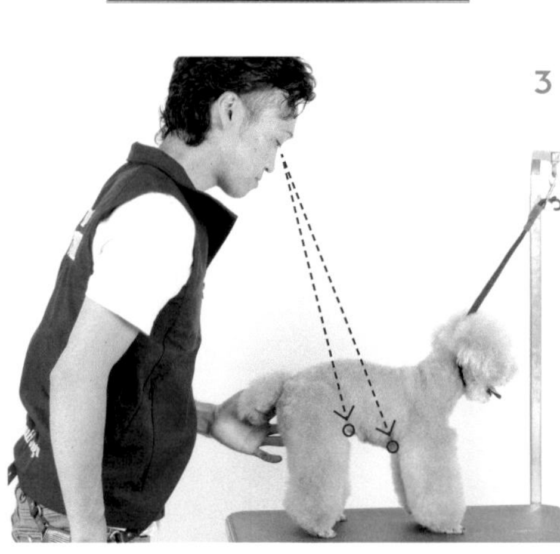

3

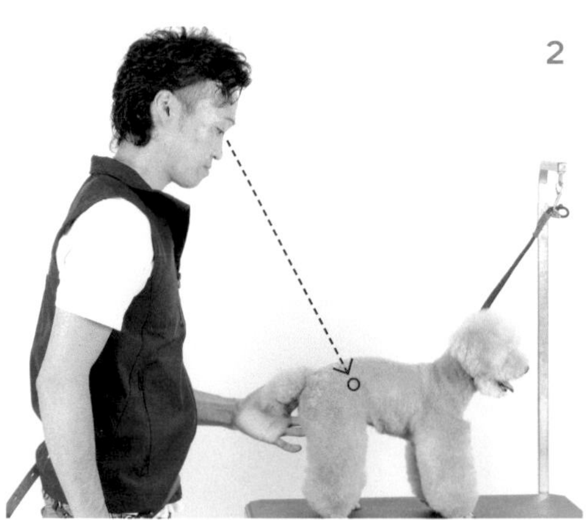

2

◆ 前望

前望したときに、前肢前側の付け根の位置と肩の位置のシンメトリーを確認します。犬を正しく立たせた状態で、左右のポイントが直線状にあることを確認しましょう。

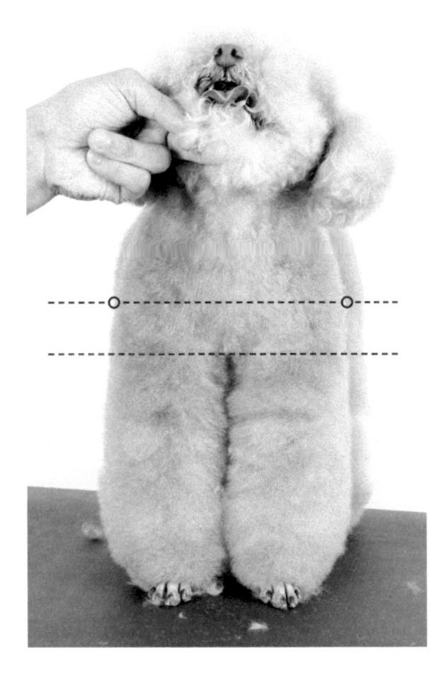

◆ お腹側からの確認

ボディーのクリッピングラインはお腹側からも確認するとさらに精度があがります。

前肢を持ちあげたときに、後肢の付け根のラインと、前肢肘側のラインが揃っているかを確認します。ここは、ボディーと肢の付け根の境界線なので、ここの高さが揃っていない場合は微調整しましょう。

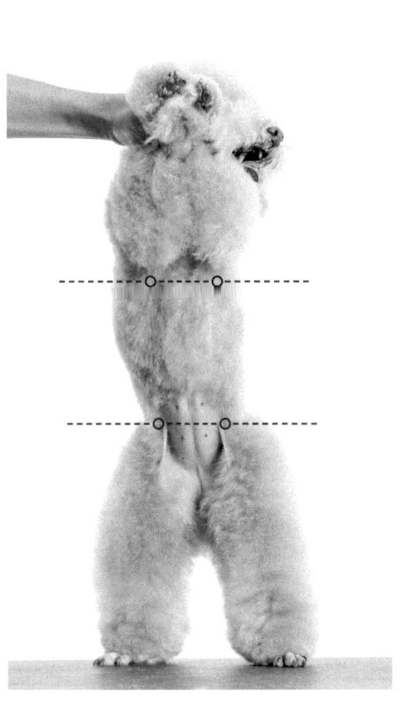

シンメトリーの確認箇所（カットライン編）

正しくシンメトリーに作るために必要なのが、中心を捉えることです。犬を正しく立たせた上で、中心を確認できる部位を探し、目安にします。前望の場合は胸骨端、後望は肛門、上望は背骨、顔はストップや鼻が中心部位になります。

カットを進めるなかで、常にこれらの中心部位を確認し、左右の幅や形を合わせていきます。

また、丸さの頂点も大切なポイントなので、常に左右を比べるようにします。目視だけでは精度に限界があるので、コームで毛の長さを確認してもよいでしょう。ここでは、カットでシンメトリーに作るための見方のポイントを紹介するので、参考にしてください。

顔のシンメトリー確認箇所

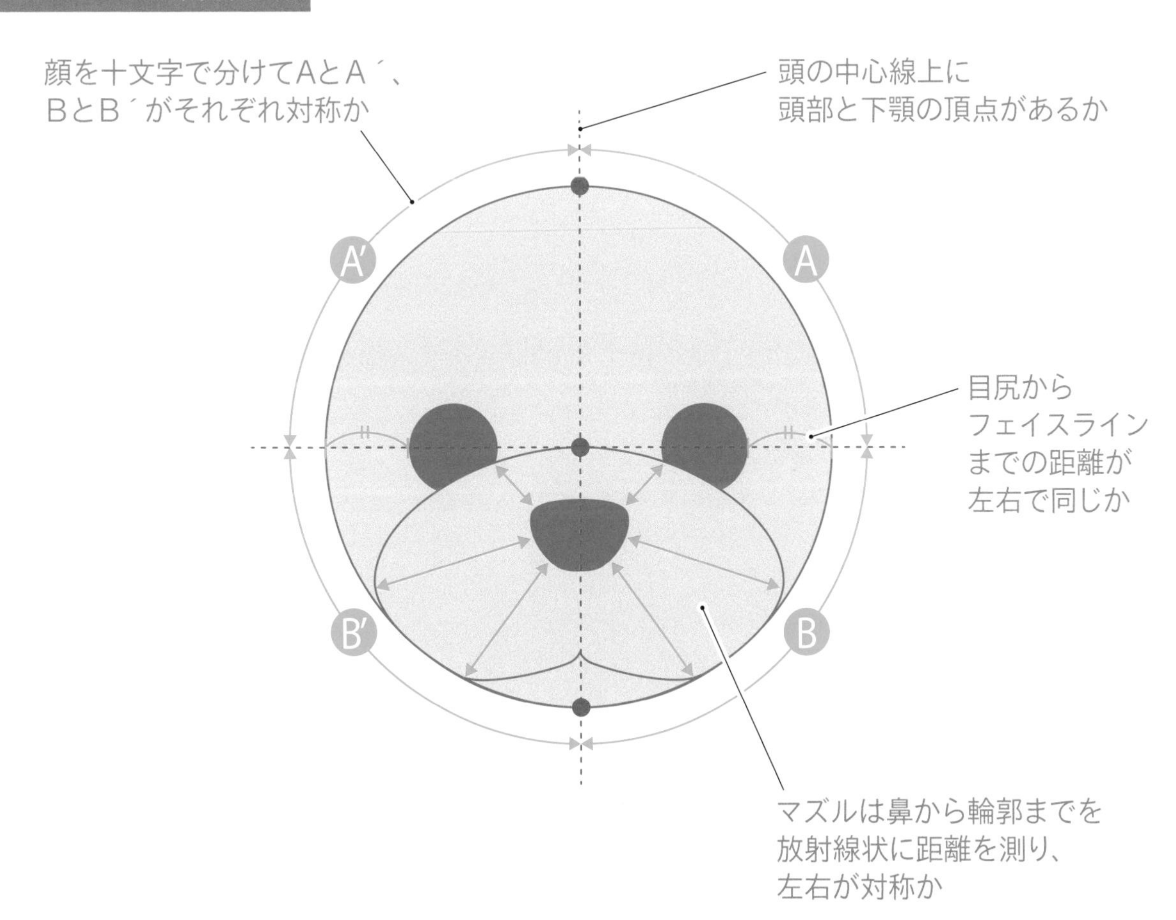

前望のシンメトリー確認箇所

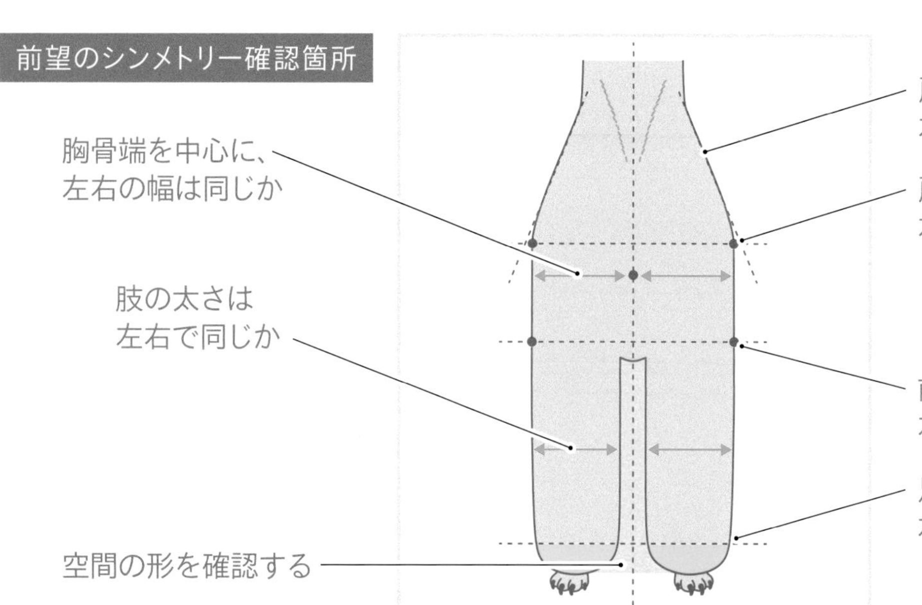

後望のシンメトリー確認箇所

肛門の位置を
中心線として、
左右の幅は
同じか

肢の太さは
左右で同じか

空間の形を確認する

背線からの丸さが
左右で同じ高さで
終わっているか

足先のカップは
左右で同じ大きさか

上望のシンメトリー確認箇所

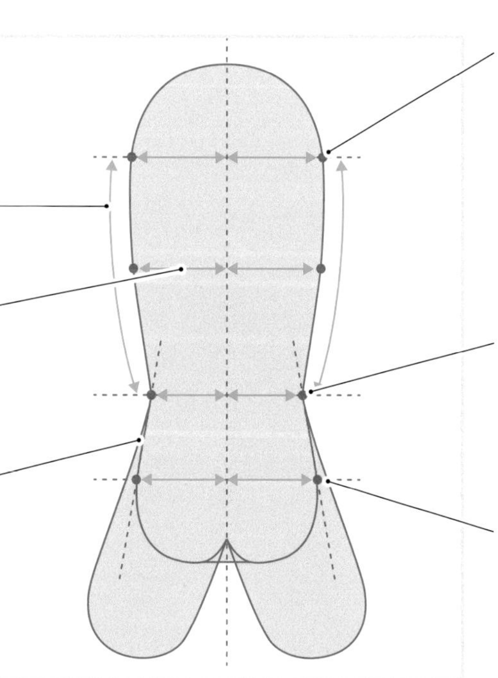

知っておきたい キャットグルーミング

後編

猫のトリミングに苦手意識を持っている方も少なくないのでは？
トリミングに慣れていなく、噛んだり暴れたりするコも多いですが、
手順に沿ってしっかりと保定すれば、安全にかわいく仕上げることができます。
今号の後編では、ブラッシング、シャンプー、ブロー、カットの各工程における、
保定方法やかわいく仕上げるコツを詳しく解説します。

撮影:工藤朋子　文:浅子正彦

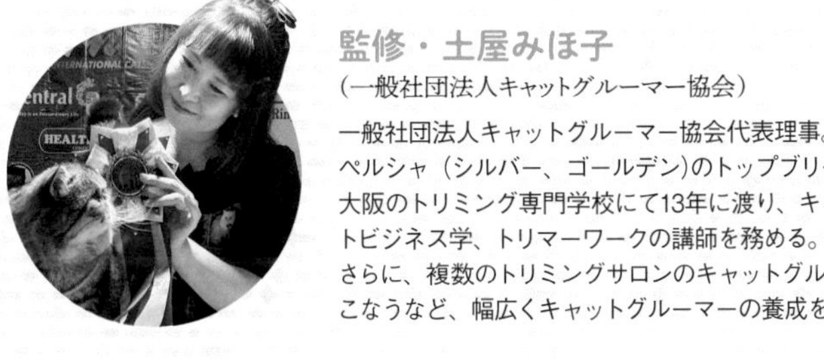

監修・土屋みほ子
（一般社団法人キャットグルーマー協会）

一般社団法人キャットグルーマー協会代表理事。キャットショー審査員。愛玩動物飼養管理士1級。ペルシャ（シルバー、ゴールデン)のトップブリーダー、ショーグルーマー。
大阪のトリミング専門学校にて13年に渡り、キャットグルーミングをはじめ、猫学、猫種学、ペットビジネス学、トリマーワークの講師を務める。
さらに、複数のトリミングサロンのキャットグルーミングのコンサルタントやグルーミング指導をおこなうなど、幅広くキャットグルーマーの養成をおこなう。

キヨ
アメリカン・ショートヘアー／シルバータビー／メス

ちそら
ペルシャ／チンチラシルバー／オス

ブラッシング

猫を膝の上に乗せて、毛玉やもつれをほぐし、ほこりや抜け毛を取ります。
スリッカーでブラッシングしたあとは、コームで毛玉やもつれがないかを確認し、足裏をバリカンで刈ります。

ブラッシングのポイント

トリマーが猫の体勢を変えようとすると、猫が嫌がりやすいので、同じ体勢でできる部分のブラッシングを素早くおこなうのがポイントです。ただし、猫が体勢を変えたがって、暴れてしまうようなら、ある程度猫本位に体勢を変えさせつつ、保定をおこないます。

スリッカーは、ピン先を毛の根元に当てて、毛流に沿ってブラッシングします。シャンプー前の皮脂汚れがある状態で、毛流に逆らってブラッシングすると、毛がごっそりと抜けてしまうので注意します。

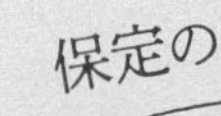

ポイント

噛まれないように口を閉じて保定

猫のトリミング中は、噛まれないように顎下を押さえて猫の口を閉じるように保定します。

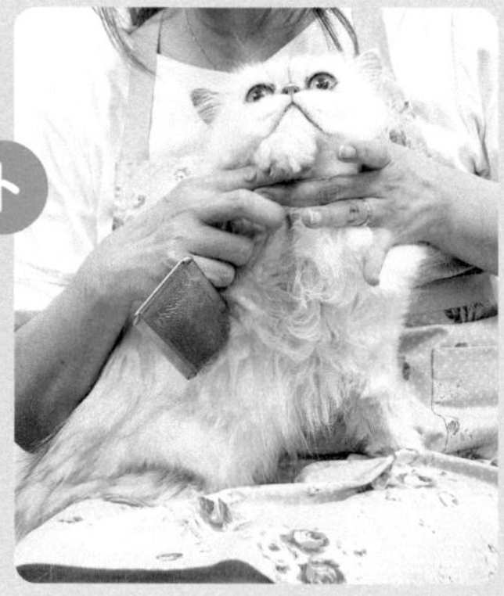

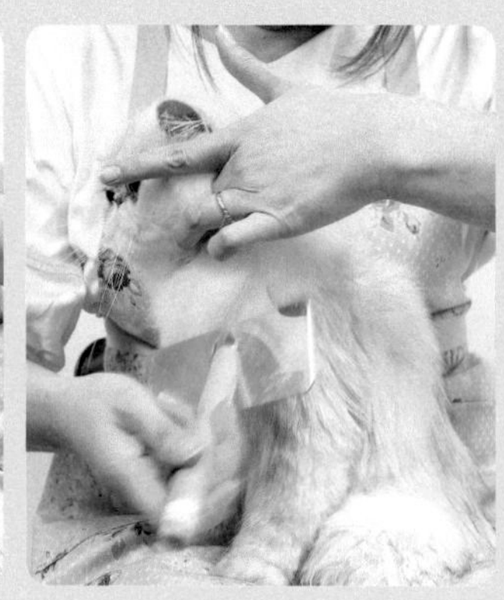

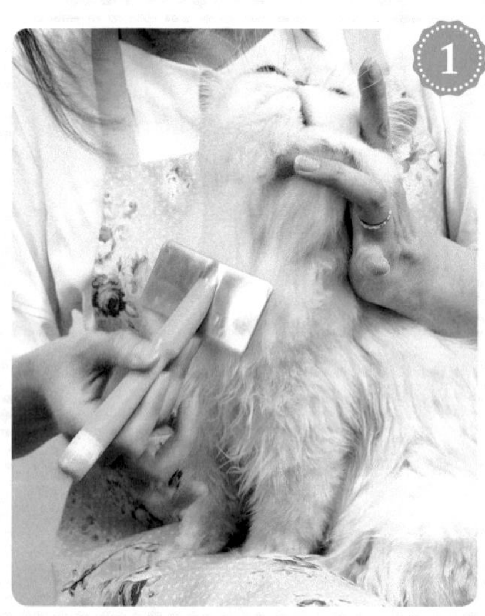

今回は、顎下から毛流に沿ってブラッシングします。

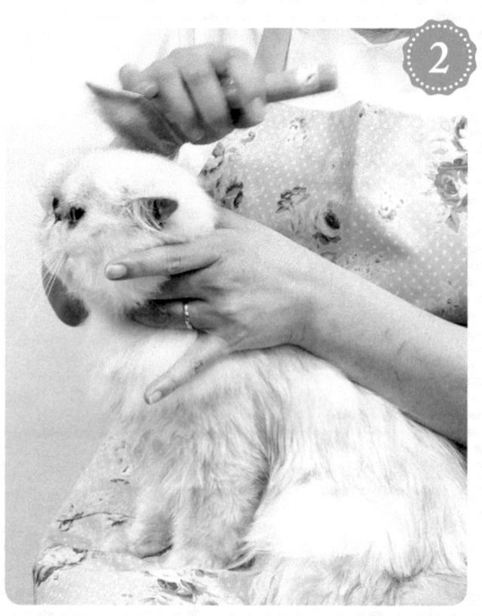

噛まれないように顎下を押さえて口を閉じ、猫の顔を反対側に向けて、トップをブラッシングします。

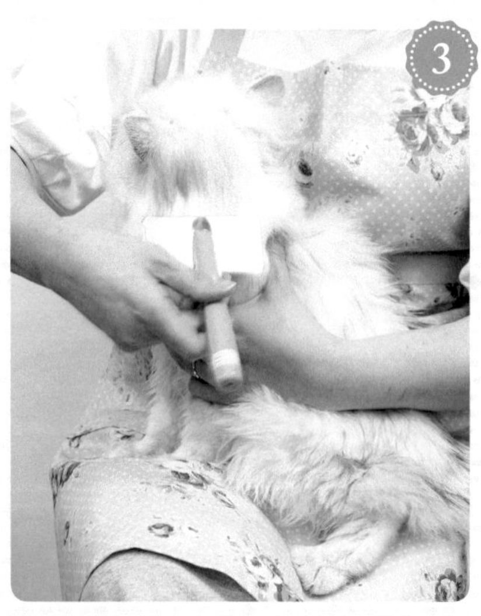

耳の付け根の後ろは毛玉になりやすい部位です。毛玉がないかを確認して、ていねいにブラッシングしましょう。

ポイント

皮膚を押さえる

猫はボディーの皮膚が伸びやすいので、スリッカーで皮膚が引っ張られないように、手で押さえながらブラッシングします。膝の上で保定するときは、猫の頭側のトリマーの足を台などに置いて高くすると、猫が落ち着きやすいです。

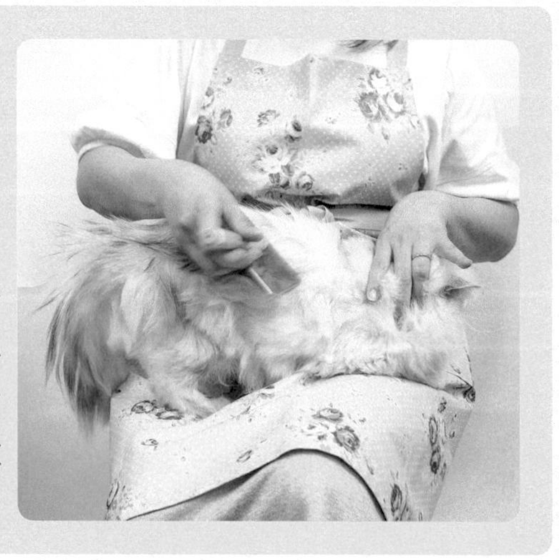

ボディーを毛流に沿って、ブラッシングしていきます。

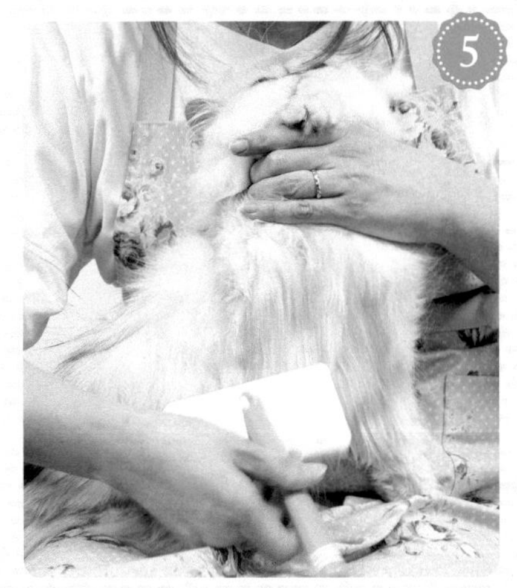

前肢、前胸のブラッシングは、猫の顔を上向けて保定すると、噛まれるリスクを減らすことができます。

毛玉やもつれをほぐしながら、抜け毛を取ります。抜け毛の量に悩んでいる飼い主も多いので、取り残しがないようにしましょう。

尾の付け根側を手で軽く押さえて、毛の根元から毛先に向かってブラッシングします。このとき尾を強く握ると、猫が嫌がるので、軽く握ります。

保定の ポイント

体に密着させて固定する

どの部位のブラッシングも、できるだけ猫の体を自分の体に密着させて保定すると、猫の動きが制御できるので施術しやすいです。四肢のブラッシングでは、脇や股に手を入れながら体に密着させるとよいでしょう。

後肢やお尻周りのブラッシングを嫌がって逃れようとする場合は、猫の股に手を入れて、腕で猫の体を自分に引き寄せて押さえると安定します。

猫を仰向けてブラッシングする場合は、猫の脇から手を入れて体を押さえて、自分の体に引き寄せます。猫パンチされないように、猫の前肢をしっかりと押さえましょう。

お腹のブラッシングは、猫の両脇を手で持ちあげて、猫を立たせてもよいです。

ポイント

毛玉は指でほぐす

毛玉は毛の根元から毛先に向かって、手でほぐしてからスリッカーでブラッシングします。

スリッカーでのブラッシングが終わったら、コームの粗目で毛玉がないかを確認します。コームでの確認を猫が嫌がる場合は、おこなわなくて構いません。

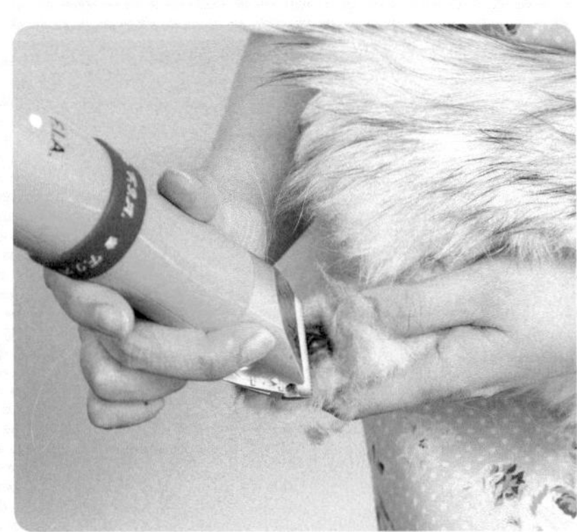

ブラッシングが終わったら、足裏をバリカンの1mm刃で刈ります。パッドのなかまで刈ると、猫が気にして舐めたり、猫砂が挟まったりするので、パッドの表面を滑らせるように刈るだけに留めます。

短毛種の場合のポイント

短毛種は動きと、抜け毛に注意

短毛種は、長毛種よりも動きが活発なコが多い傾向なので、ブラッシングの順番は気にせず、できる部分からおこないます。暴れてしまうコは、エリザベスカラーやタオルで保定しながらおこなうか、場合によっては適度なところでブラッシングを中止して、シャンプーに移ることを選択します。

また、ダブルコートの短毛種は毛が抜けやすく、特に換毛期に抜け毛を取らないでシャンプーすると、排水溝が毛でいっぱいになります。ブラッシング時に、抜け毛はできる限り取りましょう。

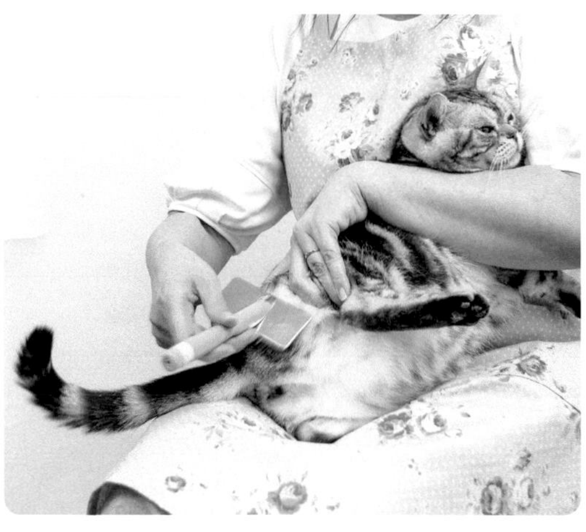

シャンプー

いきなりシャンプー剤をつけてゴシゴシ洗うのではなく、複数回に分けてやさしく洗います。最初はお湯だけをかけ流し、洗うことに慣れてきたら素洗いをして、下洗いを2回程度おこない、汚れがひどい部位は部分洗いをします。下洗いで皮脂をしっかり取ったら、そのコの毛質や毛色に合った仕上げ用シャンプー剤で洗ったあと、トリートメント剤やコンディショナー剤を使って毛に艶を出します。

シャンプーのポイント

猫はシャワーの水音に敏感で、いきなりシャワーですすぐと驚いて暴れてしまうコもいます。そのため、猫をシャンプースペースに連れてくる前に、桶に40度程度のお湯を溜めておき、そこに猫を入れて、手でお湯をかけて濡らします。

シャンプー中も、猫が怖がってシャンプースペースから飛び出さないように、シャワーの水音や水圧に気をつけ、猫の首の後ろに手を置いて保定します。

1 猫にいきなりシャワーのお湯をかけると、水音に驚いて暴れてしまうことがあるため、予め40度程度のお湯を桶に溜めておきます。

2 猫の体を自分に向けて対面した状態で洗うと、ジャンプして抱きついてくることがあります。それを防ぐために、猫を自分とは反対側に向かせて、手でお湯をかけ流して慣らします。

3 シャンプースペースの環境や、洗うことに慣れさせるために、最初はシャンプー剤を使わずに、目の周りや顎下の汚れをお湯でほぐしていきます。

4 顔を濡らしても暴れなければ、全身をお湯で濡らします。一方、猫が暴れて、施術を続けるのが難しいと判断した場合は、タオルで拭いて乾かして飼い主にお返しします。桶にお湯を溜める段階でシャンプー剤を入れると、暴れた状態で洗い流さなければならず危険です。猫の状態を確認するために、最初はシャンプー剤を入れないようにします。猫の状態によってはシャンプーできないことを、予め飼い主に伝えておくとよいでしょう。

保定のポイント

猫の顔は、施術者の反対側に向かせる

猫が施術者と対面していると、施術者の体によじ登って逃げようとしたり、噛んだりすることがあります。猫の顔を施術者の反対側に向かせて、首の後ろを片手で押さえながら、洗うようにしましょう。

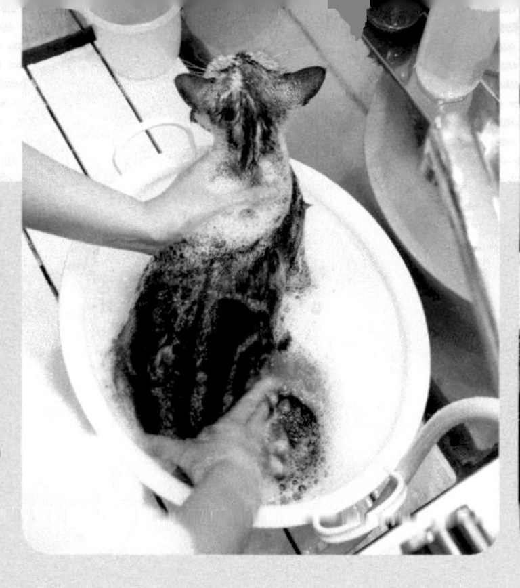

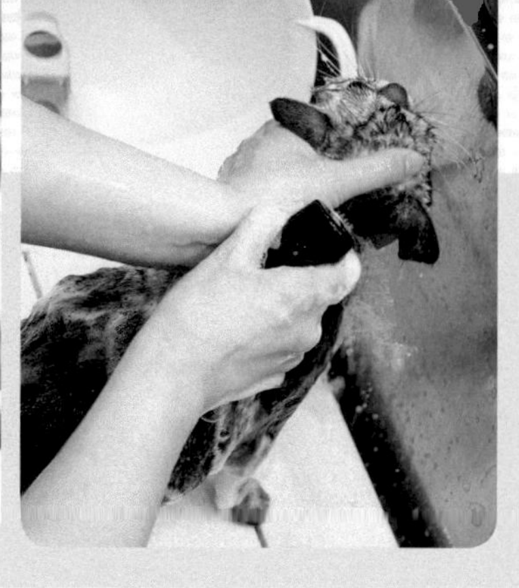

5

猫がお湯に慣れたら、下洗い用のシャンプー剤を桶に入れ、素洗いをします。お湯をかけただけでは皮脂が水分をはじいて、毛の根元までお湯が浸透しません。お湯にシャンプー剤を入れて、しっかり素洗いをおこないましょう。

6

皮脂に猫砂やほこりが付着していることが多いので、全身くまなくシャンプー剤を入れたお湯を浸透させます。

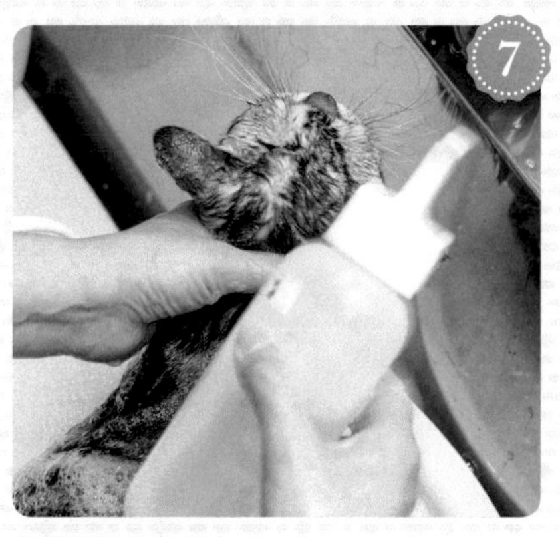

7

素洗いの次は、下洗いです。下洗い用のシャンプー剤の原液を後頭部につけて、頭、顔周りを洗います。希釈したシャンプー剤だと、液が垂れて目、耳、鼻、口のなかに入りやすいので、頭、顔周りは原液を伸ばして洗うようにします。

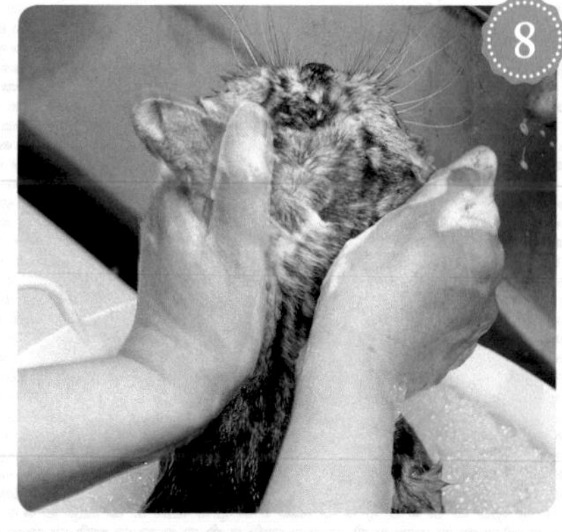

8

噛まれたり、猫パンチされたりしないように、猫の後ろから手を回して洗います。

ポイント

頭、顔周り、尾は原液、ボディーは希釈液で洗う

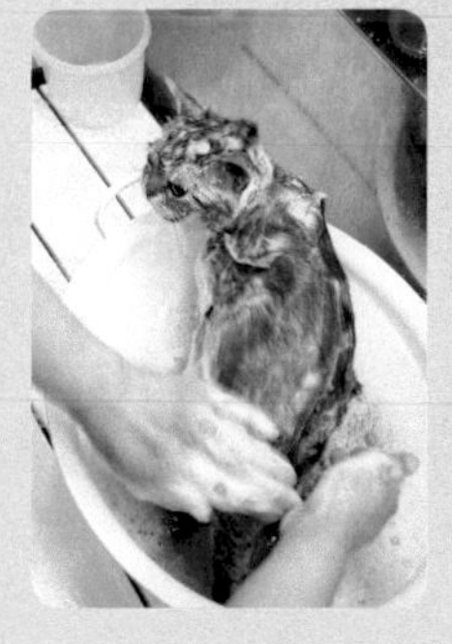

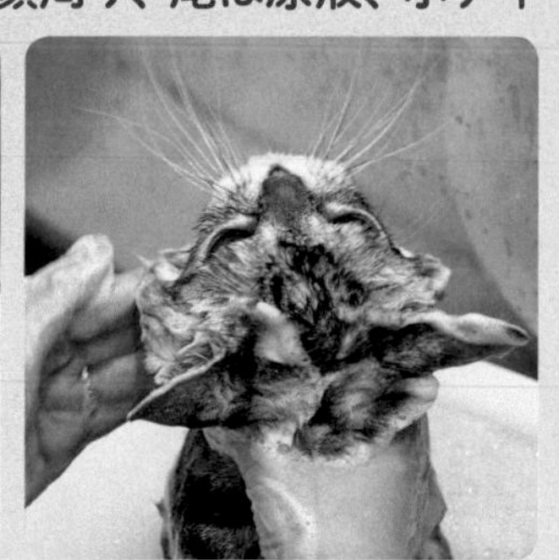

頭、顔周りを洗うときに、シャンプー剤を希釈した泡を使うと、液が垂れて目、耳、鼻、口に入りやすいので、顔周りは原液を伸ばして洗うようにします。特に、短頭種は、鼻のなかにシャンプー剤やお湯が入りやすいので注意します。また、汚れが多い尾も原液で洗うとよいでしょう。

一方、ボディーは毛の根元までシャンプー剤を行き渡らせるために、希釈したシャンプー剤を泡立てて洗います。

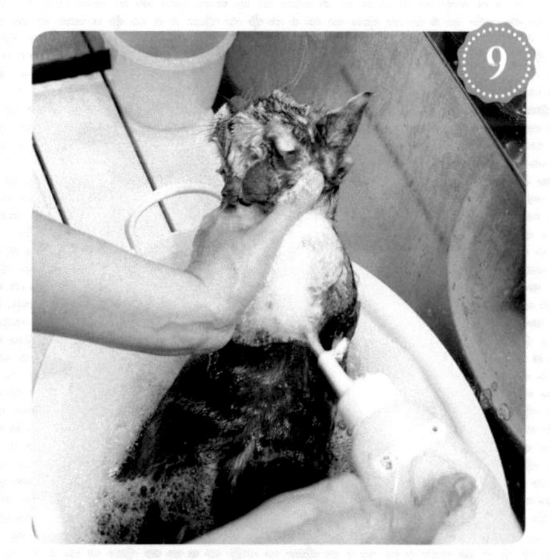

9

ボディーは、希釈したシャンプー剤を泡立てて洗います。首から尾に向かって毛流に沿って洗います。

10

尾は皮脂汚れが多い部位なので、シャンプー剤の原液をつけて洗います。親指の腹を使って、根元から先に向かって、毛流に沿って洗いましょう。

ポイント

毛流に沿って洗う

シャンプー時は、指の腹を使って毛流に沿って洗います。毛流に逆らった方向にこすったり、ゴシゴシと力強く洗ったりすると、抜け毛が被毛に絡んで洗い毛玉ができて、ブローに手間と時間がかかります。

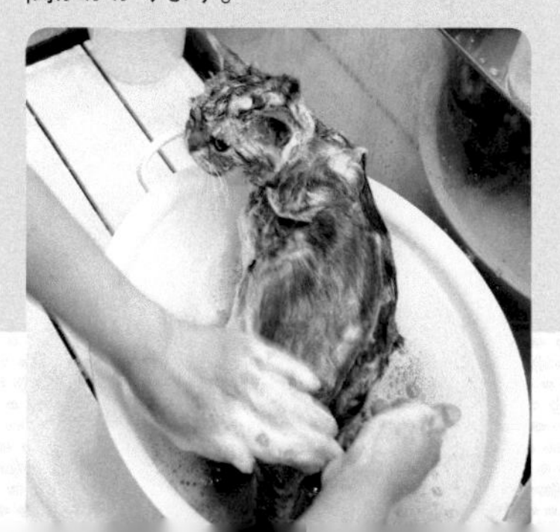

全身にシャンプー剤をつけたらすすぎます。このあとさらに洗うので、この段階ではすすぎ残しがあっても構いません。

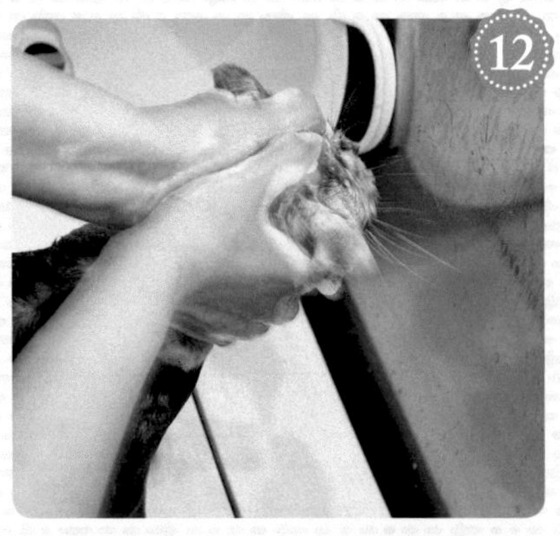

2回目の下洗いは、1回目と同様の手順でおこないます。頭や顔周り、尾は、シャンプー剤の原液をつけて洗います。

ポイント

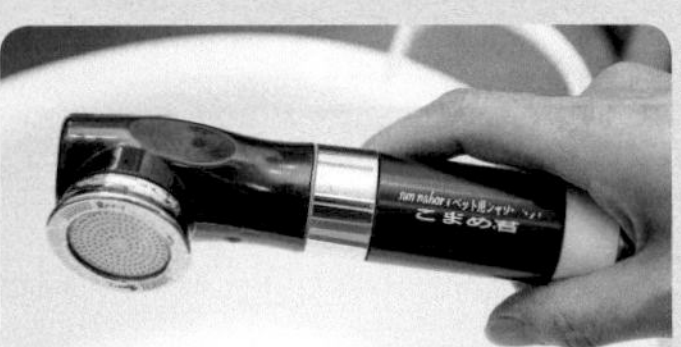

シャワーヘッドの選び方

シャワーヘッドは、できるだけ小さいほうが猫を押さえながら作業できるので便利です。また、猫が驚かないように、音が出にくいものがベストです。

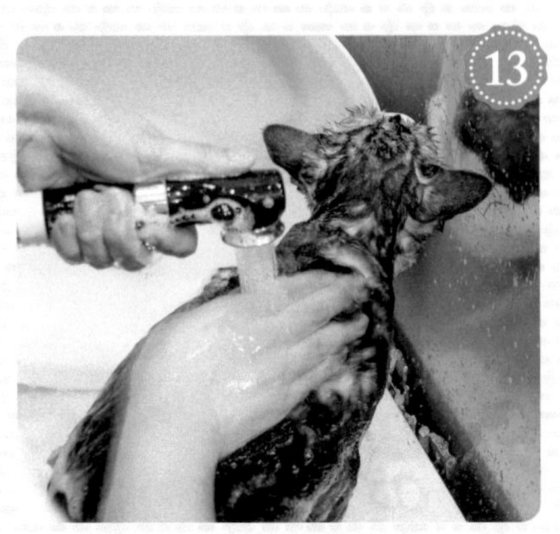

ボディーは希釈したシャンプー剤を泡立て、毛流に沿って洗います。全身洗えたら、すすぎます。お湯を手で溜めながらすすぐと、手早くおこなえます。

汚れや皮脂がしっかり落とせたら、そのコの毛質や毛色に合った仕上げ用シャンプー剤で洗います。洗い方は、下洗いと同様です。

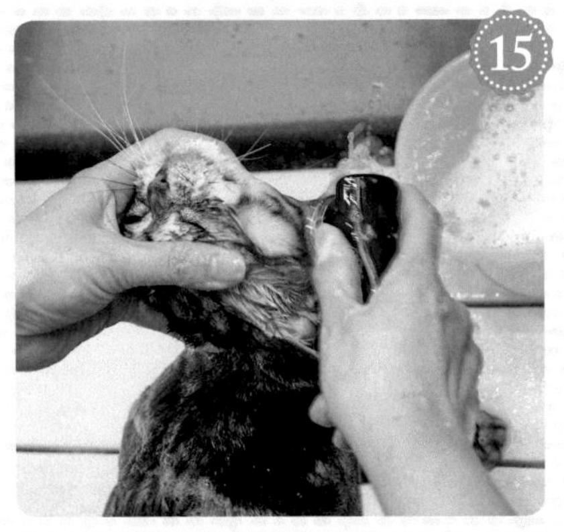

仕上げ洗いでシャンプーは終わりなので、シャンプー剤が残らないようにしっかりすすぎます。

最後にコンディショナー剤の原液を桶に入れ、シャワーのお湯で希釈し、全身にかけ流します。原液のままかけ流しても、全身には行き渡らず、すすぎを手早くおこなえないので希釈するのが大切です。

ポイント タオルで水分をしっかり取る

しっかりと洗えていれば、タオルで拭くだけで、かなり乾かすことができます。ブロー時間を短縮するためにも、シャンプー後は吸水タオルとバスタオルでしっかり水分を取るようにしましょう。

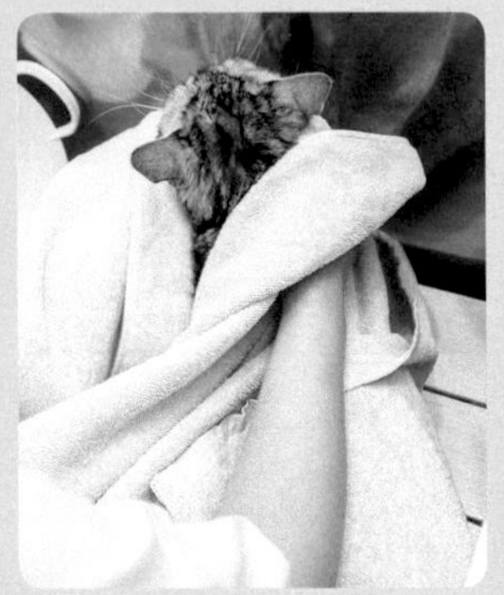

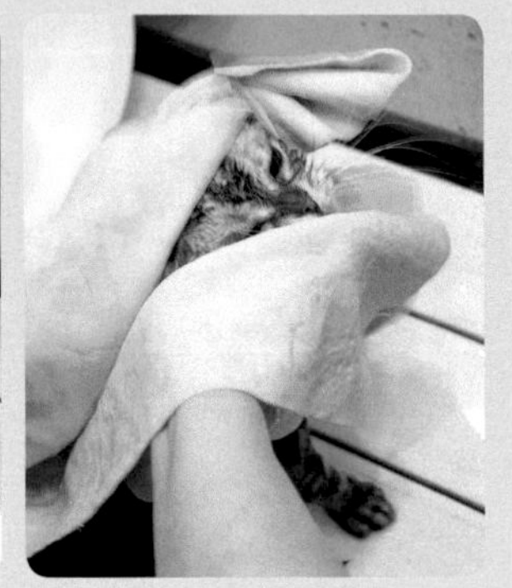

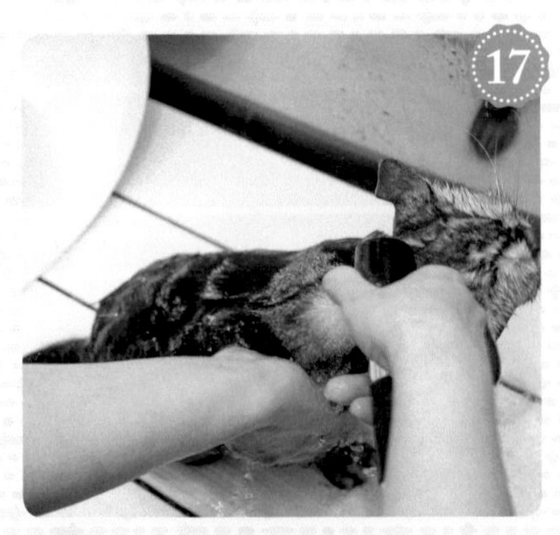

コンディショナー剤をしっかりすすいだら、タオルで水分を取ります。

短頭種の場合のポイント

涙がたまりやすい部分は、特にしっかり洗う

ペルシャなどは、ブレイク(目のあいだのくぼみ)やウィスカーブレイク(ひげ袋と頬のあいだのくぼみ)に涙がたまりやすく、涙ヤケをしやすい猫種です。パグのシワのあいだを洗うのと同様に、指を入れて洗うようにしましょう。

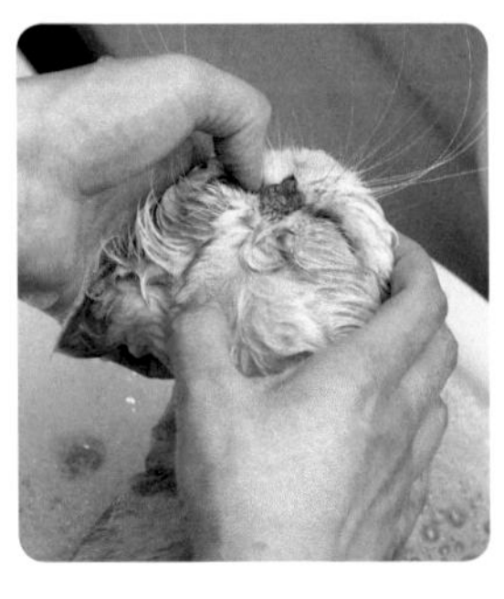

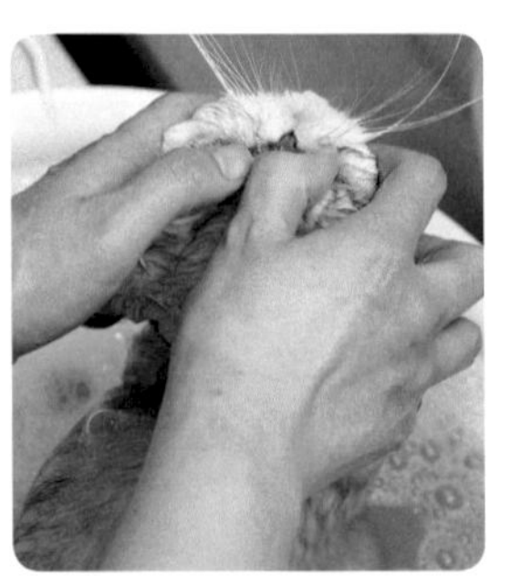

ブロー

猫のブローは、プードルのように毛を開立させる
必要はないので、短時間で乾かすことを目指します。
温風で乾かしたのちに、冷風を当てて
被毛と体を冷まします。

ブローのポイント

ほかの作業と同様に、いかに猫を落ち着かせて安全に保定できるかがポイントになります。ドライヤーの音に驚いてしまうコもいるので、いきなりブローを始めるのではなく、音に慣れさせてからおこないます。施術中もそのコの状態を見ながら風量を調整し、暴れてしまう場合には、迷わずエリザベスカラーを使用しましょう。

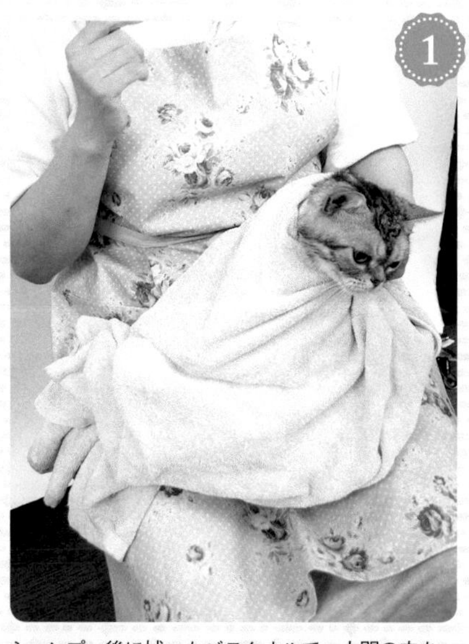

シャンプー後に拭いたバスタオルで、人間の赤ちゃんのおくるみのように巻きます。頭からブローをおこなうので、タオルから頭だけを出した状態にします。猫の頭側の足を台などに置いて高くすると、安定して猫が落ち着きやすくなります。タオルのくるみ方は、前号(本誌Vol.71)の前編をご参照ください。

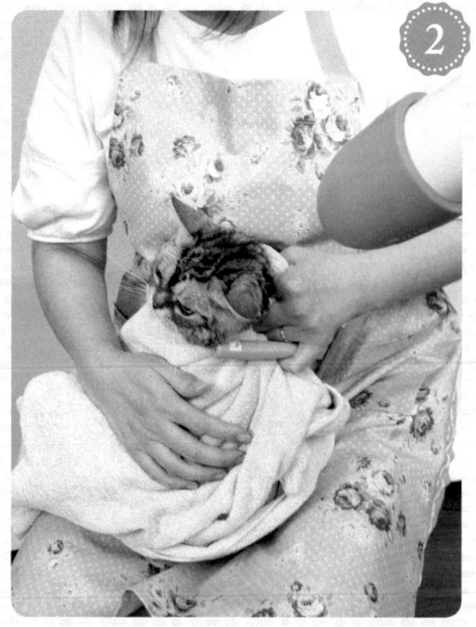

ブローを始める前に、ドライヤーの音に慣れさせるために、風量を最弱にして音を聞かせます。

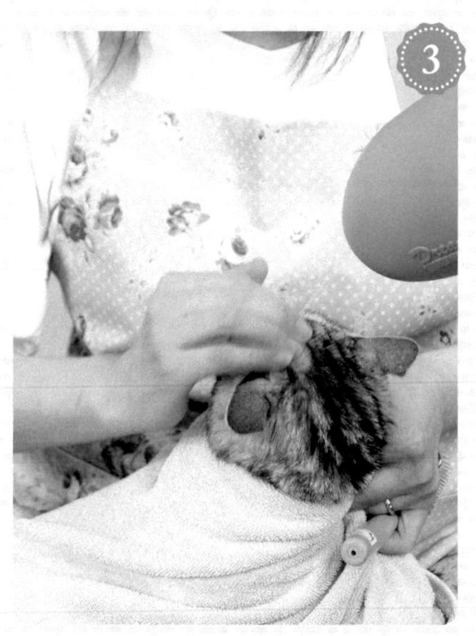

音に慣れてきたら、頭の上や後ろから風を当てて乾かしていきます。

次に顔周りをブローします。スリッカーでブローするのを嫌がるコは、指で毛をなでて乾かします。

ポイント

目と耳のなかに風が当たらないようにする

目を乾燥させないため、ドライヤーの風が目に当たらないように気をつけます。また、耳のなかにドライヤーの風が入るのを嫌がる猫も多いので、耳のなかに風が入らないように注意しましょう。

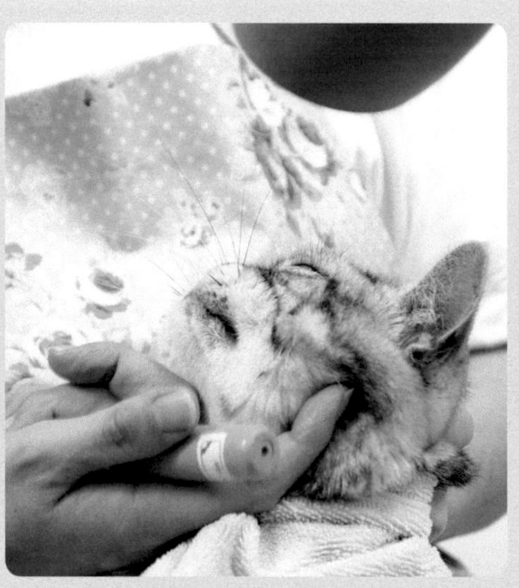

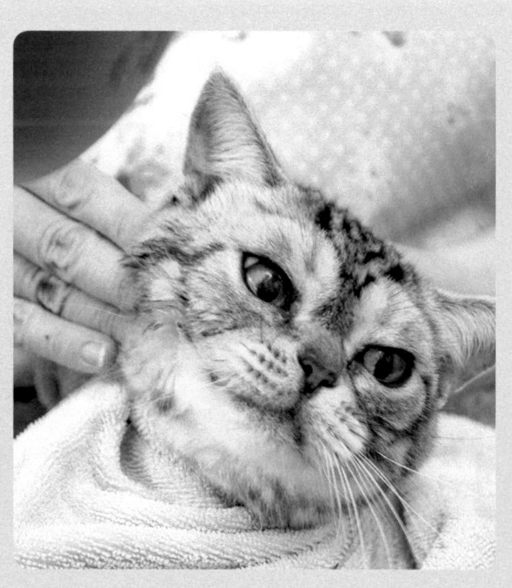

ポイント

なるべくタオルにくるんだ状態でおこなう

タオルで保定すると猫が動きにくいので、なるべくタオルでくるんだ状態でブローするとよいでしょう。頭、顔周りをブローするときは頭だけを出して、前肢をブローするときは、後肢をタオルにくるんだままにしておくと、後肢でキックされる心配がなくなります。

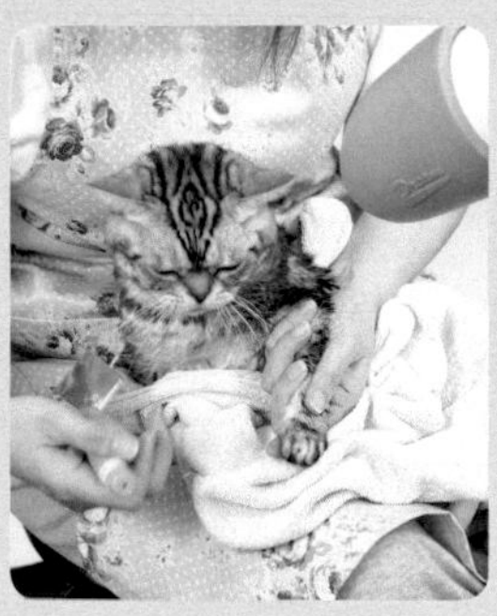

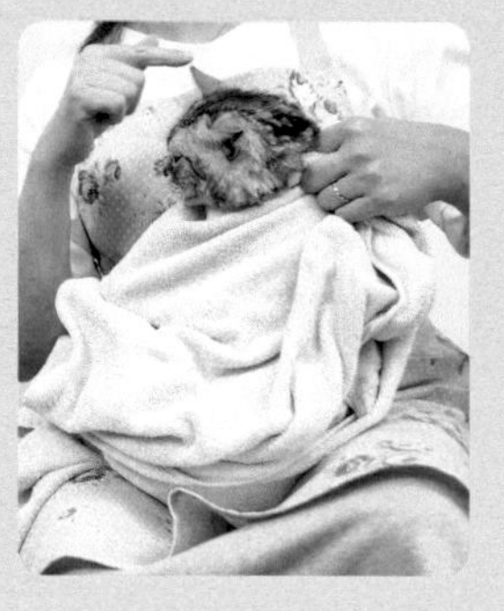

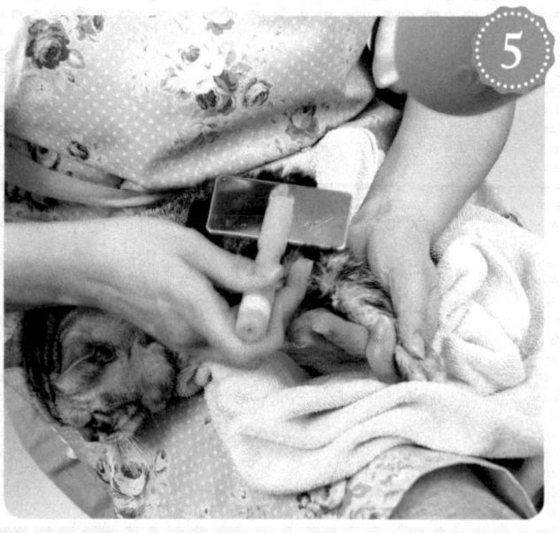

顔周りが乾いたら、タオルから前肢だけを出してブローします。猫パンチをされないように、猫の腕や肩を押さえながらおこないましょう。

前肢が乾いたらタオルを外して、お腹周りを乾かします。噛まれたり､猫パンチをされたりしないように、猫の顎や腕を押さえながらブローします。

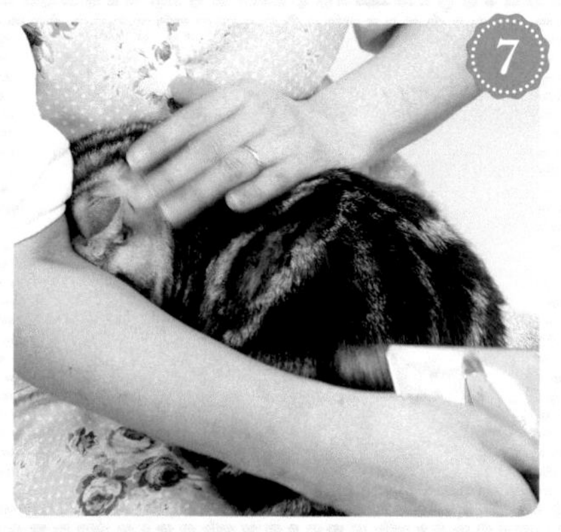

猫は伏せて丸まった体勢が、自然で落ち着くので、この体勢になったときに、背、ボディーなどを完全に乾かします。

猫の体を自分の体に引き寄せて保定しつつ、顎や腕を押さえながら後肢をブローします。順番は気にせず、猫の様子を見て落ち着く体勢に変えながら、できる部分から乾かします。

保定の ポイント

自分の体に引き寄せて、しっかり押さえる

ブラッシング時と同様に、猫の動きを制限するためには、自分の体と猫の体を密着させることが大切です。さらに、噛まれるのを防ぐために首を、猫パンチを防ぐために脇を、逃げるのを防ぐために股を押さえると、よりしっかり保定することができます。

どうしても動いてしまったり、噛んだりするコの場合は、迷わずエリザベスカラーを使用したほうが安全です。

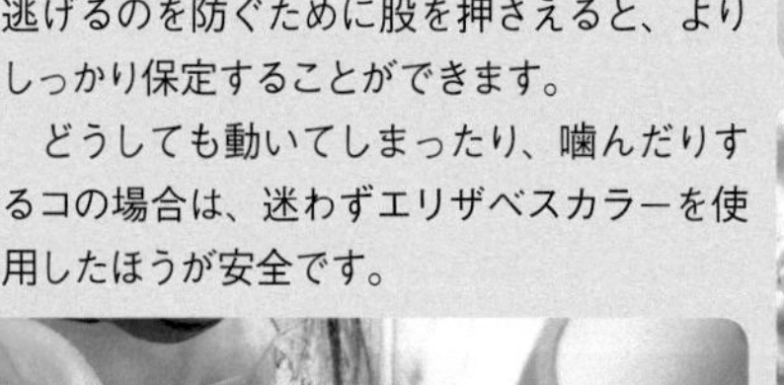

全身をしっかり乾かしたら、最後に冷風でクールダウンします。耳の付け根や足先周りなど、乾きにくい部分が湿っていないか確認をします。

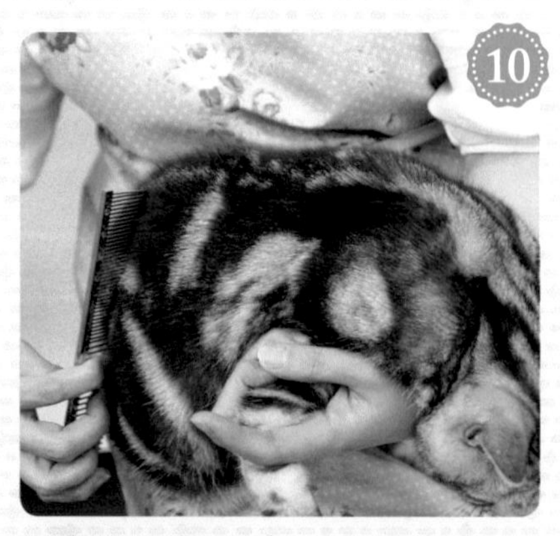

静電気がある場合は、ブラッシングスプレーをコームにつけてコーミングするとよいでしょう。

長毛種の場合のポイント

毛が放射状になるように、風を当てる

長い被毛をしっかりと乾かすために、カット犬種のブローと同様に、毛が放射状に開くように風を当て、根本から毛流に沿ってスリッカーを入れます。また、スリッカーを持っていないほうの手で、皮膚を軽く引っ張らないと、皮膚が動くのを猫が嫌がることがあるので注意しましょう。

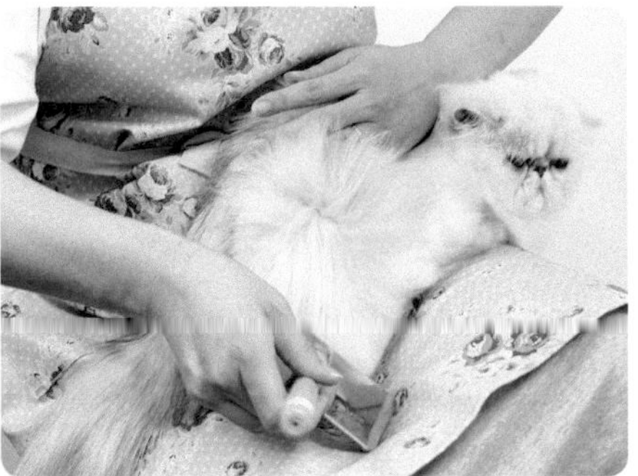

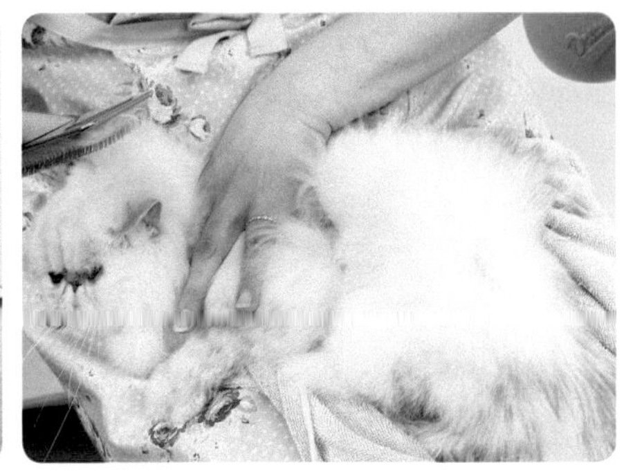

Before

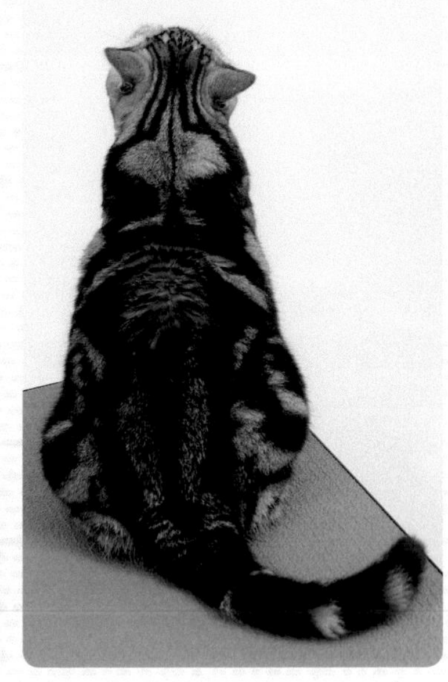

After

Body

Side

Front

Back

カット

最近では、猫もデザインカットをすることが増えてきましたが、
特にオーダーがない場合は、生活しやすさを重視して、
その猫種本来のシルエットが出るように仕上げるのが基本です。
猫が動いてカットが難しい場合は、
別のスタッフに保定をしてもらうとよいでしょう。

毛流に沿ってコーミングします。

カットのポイント

プードルのようにコームで立毛させるのではなく、毛流に沿ってコーミングをして、毛を自然な状態にしてからカットします。毛先をチッピングすることで、猫本来のシルエットを出すように意識します。猫は皮膚が柔らかく、伸びるので自然な状態に立たせてからカットしないと、切りすぎることがあるので注意します。

なお、手順⑧〜⑪の顔、頭部は、ペルシャやエキゾチックなどの猫種のみカットをおこないます。そのほかの猫種では、基本的には顔や頭部はカットしないので、注意してください。

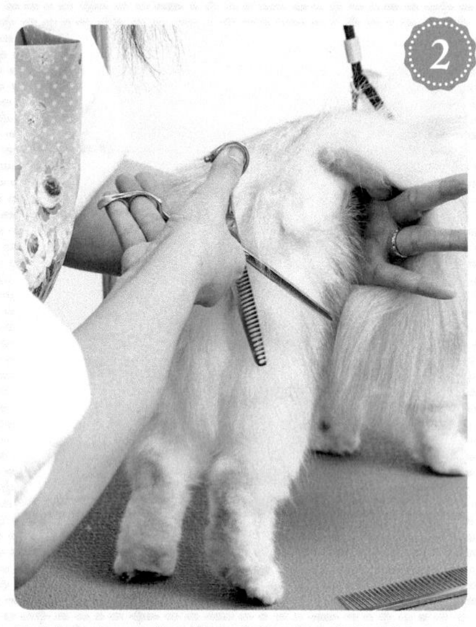

尾を切らないように片方の手で押さえながら、スキバサミでお尻の毛をカットします。汚れやすいお尻は短くします。

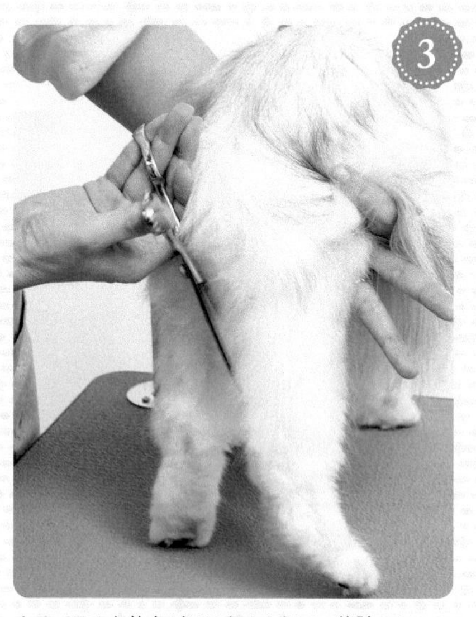

ナチュラルな仕上がりになるように、後肢のシルエットをイメージしながら毛先をカットして整えていきます。

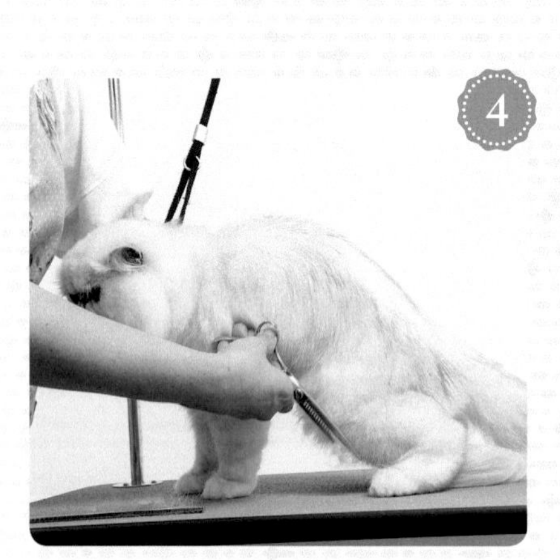

猫のカットでは、猫が落ち着く体勢を優先し、できる部分からカットするとよいでしょう。

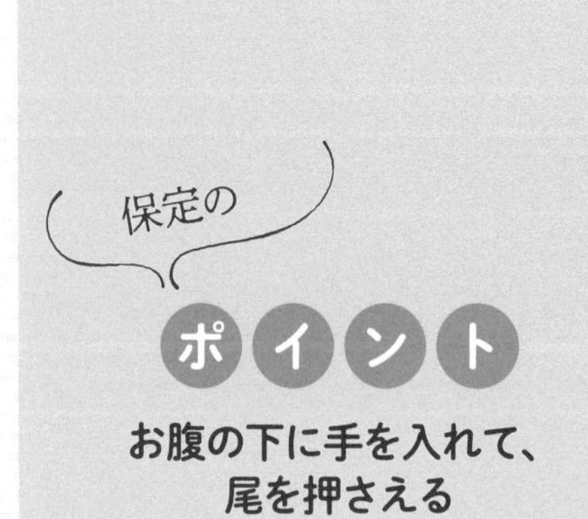

保定の

ポイント

お腹の下に手を入れて、尾を押さえる

後肢やお尻周りをカットするときは、お腹の下に手を入れて、足の付け根を押さえて保定します。尾が動くと危ないので、指で尾をはさんで押さえるとよいでしょう。

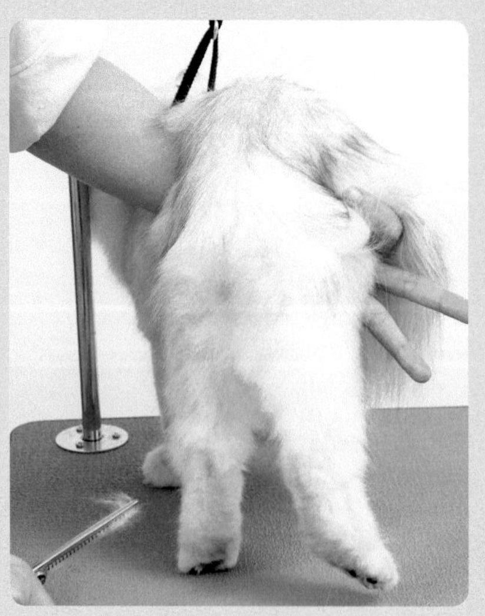

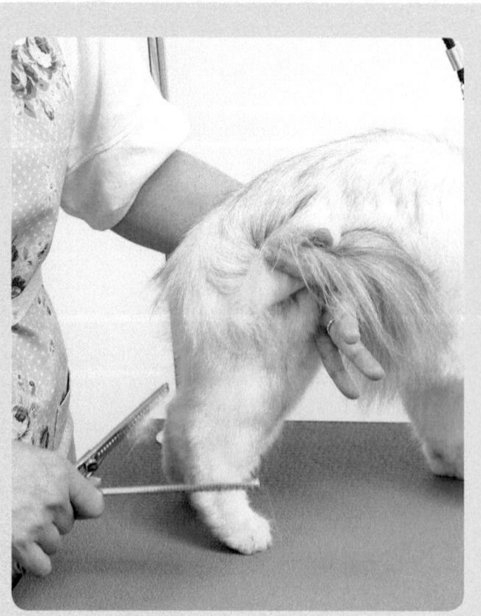

ポイント

飾り毛やひげは切らないように

耳の内側の毛(イヤータフト)は、猫の飾り毛なので切らないように注意します。また、目の上や口の周りから生えている硬い毛はひげです。ひげは目の保護のほか、わずかな空気の変化を察知して、障害物を把握するのに必要だと言われているため、切らないようにしましょう。飼い主に断りなく切ると、クレームにつながる可能性が高いです。

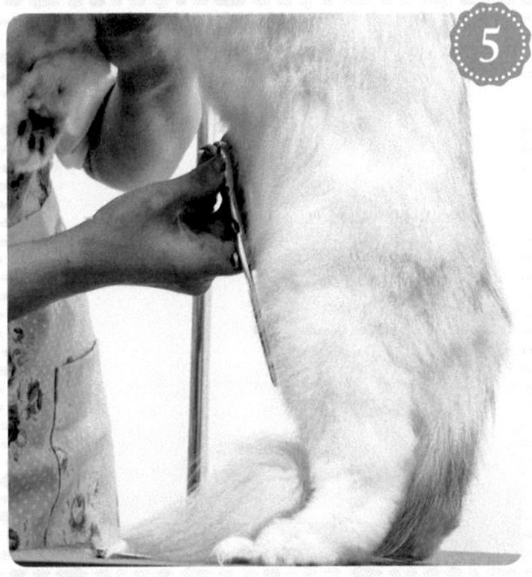

前肢の脇を押さえながら立たせて、後肢の内側をカットします。

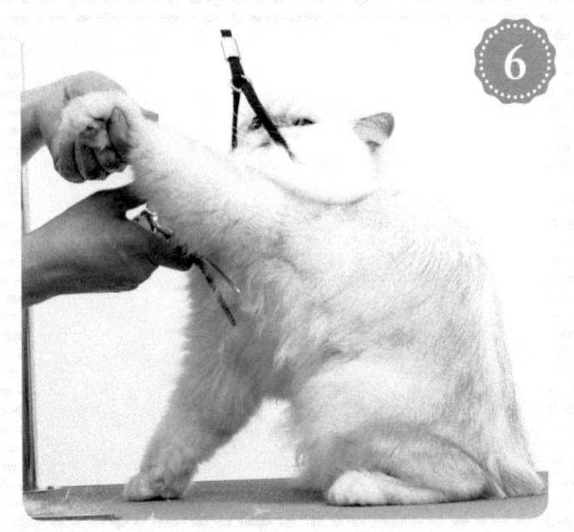

猫は前肢の可動域が広いので、前肢を持ちあげても負担になりません。脇は毛玉になりやすいので、前肢を持ちあげて、目でしっかり確認しながらカットします。

目の上の硬い毛やひげを切らないように注意します。

目の下の涙ヤケは、コームでしっかり毛を立たせて、ひげを切らないように注意しながらカットします。

猫によっては、目の上の毛が眼球に張りついていることもあるので、目にかからないようにカットします。動くコは、刃先が丸まっている人間用のベビー爪切りを使用するとより安全です。

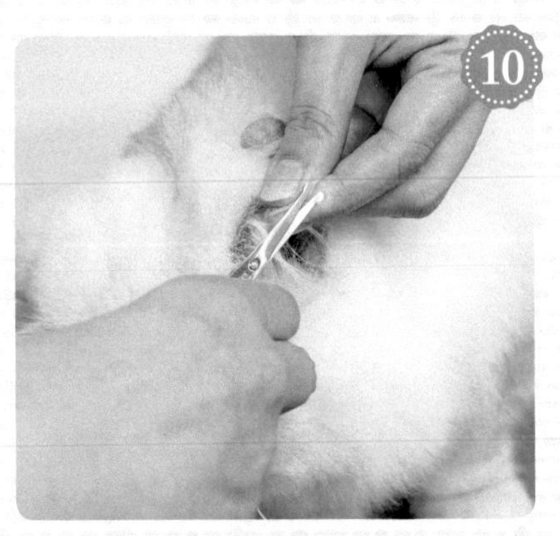

耳は、内側から生えている飾り毛を切らないように注意しながら、縁に沿ってカットします。このときも、人間用のベビー爪切りを使用するとより安全です。耳縁のカットをおこなうのは、ペルシャとエキゾチックのみです。そのほかの猫種では、イヤータフトやひげと同様に、切らないように注意しましょう。

猫本来の丸みのある頭をイメージしながら、頭部を丸めていきます。

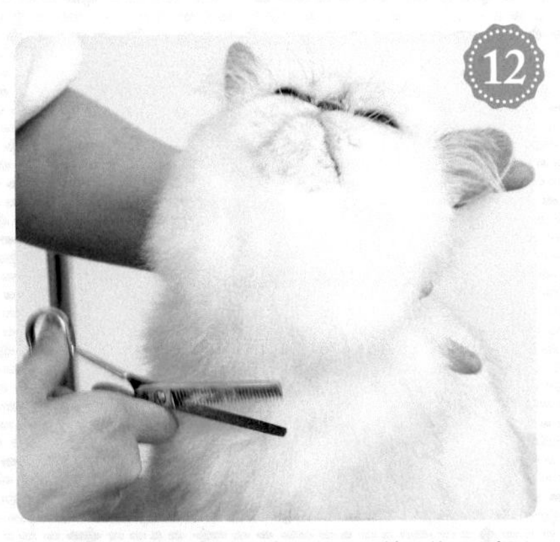

フロントは、猫の顔を上向かせて、首の後ろを押さえながら、自然な丸みが出るようにカットします。

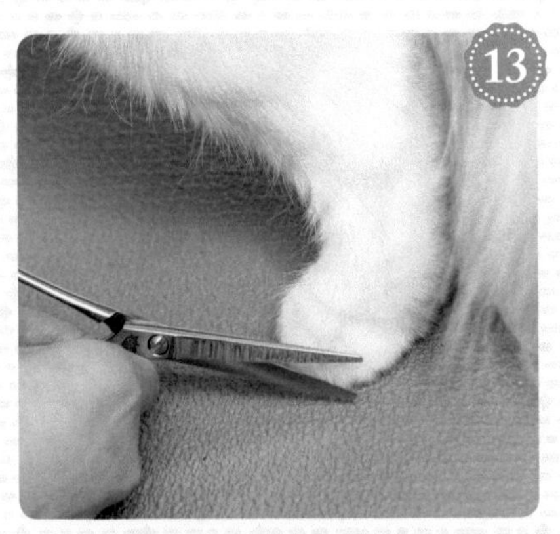

足先周りは、犬のように作りこむ必要はなく、足先から出ている毛を整える程度にカットします。

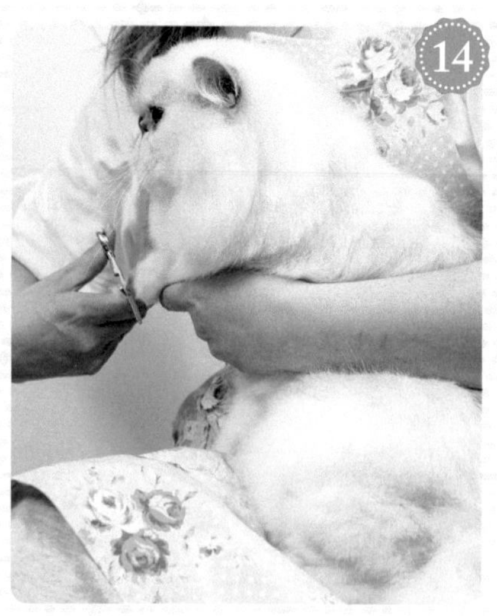

足先周りのカットを嫌がって動いてしまうコは、トリミング台の上ではなく、膝の上に乗せて、カットをしたほうがより安全です。

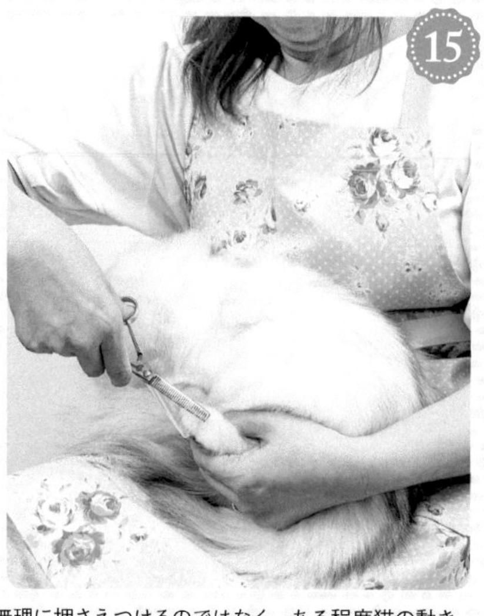

無理に押さえつけるのではなく、ある程度猫の動きに合わせてカットすることが重要です。

お腹の毛は飼い主がお手入れしにくく、もつれや毛玉になりやすいので短くします。

Before

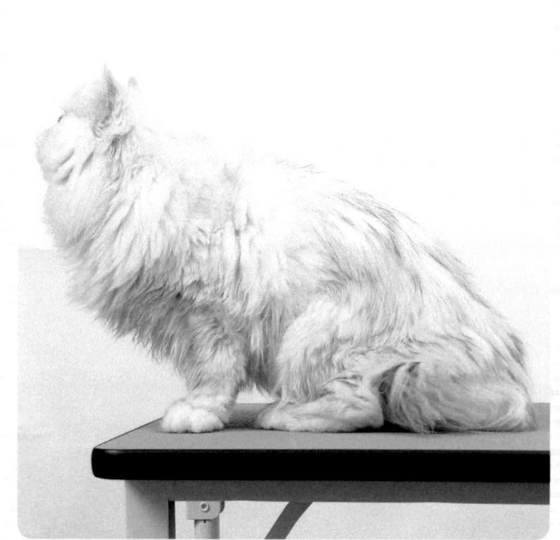

After

Side

Front

Back

このコーナーでは、新製品紹介、業界ニュース、セミナー・講習会・イベント情報など、トリマーも知っておきたいペットショップビジネス関係の専門情報を、幅広くお届けします。

掲載情報は2021年1月31日現在のものです。本誌発売日前に変更や定員に達している場合もございますので、ご了承ください。

一般社団法人日本アニマルウェルネス協会
『ペットエンディングケア オンラインセミナー』

シニア犬のトリミングから犬の終活まで

弊誌Vol.70、71で特集を監修した、伊佐美登里さん(フェリス動物病院)が講師を務める、オンラインセミナーがおこなわれます。

動物病院に来るシニア犬を多数トリミングしてきた経験から、少しでも犬の負担を軽くする様々なアイデアを形にしたり、飼い主に犬の生前から終活や看取りを考えるきっかけにしてもらうために、エンゼルケアグルーミングを2018年から始めたり、自ら培ってきた経験、知識、技術を基に講義します。

特集でも紹介、解説をした、シニア犬をトリミングするときの注意、犬の終活アドバイス、最期を迎えた犬のエンゼルケアなど、実例や経験談を交えた講義を聞くことができるチャンスです。

受講した方は、一般社団法人日本アニマルウェルネス協会の修了証書と、店頭に貼れるステッカーももらえます。

【概要】
日時：３月26日(金) 18：30 ～ 21：00
受講料(すべて税込み)：ホリスティックケア・カウンセラー受講生及び修了生 5,500円／ペットフーディスト受講生及び修了生5,500円／一般 7,700円
申込方法：３月19日(金)までに、ウェブページにある申込みフォームから申込み。申込み完了後に届くメールに記載されている入金先口座へ、受講料を３月 22日(月) までに振込み。
※注意事項や詳細は、ウェブページでご確認ください。

ウェブページ

【問い合わせ先】
株式会社カラーズ・エデュケーション
TEL 0120-06-1270

講師の伊佐美登里さん

株式会社社会保険出版社
『ペットがもたらす健康効果』発刊

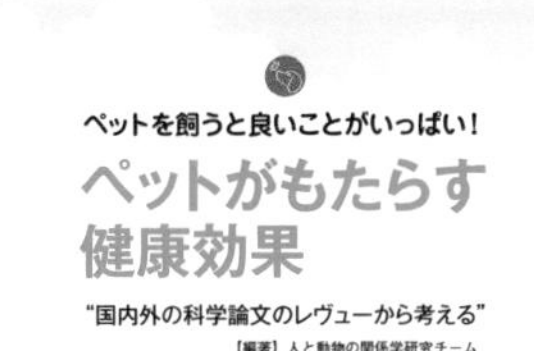

ペットが人間に与える健康効果の最新研究

ペットと人間の真の共生を目指す、人と動物の関係学研究チームは、全世界のペットと人間の健康に関する最新研究を体系的にまとめた、『ペットがもたらす健康効果』を発刊しました。本書は、英国ウォルサムペット研究所の文献を中心に、2019年までの直近４年間の世界中の優れた研究論文を含み、最新科学的データを総括しています。日本で報告された、ペットと人間の健康に関する研究論文も加え、国内外の研究を体系的にまとめられています。

子どもや高齢者に対するペットの役割、健康への影響、ストレスや痛みの緩和だけでなく、ペットを飼うことで、より健康長寿に連動して医療機関の受診が減少し、結果的に医療費が安定するという研究も紹介されています。

ペットとの共生によって癒されるだけではなく、子どもたちの心の成長促進や、高齢者の認知症改善などのために、ペットと暮らす環境が人間にとって有益であることがわかる１冊です。書店またはAmazonで購入できます。

【問い合わせ先】
株式会社社会保険出版社
TEL 03-3291-9841

書名：ペットがもたらす健康効果
編者：人と動物の関係学研究チーム
(協力 一般社団法人ペットフード協会)
価格：1,100円(税込)

i-tree
『トリマーズウェア』発売

goods

トリマー向けストレスフリーの仕事着

トリマーのことを考えて作られたユニフォームが、i-treeから発売されました。

普段着でトリミングをすると、カットした犬の毛が服の繊維にささったり、脂を含んだ毛がまとわりついたりと、簡単に毛を落とすことが難しく、困ることも多いのではないでしょうか。

そんなトリマーのために、犬の毛がつきにくく、犬の爪でも簡単に破れず、水をはじく生地を採用した、トリマー向けのユニフォームです。

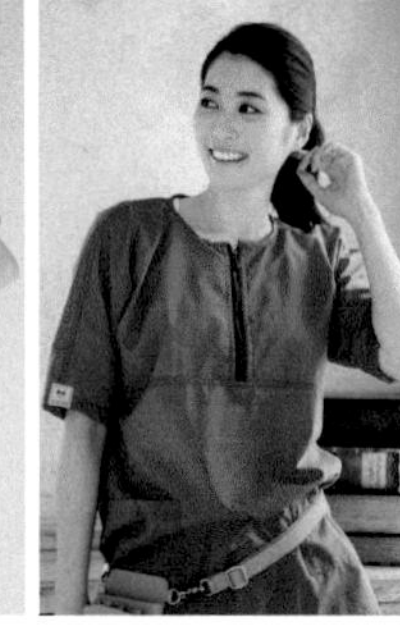

デザインは４種類で、オリジナルワッペンの作成、プリントや名前入れもできます。

写真のデザインは、いずれも14,080円（税込）。

【問い合わせ先】
i-tree（アイツリー）　TEL 0465-55-8491
MAIL i-treeshop@i-tree.net　URL http://i-tree.net/

株式会社KADOKAWA
『うちのトイプーがアイドルすぎる。3』発刊

トイプーと飼い主の実録コミック

シリーズ累計７万部のコミックエッセイ３冊目、『うちのトイプーがアイドルすぎる。3』が発刊しました。

ペットショップでの出会いから14年。シニアになったクーさんは病気になったり、ゆっくりしか歩けなかったり……老いを実感する瞬間は日々増えていますが、歳をとってきたからこそ、益々いとおしい存在に。

シニアになってもかわいさ更新中のクーさんと、道雪家の実録漫画。描き下ろし漫画37ページに、巻末付録クーさんプチ写真館も。書店、Amazonなどで、書籍、電子書籍、それぞれ発売中です。

【問い合わせ先】
株式会社KADOKAWA
URL https://www.kadokawa.co.jp/support/

書名： うちのトイプーがアイドルすぎる。3
著者： 道雪 葵
価格： 1,100円（税込）

trim バックナンバー 発売中

品切れ続出！

在庫が“残りわずか”のバックナンバーが増えています。
気になる号は、弊社へお電話いただくか、
弊社オンラインショップから、お早めにご注文ください。

ご注文・お問い合わせ先

株式会社エデュワードプレス
TEL 0120-80-1906
(平日9:00～17:00)
オンラインショップ https://eduward.online/

Vol.1 ～ 31 Sold Out

Vol.32 (2014年6月号)
プードルをシンメトリーに作るコツ　監修:金子幸一(ヴィヴィッドグルーミングスクール) ／コンチのすべて　監修:佐々佳呉子(九州サンシャイングルーミングスクール) ／ヨーキーの丸耳スタイル　監修:福村佳奈(Dog Salon KaiZ)

Vol.38 (2015年6月号)
サマーアレンジ ミリ数違いを徹底比較　フロント・ブレスレット編　監修:金子幸一(ヴィヴィッドグルーミングスクール) ／ウエスティのペットアレンジ　監修:大江崇晴／マルチーズのふんわりアレンジ(DogSalonLaPrimo)

Vol.35 ～ 37 Sold Out

Vol.34 (2014年10月号)
毛が短い場合の顔カットアレンジ5 監修:佐藤由紀子(犬の美容室キャロン) ／クリッパーのブランド別　刈れ方の違い／クリッパーで仕上げるベドリントン・テリア後編　監修:櫻井春輝(LUMINOUS)

Vol.33 (2014年8月号)
皮膚の27の疑問解決　監修:川野浩志(プリモ動物病院グループ) ／シー・ズーのお手入れらくちんスタイル(Dogroom★Chai) ／ひとりマーのリアル／クリッパーで仕上げるベドリントン・テリア前編　監修:櫻井春輝(LUMINOUS)

Vol.47 (2016年12月号)
プードルの耳の毛アレンジ　監修:佐々木啓子(Figoo) ／冬場の犬のスキンケア　監修:江角真梨子(株式会社VDT) ／クレームの対応術と予防法　監修:中島秀輔(ワンズアップ株式会社)

Vol.44 ～ 46 Sold Out

Vol.43 (2016年4月号)
飼い主さんのキャラ別接客テクと来店頻度で変えるスタイル 監修:島本彩恵(ペットサロン島本)、髙木美樹(TALL TREE.) ／シュナの丸マズル(DOG'S CARE JOKER) ／マルチーズのクリッパー仕上げ(Dog Select)

Vol.39 ～ 42 Sold Out

Vol.52 ～ 55 Sold Out

Vol.51 (2017年8月号)
ロジックを知ってきれいに仕上げるシー・ズーのトリミングテクニック前編　監修:生井沢里美(チロのアトリエ) ／おパンツカットの似合わせテクニック監修:佐々木啓子(Figoo) ／ホースドライヤーの使い方徹底解説　監修:髙木美樹(TALL TREE.)

Vol.49 ～ 50 Sold Out

Vol.48 (2017年2月号)
M・シュナウザーの顔アレンジ 監修:長瀬健一(D・O・G BUBBLES) ／初心者のためのナイフワーク 監修:神宮和晃(Dog Salon Salt & Pepper) ／ 犬の救急対応と応急処置 基礎編　監修:中村篤史(TRVA 夜間救急動物医療センター)

Vol.59 (2018年12月号)

理論に基づいたプードルのカット 実践編 監修:神宮和晃(DogSalonSalt & Pepper, Team UTSUMI) ／毛量が少ない・毛質がやわらかいM・シュナウザーのトリミングのコツ 監修:遠藤彰子(design f) ／適正なトリミング料金を考える(中島秀輔／石川千恵／藤野洋)

Vol.58 (2018年10月号)

M・シュナウザーをかわいくする5つのポイント 監修:遠藤彰子(design f) ／失敗しないためのシザー選びのポイント解説 監修:伊佐美登里(フェリス動物病院) ／まずはここから！ベーシックペットカット マルチーズのペットカット 監修:鈴木雅実(SJDドッググルーミングスクール)

Vol.57 (2018年8月号)

ヨークシャー・テリアの顔カット 毛質と生え癖に合わせて仕上げるトリミングテクニック 監修:菊池亮(GALLERY ARTESTA) ／犬用クレンジングオイルの使い方 監修:髙木美樹(TALL TREE.) ／エアークリッピング応用編 監修:伊佐美登里(フェリス動物病院)

Vol.56 (2018年6月号)

プードルの足のスタイル 監修:長瀬健一(BUBBLES) ／プードルのカット理論 監修:神宮和晃(Dog Salon Salt＆Pepper、Team UTSUMI) ／サマーカットのリスクと注意点 監修:江角真梨子(VetDermTokyo)

Vol.63 (2019年8月号)

"正しい"カット中の立ち位置・姿勢・体の動かし方 監修:佐々木啓子(Grooming SalonFigoo) ／ワンランク上のかわいさを実現するためのプードルのトリミングテクニックPart 2 監修:柳澤絵美(Quintet) ／アンダーコートのもつれ処理入門 監修:髙木美樹(TALL TREE.)

Vol.62 (2019年6月号)

プードルの顔・体形のカバーテクニック後編 監修:TAROIMO for PRIVATE ／ワンランク上のかわいさを実現するためのプードルのトリミングテクニックPart1 監修:柳澤絵美(Quintet) ／犬のアレルギーとアトピー 犬アトピー性皮膚炎の基礎知識、トリマーにできること 著者:江角真梨子(VetDermTokyo)

Vol.61 (2019年4月号)

プードルの顔・体形のカバーテクニック前編 監修:TAROIMO for PRIVATE ／プードルのペットスタイル分析 監修:長瀬健一(BUBBLES) ／犬の耳の知識 著者:柴田久美子(DVMsどうぶつ医療センター横浜二次診療センター皮膚科、YOKOHAMA Dermatology for Animals)

Vol.60
Sold Out

Vol.67 (2020年4月号)

プードルの部位別アレンジテクニック 監修:長瀬健一(BUBBLES) ／毛質の違いによるコームとハサミの使い方のポイント 監修:鈴木雅実(SJDドッググルーミングスクール) ／皮膚＆被毛のトリセツ 監修:江角真梨子(VetDermTokyo)

Vol.66
Sold Out

Vol.65 (2019年12月号)

アタッチメントコームとハサミで作り分けるプードルのペットカット 監修:白鳥尋三(JewelsDog) ／カーブシザー超入門 監修:髙木美樹(TALLTREE.) ／犬の骨・関節・運動機能のトラブルと対応法 監修:箱崎加奈子(ペットスペース＆アニマルクリニックまりも)

Vol.64
Sold Out

Vol.71
Sold Out

Vol.70 (2020年10月号)

トイ・プードルの長めスタイルの技後編 監修:鈴木亜弥(DogSalonLaVierge) ／シャンプー犬をかわいく仕上げるトリミングテクニック 前編 監修:DOG DIAMOND ／動物病院ではどうしてる? シニア犬のトリミングのヒント 監修:小堀昌弘、伊佐美登里(フェリス動物病院) ／秋冬の正しい犬のスキンケア方法 著者:江角真梨子

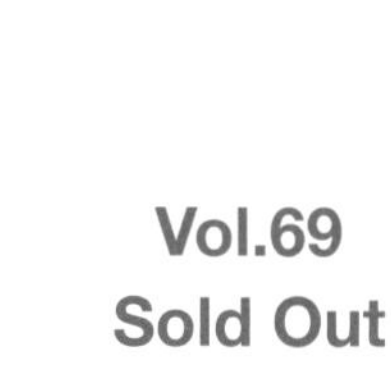
Vol.69
Sold Out

Vol.68 (2020年6月号)

トリマーのためのお悩み解決策 監修:長瀬健一(BUBBLES) ／プードルの丸いマズルのカットのポイント 監修:柳澤絵美(Quintet) ／カウンセリングマニュアル前編 監修:櫻井春輝(LUMINOUS) ／犬の感染症の基礎知識と衛生管理 監修:茂木朋貴(東京大学附属動物医療センター)

trimへのご意見・ご感想をお寄せください。

アンケート用紙

1.キリトリ線に沿ってアンケート用紙を切り離し、折り線で二つ折りにします。
2.アンケートをご記入後、セロハンテープを三方に貼って綴じます。
※写真なども入れてお送りください。

キリトリ

お手数ですが、84円切手をお貼りください。

194-0022

東京都町田市森野1-27-14
サカヤビル2F
株式会社エデュワードプレス
trim（トリム）編集部行

vol.72

●お寄せいただいたご意見は、本誌で掲載することがありますのであらかじめご了承ください。ただし、ご本名を掲載することはございません。
●ご記入いただいた個人情報は、当社出版物の参考にさせていただくとともに、新刊等のご案内に利用させていただきます。

折る

キリトリ

trim Vol.72の記事のご感想をご記入ください。

とても良い…5／良い…4／普通…3／つまらない…2／とてもつまらない…1

1. 毛質を活かして魅せる マルチーズのデザインカット
2. デザインの幅を広げる トイ・プードルのアレンジ術
3. M・シュナウザーのトリミングマニュアル
4. トリミングを基礎から徹底的に学び直す ラジカルトレーニング
5. 安全にかわいく！ 知っておきたいキャットグルーミング
6. PJ plus
7. その他（　　　）

Q.1 いちばんおもしろかった・ためになった記事を教えてください（番号とその理由も）。
番　理由：

Q.2 おもしろくなかった記事を教えてください（番号とその理由も）。
番　理由：

Q.3 読まなかった記事を教えてください（番号とその理由も）。
番　理由：

今号の読者プレゼント（P6）
ご希望の方は右枠に○をご記入ください。

待ってるよ！

FAX・Eメール兼用アンケート用紙

FAX 0120-80-1872

アンケートはFAXまたはEメールでお送りいただくことも可能です。
FAXとEメールの場合、両面送るのを忘れないようにしてください。

trim@eduward.jp

FAXとEメールの場合は忘れずに両面送ってね！

trim vol.72 アンケート

Q.4

フリガナ

お名前　（ペンネーム　）

ご住所　〒

性別　男・女　年齢　歳

電話番号(携帯電話)

Eメールアドレス　@

ご職業(勤務先・学校名)

trimの定期購読を
している・勤務先でしている・していない

トリマーの方にお聞きします。

Q.5 トリマー歴　年　取得資格　級

現在の役職

経営者　店長　チーフ

スタッフ（正社員　契約社員　アルバイト　パート　派遣　その他）

Q.6 トイ・プードルのマズルの作り方で苦手なことや、困っていることはありますか？(例:柔らかい毛質のコロカット、楕円の作り方、スタイルを長持ちさせる方法など)

Q.7 トイ・プードルのパピーのトリミングで苦手なことや、困っていることがあれば教えてください。

Q.8 シー・ズーのカットで、苦手なことや、困っていることはありますか？(例:顔を丸く作る方法、マズルの作り方など)

Q.9 trimに登場してほしい方(トリマー、ハンドラー、先生など)や取材して欲しいサロン、またはセミナーを見てみたい方はいますか？ どんな内容を知りたいですか？

「お便りコーナー」「作品写真コーナー」など、自由にお書きください。

※お送りいただいた写真はご返却できません。

ご協力ありがとうございました！

Next Issue Vol.73 2021 April

次号
trimは、
2021年4月上旬
発売です。

♦トイ・プードルの顔カットを15分で仕上げる！
髙木美樹流
スピードデザインカット

テディベア、フェイクアフロ、アフロ、アシメの4つのスタイルのトリミング手順を通して、
15分で顔カットをおこなうための極意を紹介します。

♦パピーの慣らし方、扱い方、トリミングのポイント

トリミングに慣れてもらう方法や、ブラッシング、シャンプー、
ブロー、カットの各工程におけるパピーならではのトリミングのポイント、
飼い主へのアドバイス方法などを詳しく紹介します。

♦韓国流トリミング
スタイルデザインとカットの基礎

日本のトリマーにも人気の韓国流のカットスタイル。
そのかわいさの秘訣を紐解くため、韓国の人気スタイルを分析し、
似合わせテクニックやカット方法を解説します。

好評連載

♦トリミングを基礎から徹底的に学び直す
ラジカルトレーニング

※タイトルや内容は予告なく変更になる場合がございます。

Advertisements Index

2021
February

発行
2021年2月1日

発行人
西澤行人

編集長
坂本佳弘

副編集長
川守田直美

編集
佐久川思音

広告
井関勇斗
野村俊介

デザイン
I'll Products
酒井好乃
堀田優紀

撮影
石橋 絵
新井隆弘
工藤朋子

イラスト・図
ヨギトモコ

印刷・製本
瞬報社写真印刷㈱

発行所
株式会社 EDUWARD Press
〒194-0022
東京都町田市森野1-27-14
サカヤビル2階
TEL 042-707-6130(代)
FAX 042-707-6136

【問い合わせ先】
編集部
TEL 042-707-6138
E-mail trim@eduward.jp
広告部
TEL 042-707-6134
営業部(販売)
TEL 0120-80-1906
FAX 0120-80-1872(受注専用)
URL
エデュワードプレスオンラインショップ
https://eduward.online/

trim公式SNS更新中！

 trim_pet.groomer.magazine